咸庆信老师 讲解电子电路

JINKOU BIANPINQI DIANLU TUJI

YU YUANLI TUJIE

进口变频器电路图集与原理图解

咸庆信　著

化学工业出版社

·北京·

内容简介

本书提供了ABB、施耐德、三菱、富士、科比5个进口品牌，共计14种变频器产品的电路原理图，这些原理图均由作者对变频器设备的电路板实物测绘而成，书中还对电路原理图做出了简要的说明，以帮助读者更好地分析电路原理，找到故障检测方法。

本书适合变频器维修人员、工业自动化开发及维护人员阅读，也适合电子、电气相关专业的师生阅读。

图书在版编目（CIP）数据

进口变频器电路图集与原理图解/咸庆信著. —北京：
化学工业出版社，2024.3（2024.8重印）
ISBN 978-7-122-44586-5

Ⅰ.①进…　Ⅱ.①咸…　Ⅲ.①变频器-电路图-图解
Ⅳ.①TN773-64

中国国家版本馆CIP数据核字（2023）第243091号

责任编辑：宋　辉　于成成　　　文字编辑：毛亚囡
责任校对：宋　玮　　　　　　　装帧设计：王晓宇

出版发行：化学工业出版社
　　　　　（北京市东城区青年湖南街13号　邮政编码100011）
印　　装：北京宝隆世纪印刷有限公司
880mm×1230mm　1/16　印张16¾　字数389千字
2024年8月北京第1版第2次印刷

购书咨询：010-64518888　　　　售后服务：010-64518899
网　　址：http://www.cip.com.cn
凡购买本书，如有缺损质量问题，本社销售中心负责调换。

定　价：88.00元　　　　　　　　　版权所有　违者必究

前言

PREFACE

2000 年以后，进口变频器设备大量进入市场，在各厂矿企业的生产线上，以压倒性优势取代了其他电力拖动装置。随着使用年限的上升，进口变频器设备的维修需求与日俱增。

变频器的应用和普及，一是拓宽了电工和电气自动化的概念，使变频器的调试和应用成为该领域的一大重要内容；二是因较大的维修量而形成了一个特有的变频器维修行业。但由于各方面原因，进口变频器的维修资料和有关维修指导的书籍相对匮乏，而生产一线的安装、调试和维修人员又亟需一本真正实用的电路图集和检修指导的工具书、参考书。

变频器电路是弱电和强电的有机结合，也是软件和硬件的有机结合。它强大的功能，各种完善的检测和保护电路，控制上的智能化和灵活多变，微电子技术和电力半导体器件的结合应用，电路元器件的非通用性和特殊要求，说明了这类机器的智能化特点，因而检修思路和方法也有其独特性。对于精密程度较高的进口变频器电路板，无图纸的检修难度是可以想见的，因而一本进口变频器的图集资料，对于检修者的意义不言自明。

很多读者朋友对我提出比较迫切的要求：国内用的变频器多是进口机器，希望能出点进口变频器的电路图集方面的图书。

但持有下述观念的工控维修同行也大有人在，他们认为，如果一个品牌的图纸都开始广泛流传，结果就是：①这个系列的高价值正在瓦解；②这个系列产品的维修价值将很快被市场瓜分，从而导致进入维修行业的门槛降低，行业人员的利润有所降低。

耗费大量心血测绘而得的电路图是否应当拿出来，也令笔者踌躇再三；出版图集后，是推动了工控维修业的发展，还是会产生某些消极作用？从作者的《变频器实用电路图集与原理图说》一书的出版上来看，益处还是大于坏处。另外一个站得住脚的由事实得出的推论是：二十世纪八九十年代作为家电维修业的黄金时代，恰恰是在产品电路图等维修资料广泛流通的前提下所形成的。维修的利润厚薄并不仅在于资料的流通与否，还在于设备本身的价值如何，也取决于维修者的市场资源的大小、技术的高低与经营理念的不同。

除了原理图，本书的图解文字也非常重要，其中的众多故障检修方法，相信会对读者有所助益。

笔者认为：进口变频器产品得到广泛应用，电路资料却长时间空白与欠缺，毕竟不是一个正常的"生态"，应该有人来做这方面的工作，使工业电器的维修环境常态化、健康化。让作者先以绵薄之力行动起来吧。

著者

目 录

CONTENTS

第1章

绪论

1.1 引子

2000 年的春天，在山东省最东部一个名叫孤岛的海边小镇（位于胜利油田腹地），我初次见到了变频器这种电气设备，它能调速、可节电、带智能，功能强大，产品使用说明书厚厚的，这是我对变频器的最初印象。

先是见到了 5000P9/G9-95kW 进口富士变频器，然后见到了国产森兰变频器产品，当时国产品牌仅有森兰、惠丰、风光等数个品种，进口品牌如富士、三菱、ABB、施耐德、西门子、丹佛斯等产品，则占据了国内百分之八九十的市场份额。十年以后，国产变频器品牌才迎来了暴发期和成长期，至 2020 年国产品牌进入成熟期。

变频器是什么？它具有什么样的结构？如何调试？它的工作原理是怎样的？

尤其对于一个工业电路板维修者来说：变频器由哪些具体的电路构成？它的故障表现都有哪些？更为重要的，它是可以维修的吗？

种种问题都急需探究和解答。但当时唯一的资料是产品使用说明书，能买到的书都是介绍如何调试和工程应用的，对于了解电路结构和如何进行故障检修其实是帮不上忙的。当时网络还不太发达，互联网上也查不到相关的电路资料。进口变频器设备在各厂矿企业的生产线上运转，其先进性和普及性似乎催生了一场新的动力技术变革，但该类设备的电路资料还是零！

我尝试了各种获得资料的途径，最终还是撤回原点：只有让我自己成为变频器设备电路资料的来源，别无他法。拆卸故障变频器，测绘电路板，搞出原理图，积累维修资料。2000 年春天，在孤岛，是起点。

1.2 本书内容简介

本书收录了 ABB、施耐德、科比、富士、三菱等 5 个进口品牌的变频器电路原理图，并对电路原理图做出了简要的图解，以帮助读者更好地分析电路原理，找到故障检测方法。

① ABB 系列产品的电路图纸包含 ABB-ACS400、ABB-ACS510、ABB-ACS550、ABB-ACS800 等四个系列、功率在 1.5 ～ 75kW 范围内的产品电路原理全图及图解，收录最全。其中 ABB-ACS800 分别给出 18.5kW 和 75kW 两种机型的整机电路，因而实际上包含了 5 种机型的电路全图。

② 富士 P9S-7.5kW 变频器电源 / 驱动板电路原理图及图解，富士 P11S-200kW 变频器整机电路原理图及图解，共 2 种机型的电路原理图。

③ 三菱 A700-15kW 变频器整机电路原理图及图解，三菱 F700-75kW 变频器整机电路原理图及图解，共 2 种机型的电路原理图。

④ 施耐德 ATV71-5.5kW 变频器电源 / 驱动板电路原理图及图解，施耐德 ATV71-37kW 变频器整机电路原理图及图解，共 2 种机型的电路原理全图。

⑤ 科比 07F5B3A-YUC0-0.75kW 变频器整机电路原理图及图解。

ABB-ACS510 和 ABB-ACS550 机型从硬件角度来看，MCU/DSP 主板电路是一模一样的，故在图解文字中各有侧重；ABB-ACS800-11kW 和 ABB-ACS800-75kW 变频器的主板也是一样的，故省略了 75kW 机型 MCU/DSP 主板的电路图示及图解。

图集中的许多电路，必然地会存在重复性，如主电路、开关电源电路和驱动电路。开关电源电路大部分是由 2844B 芯片作为核心器件来组成的，如果一再介绍其工作原理，不仅读者朋友难免生厌，就是笔者自己也会觉得有些啰嗦。在 ABB 变频器系列原理图中，相近似的开关电源电路出现了 5 次，对于图解文字我是这样安排的：第一篇图解，以元器件的资料准备和介绍为主；第二篇图解，以电路构成的分析为主；第三篇图解，以电路元件取值为主；第四篇图解，以电路工作流程的分析为主；第五篇图解，以芯片各引脚之间内在的逻辑关系的解析为主；其他图解则补充讲解故障检修思路。这样的内容安排，希望能避免味同嚼蜡、清淡如水的重复说教，代之以层层深入、柳暗花明式的合理递进。读者在阅读中要有一定的耐心，可以事先给自己一个"精华在后面"的提示，不要试图仅仅在一页的图解中得到所有。

由于各个单元电路为独立展示模式，而在原理叙述上要讲解信号的来龙去脉，把单元电路孤立出来进行图解还要解释清楚是困难的。其实各单元电路之间是存在有机联系的，有时作者将有联系的电路重新绘成展示其联结关系的简图，以形成有机的联络，再现"以图解图"的局面。这是我在图解中一再使用的方法。

1.3　本书的电路标注

为了让电路原理图尽可能地展现电路板的原貌，本书尽量依据电路板的原有标注来标注，以最大程度上为读者提供故障检修上的参考。一般情况下不会修改原标注，但根据需要在特殊情况下，也会添加一些新标注。

1.3.1　电路中元器件的标注

1.3.1.1　电阻元件标注举例

① 以 R 来标注，如 R104 1002：R 为电阻元件，104 为电阻元件的排序号，1002 为印字标注，是具体的电阻值。

② 仅做出数字标注，如 471：线路板上原无排序号标注，或者排序号标注不清楚或因故被擦除，仅以 471 标出电阻值。

③ 标注 R1 1.5k：非贴片电阻，指直插式色标电阻或圆柱体色环贴片电阻，故直接标注电阻值。小部分的原理图，贴片电阻也会直接标以阻值，而非印字。

④ 标注 R22 33k* 或 R22 33k#：加"*"或"#"者，表示难以辨别原电阻值（元件本体无印字或其他不易辨识的原因），是根据数字式万用表电阻挡的在线测量值来标注的。可能与实际电阻值有较大偏差，需要注意！

⑤ 标注 R79 150R：原印字为 1500，指 150Ω 贴片电阻，为避免读者误为 1500Ω，故以 150R 标出。此处 R 与 Ω 同义。

⑥ 标注 7R50：为 7.5Ω，此处的 R 为小数点位置。

1.3.1.2　电容元件标注举例

① 以 C 来标注，如 C11 100μ35V：11 为元件排序号，100μ 指电容量为 100μF，35V 指工作电压。

② 仅做出电容量标注，如 100μ35V：电路板上原无排序号，或遮挡、因故擦除等原因，无法标注排序号。

③ 仅标注排序号，如 C7：一般电容量小于 1μF 者，多为贴片电容，元件本体无电容量标注，所以仅以排序号标出。

④ 电路图中仅给出电容的电路符号，无标注：为电容量小于 1μF 的贴片电容，而且电路板原无标注，或者标序号因某种原因无法辨识。

⑤ 标注 C12 2200μ450V*：加"*"者，为电路板之外的电容器，如主电路的储能电容器，原无排序号标注，为读图和原理叙述的方便，暂由作者自行标注排序号。有时也为原理与故障分析的方便，在对电路进行简化重绘电路时打乱原有标注，暂时自行标注。

1.3.1.3　电感、变压器等元件标注举例

① 滤波电感以 L 来标注。如 L301 102：301 是排序号，102 为电

感量；有时仅标注 L210，是因为元件本体上无电感量的标示；有时以 L0* 标注，加"*"者指无排序号标注，或者是电感在电路板之外，通过导线与电路连接，原无排序号标注。为原理上的行文方便，L0* 系作者的自行标注，非原标注。

② 变压器，一般特指开关变压器或脉冲变压器，以 T 或 TR 或 TB 等字母来标注。如 TR1、TF1、T1 等。若标注为 T1*，加"*"者指电路板上无排序号标注，为原理上的行文方便，L0* 系作者的自行标注，非原标注。

如果变压器有具体的型号，通常在排序号的标注下面，也同时给出型号的标注，如 TF600 EER35：ERR35 为变压器的规格型号的标注。

1.3.1.4　整流二极管、稳压二极管的标注举例

① 以 D 或 V 来标注二极管器件。如 D12 A7：12 为元件排序号，A7 为元件本体上的印字，是型号代码；如 V37 T45：V37 为元件排序号，T45 为元件本体上的印字，是型号代码。

② 仅标注排序号，如 D12：元件无印字，或印字极难辨识；仅标注印字，如 A7W：电路板上原无排序号，故仅以印字（代码）标示之；在排序号或代码后加"*"者，原无排序号或代码，或出于某种需要，是作者的自行标注。

③ 以 D、DZ、ZD、V、Z 来标注稳压二极管器件，与整流二极管的标注有混淆的可能，如 D201、ZD104、V34 等。如果元件本体有印字，则标注以 D11 US1G：US1G 为型号代码。

电路板上原无排序号标注，则仅以印字／代码标示。

1.3.1.5　双极型晶体三极管、CMOS 管的标注举例

① 以 Q、V、T、TR 等字母标注晶体三极管器件，如 Q300、TR2、V13 等。TR101 FR：101 是排序号，FR 为印字（由此可查得型号）。有时无序号标注，仅标注印字 HAW，是该器件在电路板上原无标注序号之故。一般为 3 引脚贴片或直插式封装，从标注到封装，容

易和整流二极管、稳压二极管相混淆，辨识难度较大，需予注意。

② 以 Q、V、VT、FET 等字母来标注 CMOS 器件，如 Q300、FET1、V47 等。Q300 K2225：300 是排序号，K2225 是器件的型号。Q1*：加"*"者是原无标注序号，或因原理分析方便所需，由作者自行排序。

1.3.1.6　光耦合器标注举例

以 PC、OI、IC、U、V、H 等字母标注，如 PC11、OI25、V17、IC204、H16 等。H16 HCNR200：16 是元件排序号，HCNR200 为元件型号。PC1*：加"*"者是原无标注序号，或因原理分析方便所需，由作者自行排序。

1.3.1.7　IC 集成电路标注举例

含集成运算放大器、电压比较器、数字 IC 芯片、MCU/DSP 芯片、各类集成电源芯片等。

IC、U、A、D 是标注字母，其中 IC、U 的标注形式最为常见。IC14 74HC14D：14 是芯片排序号，74HC14D 为芯片型号。

① 仅标注 LF347：电路板没有芯片排序号，暂以芯片型号／印字做出标示。

② IC2*：加"*"者是原无标注序号，或因原理分析方便所需，由作者所为的自行排序。

③ 原标注为 IC200 LF347，现标注为 IC200-1 LF347、IC200-2 LF347、IC200-3 LF347、IC200-4 LF347，是将一个运放芯片内部的四组放大器由原理图中分离出来的独立标示；或以此种形式标示：IC200a LF347、IC200b LF347、IC200c LF347、IC200d LF347。因为是将芯片内部的四组放大器"拆分"后画出，故将 IC200 分为"a、b、c、d"四个部分来标示。有时，还会添加第五组标志 IC200-5 LF347 或 IC200e LF347，标示供电引脚和芯片的供电来源。

④ 芯片的各引脚同时以数字标示。

⑤ DSP 和 MCU 器件，因为引脚数量众多，虽然不能分组，也会以 U1-1、U1-2 或 U1a、U1b 的方式，将器件引脚和外部电路分成两部分或更多的部分，进行组图。另外，对于 DSP、MCU 器件，若器件表面有标签，标签内容（往往包含程序版本信息）也在排序号、型号下方标注出来。

1.3.1.8　接线端子标注举例

以 J、X、S、TB、CN、CON 等字母标示，如 CON3：3 是排序号，其型号规格（因不易辨识）一般不予标识。

J1*、CN1*：加"*"者是原无标注序号，或因原理分析方便所需，由作者自行排序。

1.3.2　电路中端子功能、信号类型与作用等的标识举例

原理图中对于各个电路功能的命名，作者天然地具备了"第一话语权"。这是因为测绘电路图是首次公布，在此之前没有参考资料，甚至不容易找到能请教的师者，为了叙述方便，暂且由作者先给相关电路起一个（也许不太准确、不太到位、失之偏颇）名字吧。

为了更好地标示各种信号流程，作者会额外标注信号的类型和去向。

下面以电路功能分块，说明一下标注的意义，以助读者朋友能够顺利阅读。

1.3.2.1　变频器主电路的相关标注

L1、L2、L3，R、S、T，L1/R、L2/S、L3/T，U1、V1、W1：三相交流电源输入端。

U、V、W，U2、V2、W2：三相逆变电压输出端。

P，UC+，UDC+，+UCA，+SCR，+BUS，P0，P+1，P1，P/+，UC，P2，P+#，P*：直流母线正极，为三相整流输出端，或逆变电路

供电端。加"*"者为作者自行标注。

N，UC−，UDC−，−UCA，−SCR，−BUS，PC，N−，N1、N2，N/−，N*：直流母线负极。加"*"者为作者自行标注。

PR，PB，PB*，RB2，R−：制动开关管 C 极引出端，制动电路连接端。加"*"者为作者自行标注。

A，U，TA、CT：电流传感器标注。

1.3.2.2　变频器开关电源电路的相关标注

① 开关电源的供电，多取自直流母线电源，请参照直流母线正、负极的标注。

② 输出电压标注举例。

+15V，P15F，+15V*，+15V1，+15V2，+5Va、+5Vb，PU+，PV+，PW+，U2P、V2P、W2P：开关电源的次级绕组，整流滤波后输出电压正极的标注。数字 1、2 或字母 a、b 是用于区分多路同幅度输出电源电压的。

−15V，N15V，−15V*，24VG，NU−，NV−，NW−，AN：开关电源输出电压负端，0V 端。

1.3.2.3　六路逆变脉冲信号及制动信号的相关标注

U+、U−、V+、V−、W+、W−，GU、GV、GW、GX、GY、GZ、GB：逆变脉冲信号及制动信号标注。

1.3.2.4　变频器电压、电流、温度等检测电路的相关标注

VPN，VDC，VD：直流母线电压检测信号。

LU，OU，POFF：欠电压、过电压报警信号。

IU、IV、IW，IU1、IV1、IW1，IU2、IV2、IW2，IU*、IW*：三相输出电流检测信号。加"*"者为作者自行标注。

OL，OL1，OL*：过流报警信号标注。加"*"者为作者自行标注。

OC，OCU，OCW：输出短路报警信号。

GF：输出接地报警信号。

FU：熔断器故障报警信号。

KM，KMO：工作接触器状态异常信号。

RT，OH：IGBT 模块温度检测信号或超温报警信号。

最后，本书所谓"电路原理图"，并非由生产厂家提供的"原本"电路原理图，是作者根据电路板实物测绘所得，因水平所限或疏忽所致，一定存在不少缺点。在绘图上或文字叙述上，请勿以学术上的严谨性来要求本书，同时也请广大读者多多提出指正意见。

所谓图解，也只能是"粗解"：限于文字篇幅，本书对于电路原理的解析显得有些简短，但简述中仍有对个别电路或个别器件的"细解"，因而图解更近于"聊解"：以聊天的形式、简述的方式来行文，目的是使读者达到对电路的"初步了解"或者是"局部的了解"。图解当然也可能存在"误解"：如果测试原理图有缺陷，针对电路的解说就更偏离方向了，而这几乎是难以避免的。所以最后也只有请读者诸君给予"理解"了。

第 2 章

ABB-ACS440-3.7kW
变频器整机电路原理图及图说

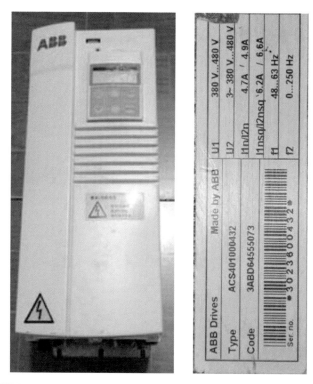

ABB Drives	Made by ABB
Type	ACS401000432
Code	3ABD64555073

U1	380 V...480 V
U2	3~ 380 V...480 V
I1n/I2n	4.7A / 4.9A
I1nsq/I2nsq	6.2A / 6.6A
f1	48...63 Hz
f2	0...250 Hz

Ser. no. ＊3023600432＊

图 2-1　ABB-ACS440-3.7kW 变频器外观与产品铭牌图

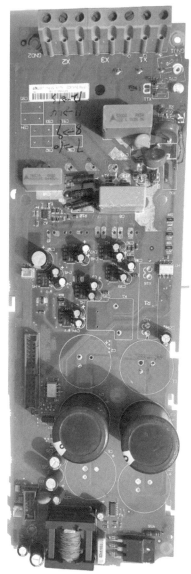

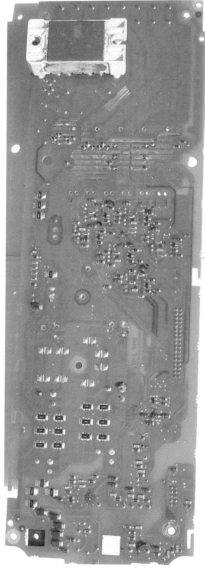

图 2-2　ABB-ACS440-3.7kW 变频器电源／驱动板实物正面、背面图（对应图 2-4～图 2-6 所示电路原理图）

图 2-3（a）ABB-ACS440-3.7kW 变频器 MCU 主板实物正面图
（对应图 2-7 ~ 图 2-11 所示电路原理图）

图 2-3（b）ABB-ACS440-3.7kW 变频器 MCU 主板实物背面图
（对应图 2-7 ~ 图 2-11 所示电路原理图）

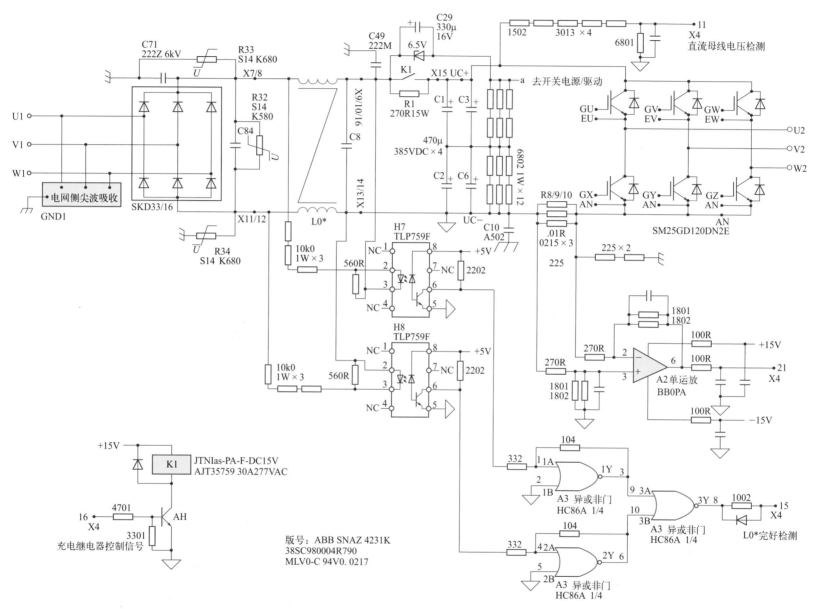

图 2-4 ABB-ACS440-3.7kW 变频器主电路图

ABB-ACS440-3.7kW变频器主电路图解

ABB-ACS440-3.7kW 变频器的主电路包含了：①输入三相整流桥电路，采用 SKD33/16 整流模块组成；②限流充电与电容储能 / 滤波环节，在直流母线还串入了共模滤波器（图中以 L0* 标识），以消解由电网进入变频器内部和由变频器直流母线可能会向电网反射的有害干扰波。储能电容的均压环节与常规电路有所不同：电容 C29 和 6.5V 稳压二极管并联后再串联两组电阻，共同形成串联电容器的均压电路。电容 C29 和 6.5V 稳压二极管的并联电路，经 a 点接入 IGBT 的驱动电路，由此形成逆变电路上桥的驱动电路的电源回路，请结合图 2-5 和图 2-6 细看驱动电路的供电回路。a 点所提供的相对于直流母线 P 端（图中标以 UC+）为 −6.5V 的供电电压，正是上桥 IGBT 器件实施可靠关断所依赖的负电压。要点在此。③三相逆变电路，将直流母线所蕴含的直流分量在 6 路脉冲信号作用下，IGBT 依次开通与关断，形成频率与电压均为变化可调的三相输出电压，至负载电机。该款机型省略了输出电流传感器及相关检测电路（由直流母线电流检测电路担任输出电流的检测任务）。

此外，和变频器主电路密切相关的工作继电器控制电路、L0* 检测电路和直流母线电流检测电路也一同投放于图 2-4 中，方便追寻信号源头和分析电路。

（1）工作继电器 K1 的控制电路

电路本身的作用与功能无须多说。从 X4 端子的 16 脚而来的工作继电器 K1 的动作信号的产生，说明了：① MCU 主板电路中 MCU 芯片的基本工作条件已经具备；②各种检测条件和检测结果基本上完好；③储能电容的充电过程已经结束。变频器已经具备待机工作条件。

图 2-4 中左下侧 K1 控制电路若有损坏，将导致上电显示状态正常，空载运行表现正常，但带载后机器会示以欠电压报警而随之停机

的故障现象。

（2）L0* 检测电路

对 L0* 状态进行检测，采用 H7、H8 光耦合器实现电气隔离，采用 3 组异或非门，取得关于电源检测异常的故障报警信号。

A3（四 14 脚双列贴片封装 4 异或门器件，印字 HC86A，型号全称为 74HC86A）芯片的逻辑功能是对"信号一致性"的检测与判断：两输入端信号均为 0 或 1，则输出为 0（正常态 / 非报警态）；两输入端有 0、1 之别，则输出为 1（异常态 / 报警态）。由此可知，当由 H7、H8、A3 等组成的检测电路脱离主电路后，或直接接入主电路中，因两路输入信号都存在一致的状态，故 A3 的 8 脚输出端为 0，不产生报警信号输出；当 L0* 两个绕组有一个为断的状态时，或者当 H7、H8、A3 等组成的检测电路本身故障时，A3 的 8 脚输出端为 1，产生报警信号输出。

故障检测的实质是：① L0* 两个绕组中有一组出现极大的电流并由此表现为极大的电压降（是否为接地电流？）；②有一组可能呈现断路性故障时，形成故障报警输出。检修中若遇有 H7、H8、A3 等组成的检测电路本身损坏，则上电后变频器会予以"电流检测电路的故障"示警。

（3）直流母线检测电路

单运放器件 A2 及外围阻容元件构成直流母线电流（即输出电流）检测电路，当线路板脱离主电路进行检修时，因 A2 同相输入端有电阻接地，差分放大器变为电压跟随器，X4 的 21 脚为 0V，并不会导致过电流报警。

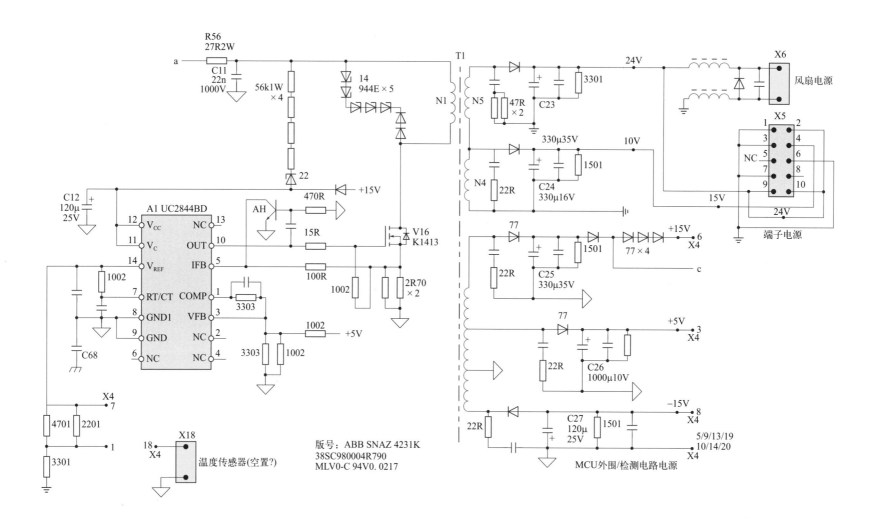

图 2-5　ABB-ACS440-3.7kW 变频器开关电源电路图

ABB-ACS440-3.7kW 变频器开关电源原理图解

如果我所言不差，变频器控制板的工作电源，90% 以上是采用单端反激他励式开关电源电路。而在此类开关电源电路中，90% 左右都是采用 UC284X 系列芯片作为电源核心器件。如果在原理和检修上掌握了由这一个芯片构成的开关电源，也就是掌握了所有变频器的开关电源电路。

先看下 A1（印字 UC2844BD，PWM 专用电源芯片）的封装形式，如图 2-5-1 所示。

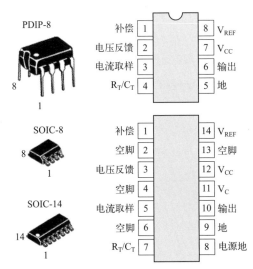

图 2-5-1　UC2844BD 封装形式及引脚功能标注图

对于开关电源电路，我们第一步先完善资料储备，可通过图 2-5-1、图 2-5-2 认识引脚功能和进行内部信号流程的简要分析。此外，简单介绍下供电电压去向及 V_{REF} 信号的去向和作用：

① V_{REF} 信号去向。经 X4 端子的 1、7 脚去向 MCU 主板：a. 7 脚信号电压用作末级检测电路电压比较器的输入基准；b. 1 脚信号电压去往 MCU 的 85 脚，用作输入模拟信号电压的 A-D 转换基准。

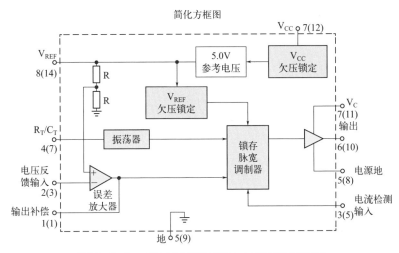

图 2-5-2　UC2844BD 芯片内部简化方框图
（括号内是 D 后缀 SO-14 封装的引脚号）

② 各路输出电压去向。24V、15V 为直流母线隔离的电源电压，用于散热风机供电和数字、模拟量输入端子电路的供电电源；+15V、−15V 用于驱动电路、直流母级电压、电压检测电路供电。c 点输出电压则用于开关电源芯片的工作供电；+5V 用于主板 MCU 及外围电路的供电。

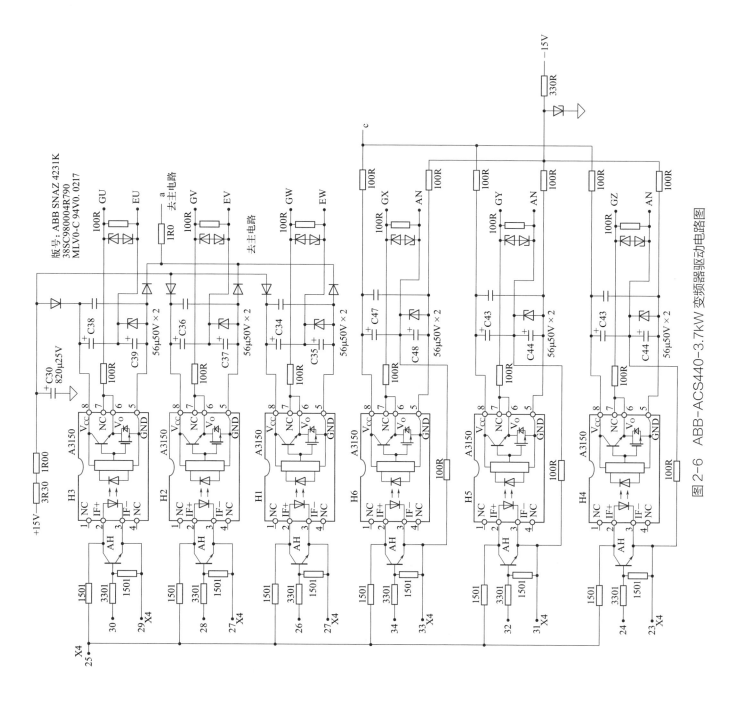

图 2-6 ABB-ACS440-3.7kW 变频器驱动电路图

ABB-ACS440-3.7kW变频器驱动电路原理图解

即便是有了图 2-4 ～图 2-6 等主电路、开关电源电路、驱动电路的测绘图纸，要理顺驱动电路的供电电源的来龙去脉，也要费点周折。如果不能和主电路中的 IGBT 逆变电路产生有机的联系（作为读者，需要在脑海中产生联想），则驱动电路是如何得到工作电源的，就会成为挥之不去的问号。好在大家现在可以从图 2-6-1 所示经作者将以上电路整合后再整理的原理图中看到端倪。

简言之，图 2-6-1 中，C3、C4 为主电路储能电容，R1、R2 为均压电阻。

U− 信号作用时，驱动芯片 H2 工作，IGBT 器件 VT2 开通，此时 U/EU=N，电容 C1 两端的 +15V 电源电压，经隔离二极管 D3 向电容 C3 充电，C3 所储存的 15V 正电压，形成了 IGBT 器件 VT1 的开通条件。

U+ 信号电压作用时，驱动芯片 H1 工作，IGBT 器件 VT1 开通，此时 U/EU=P，电路中 a 点电位相对于 P 而言为 −6.5V，EU 端（与 P 端相等）的高电位经隔离二极管 D4 与 a 点接通。若忽略 D4 的电压降，可知在 VT1 开通期间，C7 两端将形成相对于 EU 为 −6.5V 的电位，从而为 U+ 脉冲消失后 VT1 的关断创造了条件。

VT1 开通的前提是 VT2 先行开通将 C6 负端接 N 点，从而形成 H1、VT1 的工作条件。而 VT1 的开通，形成流经 C7 的充电电流，又自然为 VT1 的关断完成了准备。

静态检修时，若检测 H2、VT2 的供电和控制回路，则有正常的 ±15V 的电源通路。但测量 H1 的 5、8 脚供电电压仅为数伏特（因供电电源不能形成回路，仅能测得"虚"的低电压）。正常运行工作中，则 H1、VT2 的供电和控制回路，其正、负供电电压都能测到。

故障检修中，若 P、N 端直流母线电压未予施加，或 VT1 和 VT2 已拆除状态下，可短接 U 和 AN 端子，并短接 H1、H2 的 5 脚，以便 H1 得到工作电压，利于检修。VT1 离线，但 H2、VT2 状态正常时，是最佳的工作检测条件。

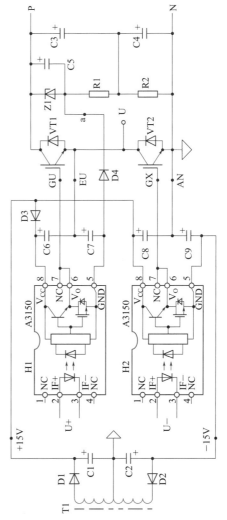

图 2-6-1　驱动电路的供电回路简化图

电路中 D3、D4 为高反压高速隔离二极管，若代换时，需选用耐压高于 1000V 的反向恢复时间小于 100ns 的元件。

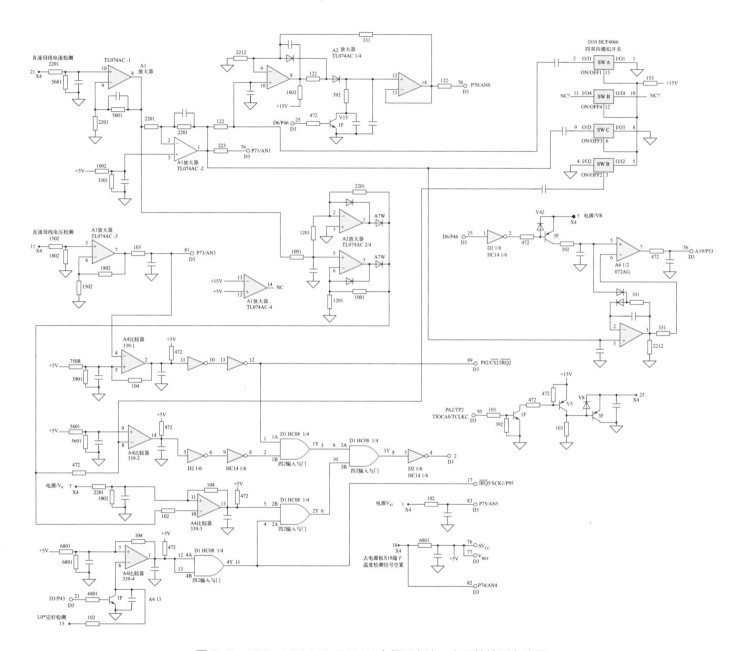

图 2-7　ABB-ACS440-3.7kW 变频器电流、电压等检测电路图

ABB-ACS440-3.7kW 变频器电流、电压等检测电路图解

变频器的各种保护电路可分为必选项和可选项两类。一般而言，输出电流检测、直流母线电压检测和 IGBT 模块温度检测是必选项，而诸如输入电源缺相检测、输出电压缺相检测、接地故障检测、风扇运行状态检测则为可选项。原因是当输入电压缺相检测失效时，还有直流母线电压检测电路作为"备胎"的二手准备，故其检测为可选项或辅助项。

本机电路的模块温度检测信号电路空置未用。使用大量的"篇幅"来处理直流母线电流检测信号和直流母线电压检测信号，可见这两路信号的重要性。

（1）直流母线电流检测电路

① 模拟量信号处理电路 1　运放芯片 A1 的 8、9、10 脚所构成的同相放大器作为直流母线电流检测的第一级电路，因其输出含有以地电位为零基准的正、负成分，故需进一步处理成 0 ~ 5V 以内的直流电压成分送入 MCU 引脚。A1 的 1、2、3 脚构成"电平位移电路"，完成将反相输入端输入信号抬升至 0V 以上电平的任务。+5V 供电电压经电阻分压送入同相输入端 3 脚作为基准，与输入反相输入端（静态 0V）的信号电压相比较，从而在输出端 1 脚得到约 2.5V 的电压信号送入 D3（MCU 器件）的模拟量信号输入端 79 脚。该信号用于显示运行电流的大小。

② 模拟量信号处理电路 2　运放芯片 A2 的 8、9、10 脚和 12、13、14 脚内部两组放大器，分别构成半波整流电路、电压跟随器电路，同时两组电路构成大的负反馈闭环控制，对输入信号电压完成交 - 直转换后，送入 D3（MCU 器件）的模拟量信号输入端 78 脚。该信号用于过载判断。该信号电压的静态正常值也应为 2.5V。

③ 开关量过载报警信号处理电路　A1 芯片输出端 8 脚的信号电压分支后送入 A2 芯片的 1、2、3 脚和 5、6、7 脚内部两组放大器（与偏置电路构成全波整流器），得到静态 0V 输出电压，再送入由 A4（印字 339，全称 LM339，四 2 输入电压比较器）芯片的 9、8、14 脚和

10、11、13 等内外部元件构成的梯级电压比较器，得到"轻度过载"和"重度过载"两个程度不同的报警信号，经后级反相器、与门数字电路处理后，送入 D3（MCU 器件）的 2 脚，用于过载报警。

> 注意，检修模拟量信号检测电路，对于运放芯片输入端和电压比较器输入的基准电压的检测是个重点，若输入基准电压异常，则检测数据全盘错误。本电路的基准除了由 +5V 分压取得外，还由开关电源芯片 14 脚来的 VREF 电压，经 X4 端子输送而获得。

（2）直流母线电压检测电路

A1 芯片内部 5、6、7 脚和外部元件构成同相放大器，将主电路送来的由直流母线经电阻分压送来的检测信号，经 2 倍以上放大后，送入 D3（MCU 器件）的模拟量信号输入端 81 脚，用于直流母线电压显示（也可能用于过、欠压检测与报警）。

A1 芯片输出端 7 脚输出的约为 3V 的直流母线电压检测信号，同时送入后级比较器电路的反相输出端 4 脚，与 5 脚的 4.2V 基准电压相比较，当直流母线电压高达 680V 以上时，比较器输出端 2 脚变为 0V 低电平，经后面两级反相器电路缓冲后，送入 D3（MCU 器件）的 89 脚，用于"直流母线过电压"报警。

（3）L0* 完好检测电路（见图 2-7 的左下侧部分）

前级电路输送至本电路输入端 A4 电压比较器的 7 脚，正常信号电压为 0V，故 A4 比较器输出端 1 脚为 5V 高电平。

经 D1 与门电路处理（将两输入端短接，形成同相驱动器的电路结构）后，送入 D3（MCU 器件）的 17 脚，正常电平应为 5V。

L0* 状态检测由 D1 与门与电流检测信号相"汇合"：若 L0* 完好但电流检测电路工作异常，会由 D3 的 2 脚输入异常信号，报出"电路检测异常"的故障来。当电流检测电路正常但 L0* 状态检测异常时也会报出"接地或过流故障"的原因在此。

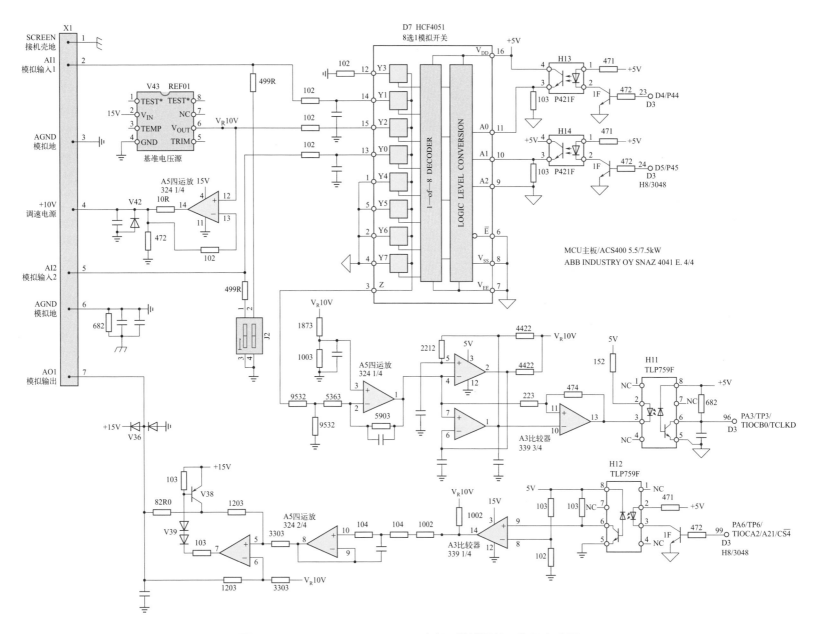

图 2-8　ABB-ACS440-3.7kW 变频器模拟量端子信号电路图

ABB-ACS440-3.7kW变频器模拟量端子信号电路图解

在变频器故障检修和测绘的过程中发现：进口变频器和国产变频器的控制端子电路的差异是巨大的！通常国产变频器多采用电压跟随器来处理模拟量输入、输出信号，而进口变频器由于 MCU 供电和主电路 N 供电的原因，则往往会采用光耦合器、运放电路、模拟开关电路等，以实现电气隔离状态下的对模拟信号的传输。

（1）调速指令——模拟量信号输入电路

参见图 2-8 的上、中部电路部分，我们分析输入模拟电压（调速信号）AI1 的信号转换过程。通过参数设置 AI1 输入有效，模拟开关 D7 的 14 脚和 3 接通。此时假定输入为最高转速指令 10V，则 D7 的输出端 3 脚输出 10V 信号电压，经电阻分压变为 5V 输入差分放大器 A5 的反相输入端 2 脚，同相输入端 3 脚输入的是 V_R10V 经分压后的 3.8V 基准电压，可知 A5 输出端 1 脚电压约为 1.4V。

A3 内部的 3 组电压比较器和外围电路构成 PWM 发生器电路，随着 4、7 脚输入信号电压的高低，输出端 13 脚为产生相应变化的 PWM 矩形波。输入信号电压越高，波形占空比越小。

A3 输出 PWM 波，经光耦合器 H11 隔离和倒相传输，在 6 脚形成和 AI1 输入电压成正比例的 PWM 信号（AI1 幅度越高，脉冲占空比越大），电路以 A-D 转换的形式，将输入信号电压幅度转化为脉冲占空比的大小，形成了对 AI1 线性电压的开关量传输。

（2）调速电路所需的 10V 电源电路

由 V43（印字型号 REF01，10 基准电压源器件）输出的 V_R10，一路送入 A3 电压比较器作为输出端上拉电源和比较基准，送入 A5 的 12、13、14 脚和外围元件构成的电压跟随器电路，输出 +10V 的调速电源。

（3）变频器工作状态指示——模拟量信号输出电路

请参见图 2-8 的下部电路。由光耦合器 H12、电压比较器 A3 芯片，此两者传输 MCU 输出的 PWM 脉冲信号，其脉冲占空比决定信号量的大小。

A3 芯片的输出端 14 脚输出的 PWM 脉冲，经 RC 滤波变为直流电压，经由 A5 的 8、9、10 脚内外部元器件构成的电压跟随器，再经由 A5 的 5、6、7 脚内外部元器件构成的差分放大器，此二者传输的是模拟量信号电压，完成的是 V-I 转换功能，将 MCU 的 99 脚输出的象征着变频器输出电流 / 电压大小的 PWM 脉冲信号，转变成从 AO1 控制端子输出的 4 ～ 20mA 的电流信号。

该电路的有趣之处在于：是一例 D-A 转换电路，输出级又为 V-A 转换电路。电路既传输脉冲信号，又最终传输模拟量信号。

等效简化电路（图 2-8-1）恰恰形成了双端差分输入、双端差分输出的结构形式，从两个输入端进入的是差分信号，标准电阻 RR 两端取得的是两路负反馈信号，故 RR 上端可标注为 OUT-，而 RR 下端可标注为 OUT+。

我们假定 MCU 输出的 PWM 脉冲占空比为 50%，则形成 N1 同相输入端的 IN7.5V 输入信号，V_R10 输入反相输入端，二者形成 2.5V 的差分输入信号。

电路的电压衰减倍数约为 3，可知此时 OUT 端的输出电流为（2.5V/3）/80Ω，约为 10mA。输入电流的大小仅仅取决于输入差分电压的大小，而与 OUT 端所接负载电阻的大小无关。这是因为 RR 两端的反馈信号形成了"共模输入"的缘故。

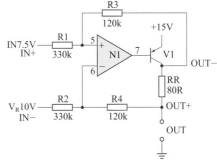

图 2-8-1　V-I 转换电路简化图

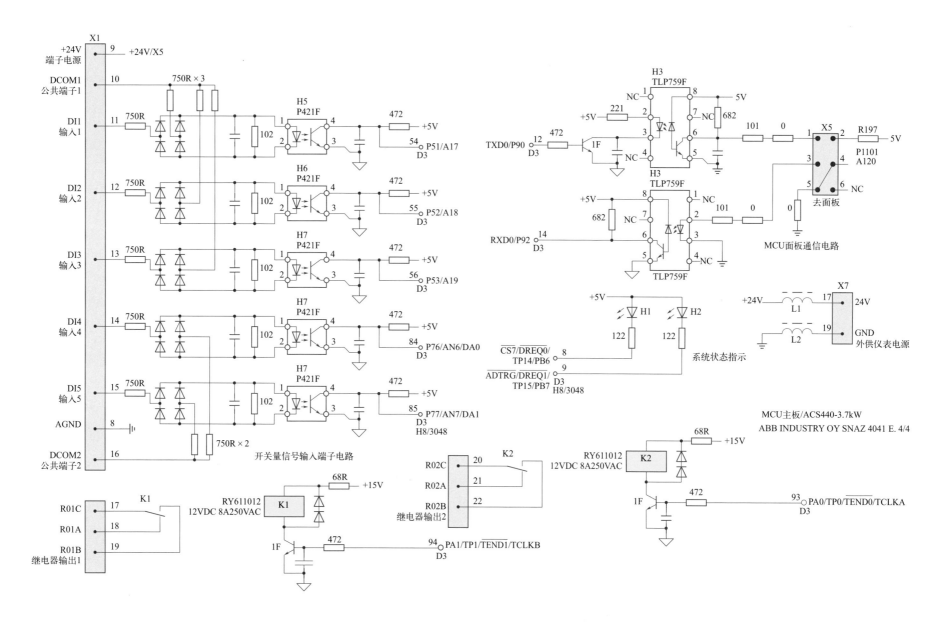

图 2-9　ABB-ACS440-3.7kW 变频器数字量端子信号电路图

ABB-ACS440-3.7kW 变频器数字量端子信号电路图解

变频器的控制端子，通常由五种类型的电路组成。

① 模拟量输入端子：输入 0～10V/5V 或 0/4～20mA 的调速指令，决定变频器的输出频率。

② 模拟量输出端子：输出 0～10V 或 0/4～20mA，表征着变频器输出频率的高低或输出电流的大小等。是变频器工作状态信号之一。

以上两种形式的电路如图 2-8 所示。

③ 数字（开关量）输入端子：如图 2-9 左上侧电路所示，由光耦合器及外围元件构成，起到安全电气隔离和抑制输入干扰的作用。本电路还可以由用户选择共源型输入或共漏型输入模式。当将 DCOM1/2 与端子 9（+24V）短接时，DI 输入端子与 AGND 端子连通产生有效输入信号；当将 DCOM1/2 与端子 8（AGND）短接时，DI 输入端与 +24V 端子连通产生有效输入信号。光耦合器输入侧的整流桥电路，对其输入电流起到自动换向的作用。

该类信号的作用决定变频器的工作状态，如启、停状态，复位状态，多段速运行状态等。

电路构成要件是光耦合器，是电→光→电转换器件，输入侧为发光二极管，输入电流激发光子流；输出侧是光敏三极管，光子流激发电子流形成基极输入电流，集电极与发射极由此导通。1、2 脚输入侧工作电压（为离散值）一般为 1.1～1.7V，工作电流值一般为 3～10mA（新型光耦合器件工作电流较小，需要高速输入时工作电流偏大）；输出侧导通状态的电阻值约为数百欧姆，若达千欧姆级可视为已经老化（注意所用万用表类型不同，得到的测试结果可能有较大的偏差）。

光耦合器的在线上电测量，可以将输入、输出的关系看作是反相器来加以判断：如 1、2 脚输入 1.3V（为 1），则 3、4 脚应为 0V（是 0）；反之，1、2 脚输入 0V（是 0），则 3、4 脚应为 5V（是 1）。检修中若短接光耦合器的 3、4 脚变频器仍不能产生预期动作，则：查看参数设置是否对应；MCU 输入端子口内部电路坏掉，可设置另一输入端子完成此项控制功能。

④ 数字（开关量）输出端子：表征着变频器停机中、运行中、故障报警停机中等的工作状态，是变频器的工作状态信号之二。

一般有两种电路构成形式：

a. 继电器触点输出（有时称无源触点输出），由一组常开 / 常闭触点的 3 端子输出，一般允许通、断 3A（250VAC、50VDC）以内的交、直流信号回路。

b. 晶体管开路集电极输出，一般允许通、断直流 0.5A、50VDC 以内的信号回路。

常见故障为继电器触点烧熔短路或虚接等，多由用户超额应用所造成。继电器驱动晶体管需换用 1～2A、60V 工作参数的管子。

⑤ 主板 MCU 与操作显示面板 MCU 的通信电路：以上 1～4 种信号电路都是单向的，而通信电路是双向传输工作模式的。常见电路形式如下。

a. RS485 单双工通信：将 MCU 侧的串行数据转换为差分脉冲送入电缆传输，具有较强的抗干扰性能。如采用印字 75176B 的通信模块来实现。

b. RS485 全双工通信：通信速度较快，但须占用 4 根差分总线进行双向信息的同时传输。如采用印字 75179B 的通信模块来实现。

c. 两片 MCU 芯片之间"直接握手通话"：通常采用反相器电路、晶体管反相器电路，以实现 MCU 侧和通信电缆之间的阻抗变换（变 MCU 输出口的高阻抗为传输线路的低阻抗），提升抗干扰能力。或当 MCU 主板与操作显示面板的供电电源不共地时，如本例电路，采用光耦合器来传输串行数据，起到电气隔离和提升抗干扰能力的双重作用。

用于串行数据通信的光耦合器，需选用高速器件。

MCU 主板上，还设有 H1、H2 两个工作状态指示灯，若留意观察会获取检修中的有益信息，如指示灯变红（或红色指示灯点亮）时，说明有故障信号存在。

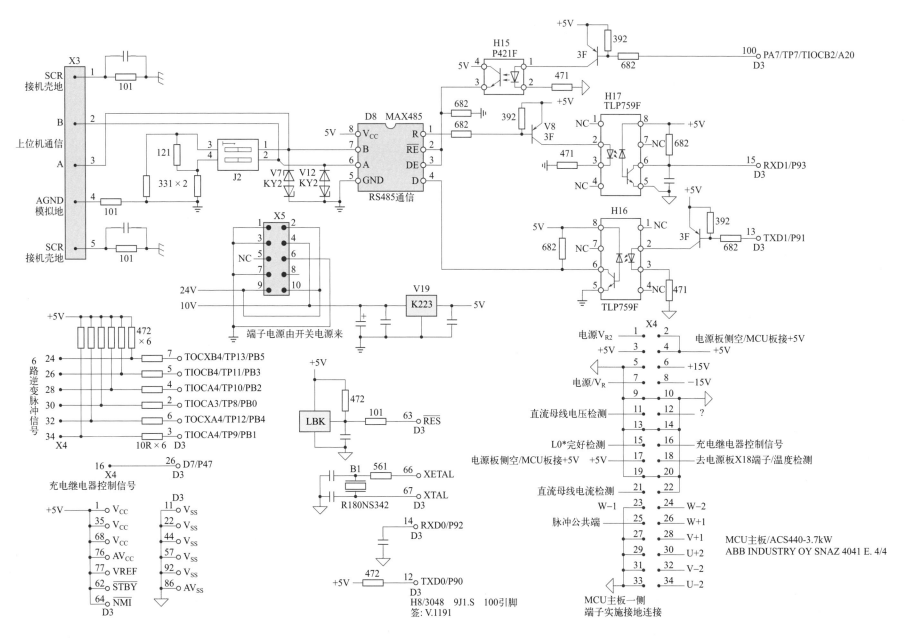

图 2-10 ABB-ACS440-3.7kW 变频器端子信号去向及通信电路图

ABB-ACS440-3.7kW变频器端子信号去向及通信电路图解

RS485 通信电路在工业自动控制中的应用是随处可见的。抗干扰性强、传输距离远、设备成本低廉是其显著优点。

变频器电路中，主板 MCU 与操作显示面板 MCU 的通信电路，以及变频器与 PLC、工控机的通信电路，RS485 更是主要的电路组成形式。

从故障检修的角度看，通信电路的故障表现似乎不易捉摸，无从下手。要是这样想一下，就好办了：

（1）抓住重点

打个比方，两个 MCU 芯片是两位老板，两块通信芯片是两部手机。如果通信中断，我们只需关注是哪位老板不说话了，还是哪部手机出了故障就可以了。至于老板之间的通话内容，或者是采用了什么通信暗语，没有必要去关注，即使想关注也是关注不成的。

对于图 2-10 所示的电路，只需检测通信芯片 D8（通信工具）的工作状态和 D3（MCU，信号来源）即可。对于串行数据脉冲，只管其有无，不管其具体内容（信号模式、校验码、波特、通信站号等，主板 MCU 与面板 MCU 通信时不需要考虑这些，变频器与上位机通信时，须设置正确）。如 D8 的 1、4 脚只要有矩形脉冲，幅度为 5V，频率和占空比不管它，就是通信正常了。哪怕报警通信错误，老板和手机都已经是在正常工作中了。

（2）检测方法

MAX485 到底是个什么器件，工作状态可以测量进行判断吗？

串行数据脉冲和差分脉冲信号，说到底是开关量的 0、1 信息，具体化是通信芯片传输的是 0V 或 5V 的开关信号，表现为占空比和频率在变化的矩形波。RS485 通信模块（或称通信芯片）是一个串行数据 ⟷ 差分信号的双向转换器，MCU 侧的串行数据被转换为通信电缆中的差分信号。

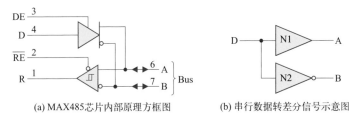

(a) MAX485芯片内部原理方框图　　(b) 串行数据转差分信号示意图

图 2-10-1　RS485 通信芯片方框图及数据转换示意图

芯片引脚功能［图 2-10-1（a）］简述：D 为数据发送器；R 数据接收端；DE、$\overline{RE}$ 为接收、发送切换控制器，二者为 0 时，处于接收状态，二者为 1 时，处于发送状态；A、B 为差分数据总线。

关于数据的转换，以 D → A/B 信号的转换电路为例来说明。从图 2-10-1（b）所示电路中可知，R=A，R=$\overline{B}$，B、A 信号为互补关系。更由此可知：

① A、B 为反向关系，即 A=0 时 B=1，否则 B=0 时 A=1。故而当 D=5V（或 0V）时为通信停止状态，此时 D=A=5V，B=0V。

单从 A、B 反向互补的关系来看，停止通信状态对地电压 A+B=5V；通信进行中，仍然会满足 A+B=5V，如 A+B=1.7V+3.3V，说明芯片传输的是有一定占空比的串行数据脉冲。

任意时刻，如 A+B ≠ 5V（偏离此结果过大），则结论是 A、B 差分总线上有漏电元件（如双向钳位二极管）损坏，或通信芯片坏掉。

② 若线路处于发送状态，D ≠ A，则通信芯片已经坏掉。从脉冲角度看，D、A 端都有脉冲信号（具有同向性），B 也为脉冲信号（与 D、A 端脉冲呈现反向性），说明电路处于正常的串行数据传送的工作过程中。

若能对图 2-10-1（b）所示电路在 R 端施加 5V、0V 的直流电压信号（同时令 DE 端为 1），测试 A、B 的输出状态，即能判断通信芯片的好坏。

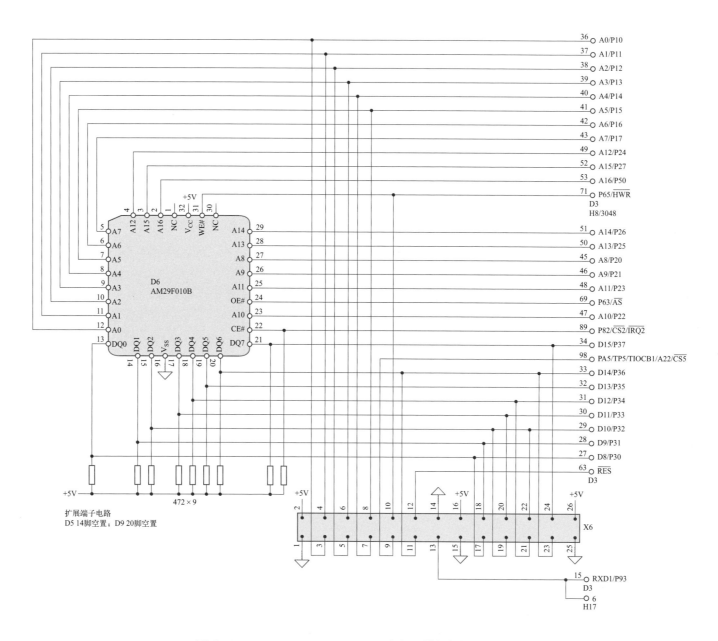

图 2-11　ABB-ACS440-3.7kW 变频器数据存储器电路图

ABB-ACS440-3.7kW变频器数据存储器电路图解

D6 为 32 引脚较大存储容量的可擦 / 写数据存储器芯片，内有用户控制参数等相关运行数据。关于存储器的数据问题或硬件故障的表现与特点，在以后的篇章中再行叙述，此处将 D3（MCU 器件，型号 H8/3048）的功能引脚图（图 2-11-1）放上，以利检修参考。

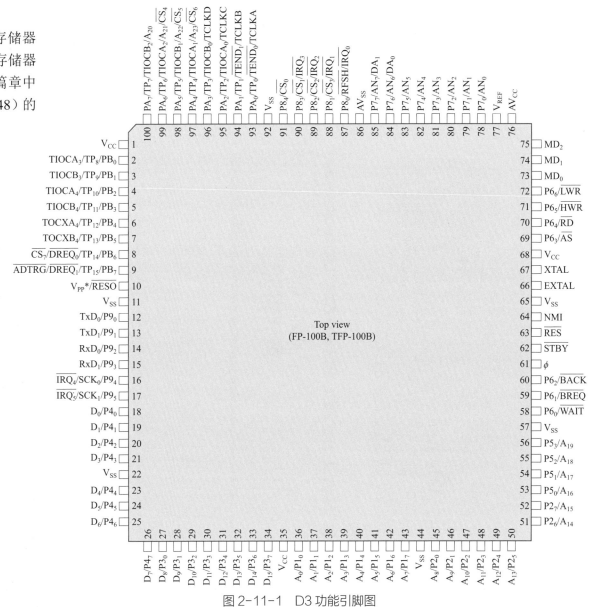

图 2-11-1　D3 功能引脚图

第 3 章

ABB-ACS510-1.5kW变频器整机电路原理图及图解

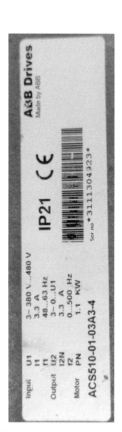

图 3-1　ABB-ACS510-1.5kW 变频器产品外观、铭牌实物图

图 3-2　ABB-ACS510-1.5kW 变频器电源 / 驱动板实物图（对应图 3-4 ~ 图 3-7 所示电路原理图）

图 3-3　ABB-ACS510-1.5kW 变频器 DSP 主板实物图
（对应图 3-8 ～图 3-14 所示电路原理图）

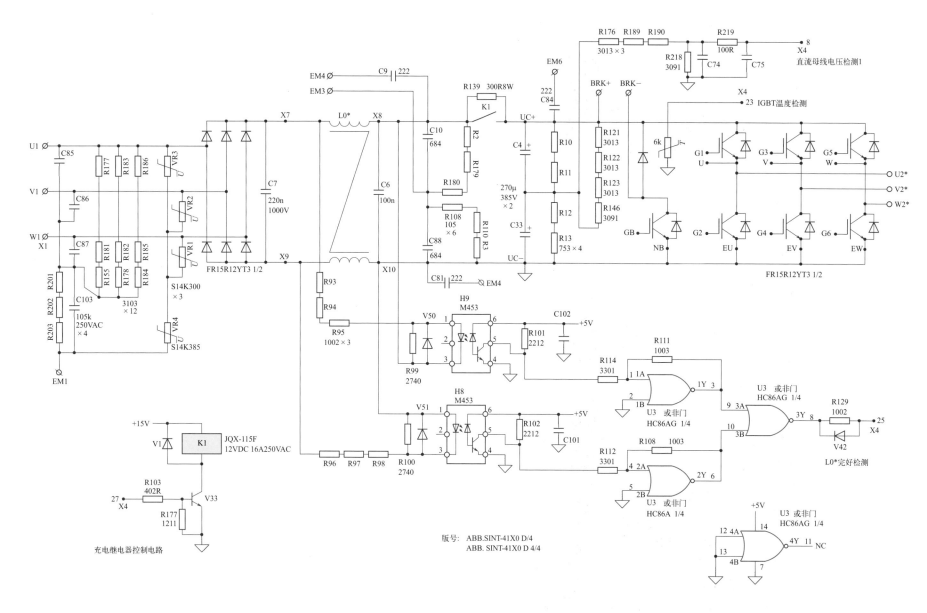

图 3-4 ABB-ACS510-1.5kW 变频器主电路原理图

ABB-ACS510-1.5kW变频器主电路图解

变频器的电源输入和输出端子：欧洲机器，习惯标注为 U1、V1、W1 和 U2、V2、W2；日本机器，则标注为 R/L1、S/L2、T/L3 和 U、V、W；国产变频器常标注为 R、S、T 和 U、V、W。显然三相 380VAC 工作电源应从电源输入端子进入，若误从输出端子输入电源电压，有可能因跨过主电路储能电容的限流充电环节，导致储能电容或逆变功率器件的损坏。

变频器输入端子所并联的电容或压敏电阻元件，为吸收电网电压尖峰和消噪而设。三相交流 380V 供电的机器，多采用 14D821K 型号的压敏电阻，单相交流 220V 电源输入的机器，多采用 12D471K 型号的压敏电阻。14D821K 的型号含义是：D 为元件直径，单位为毫米，14D 意为直径为 14mm 的压敏电阻（直径越大承受瞬时浪涌能量的能力越强）；K 是产品系数，一般为一点几左右；821 指电压击穿点为 820V，这是因为 380V 的峰值电压为 500V 左右，当电网中出现 800V 以上电压尖峰时，会危及设备电路的安全。

压敏电阻的动作反应时间为纳秒级，比 TVS 器件稍慢点，但承受浪涌电流的冲击能力要强得多。

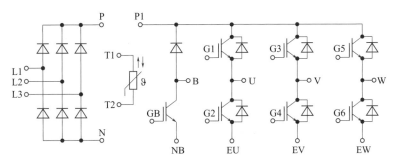

图 3-4-1　FR15R12YT3 功率模块内部结构图

通常小功率机型号（一般指 1.5 ～ 15kW 以内），主电路的三相整流桥电路、三相逆变桥电路、刹车制动单元与模块温度检测传感器往往集成于一体，整流桥与逆变电路是有独立引脚的，便于在外部接入充电限流电阻、工作接触器 / 继电器和熔断器等，储能电容当然也是外加的。FR15R12YT3（图 3-4-1）的主要工作参数为：额定工作电流 15A，器件耐压 1200V。

从控制电路看，对于国产机器，不同品牌、不同功率 / 系列机器的电路有可能差异较小，同一品牌的国产机器，电路的差异有可能很大（存在电路升级换代需要和性能需要不断完善的原因吧）；对于进口机器，不同品牌产品电路的差异较大（完全是不同的设计思路），同一品牌、不同功率 / 系列的电路差异较小，甚至在硬件电路方面是完全一样的，更多为软件数据方面的不同。因而从电路板的可代换性上，进口机型优于国产机。

如上所述，L0* 状态检测电路，在 ABB-ACS440 电路图的图解中已经述及（二者相同或者非常相近），此处放上 HC86AG 的电路资料（图 3-4-2），以作维修参考。

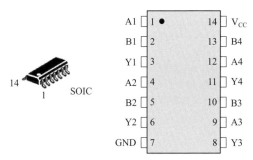

图 3-4-2　KK74HC86A（印字 HC86AG）外观封装、引脚功能图

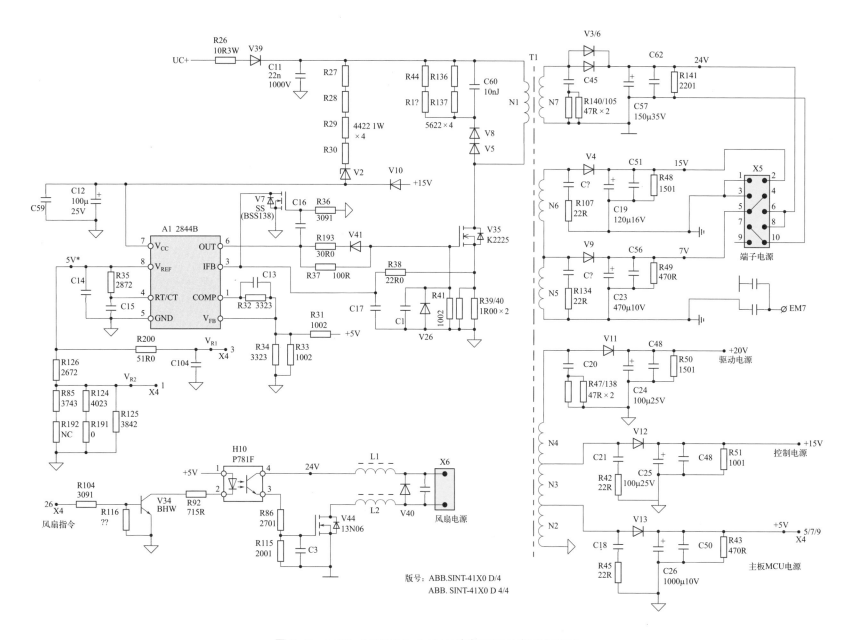

图 3-5　ABB-ACS510-1.5kW 变频器开关电源电路图

ABB-ACS510-1.5kW 变频器开关电源电路图解

如图 3-5 所示的电源电路，可用单端、他励、开关、反激等四个词组八个字来概括其特征。

单端：指流过开关 / 脉冲变压器初级线圈的电流是单方向的（直流成分的电流），对于变压器的利用率小于 50%，一般适用于 200W 以下功率较小的开关电源，优点是逆变电路结构简单，仅需一只开关管控制电流的通断。

他励：开关管接收的开关脉冲，是由外部电路所提供的，开关管只是被动"干活"，并不参与振荡脉冲的生成工作。

开关：开关管的工作模式——工作于开关区（或处于线性工作区的时间段极短，乃至于可忽略不计），因而开关管的理想功耗近于零，说明开关管或电源的能效较高。

反激：指开关管和整流二极管二者之间的关联模式，或者变压器初、次级之间的能量传递方式。当开关管导通时，工作电源提供的电流流入变压器的初级线圈，转化为磁能量得以储存，是电生磁的过程。此时变压器次级线圈所接整流二极管全部承受反向电压而关断。当开关管关断时，各个线圈中感应电压反向，整流二极管正向开通，储存在变压器中的磁能量得以向负载电路放电，滤波电容同时充电蓄能，是磁变电的过程。

下面将对各部分电路功能与作用进行简述。

（1）主工作电路及尖峰电压吸收回路

N1 线圈、开关管 V35 和工作电流采样电路 R39/40 可称为主工作电路，负责向次级线圈输送能量。防冲击电阻 R26、隔离二极管 V39 也是影响主电路是否能正常工作的一个环节。在开关管截止、整流二极管开通之际，初级线圈若有较大的剩余能量，则 N1 线圈两端的尖峰电压吸收回路（能提供开关管的反向电流通路，抑制加于开关管漏、源极间的危险电压）开始工作，电容吸收能量，而并联电阻负责耗散能量。

（2）电源芯片的启动、供电电路和基准电压源电路

R27 ～ R30、稳压二极管 V2、电容器 C12 是电源开始工作的启动电路，应能为 PWM 芯片的供电端 7 脚提供电压高于 16V、电流为 1 ～ 2mA 的启动工作能量。

A1（印字 2844B，PWM 电源器件，双列 8 脚贴片封装）芯片的 7、5 脚为供电端，开关变压器 N3 线圈电压经整流滤波所得 15V 电压，加至 A1 芯片供电端。A1 芯片的工作电压为 12 ～ 17V，工作电流约为 15mA。

A1 芯片的 8 脚为 5V 基准电压输出端，负载电流能力约为 50mA。

（3）频率基准电路与脉冲输出

A1 芯片的 4 脚内、外部电路构成振荡器，R35、C15 为定时电路，其 RC 充、放电时间常数决定振荡频率。对于 2844B/45B 器件来说，4 脚应为频率是 70 ～ 120kHz 的锯齿波，高电平约为 2.8V，低电平幅度约为 1.2V。

A1 芯片的 6 脚为开关管控制脉冲输出端，最大占空比约为 50%，正常频率为 4 脚的 1/2，电压高电平接近 7 脚供电水平，低电平接近地电平。工作中实际输出脉冲占空比约为 20%，检测直流工作电压约为 3V。

（4）PMW 脉冲控制与电流检测

A1 芯片是电流、电压双闭环的控制模式，3 脚为工作电流采样输入端，电压误差放大器的输出作为电流采样信号的比较基准（是悬浮的"活"的基准），二者共同决定输出端 6 脚脉冲占空比的大小。

（5）电压误差放大器电路

A1 芯片 1、2 脚内、外部电路构成处理电压反馈信号的电压误差放大器电路，2 脚是反馈信号输入端，1 脚是控制信号输出端。该电路可看作是一级反相放大器，2 脚为反相输入端，同相输入端在内部，预置 2.5V 基准电压。

（6）输出电源电路与负载电路

次级各线圈输出电压经整流滤波后供给负载电路，形成控制电路所需的多路电源电压输出。

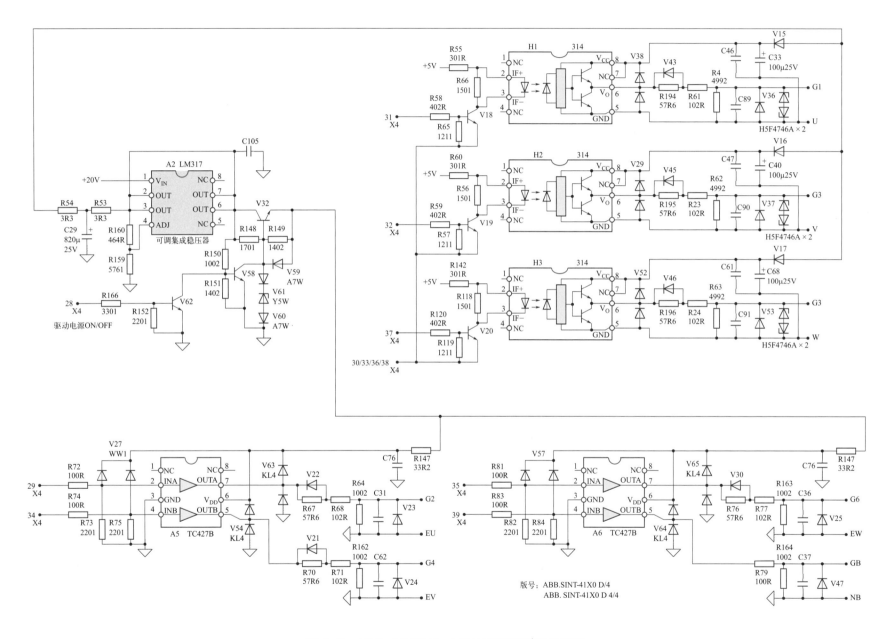

图 3-6　ABB-ACS510-1.5kW 变频器驱动电路图

ABB-ACS510-1.5kW变频器驱动电路图解

一路供电电源的驱动电路，是该驱动电路的特色。国产机器中像欧瑞、森兰品牌中的小功率机型，有时候也采用这种供电模式。

逆变功率模块、驱动电路以及供电电源电路，三者在原理解析和在故障表现上，必然有自然的联结关系，有时候检修的难度不在于驱动芯片的好坏，而在于对驱动电路工作电源的找寻和落实上，连供电电源都理不清，则下一步的检修往往就会卡住。

因为 U、V、W 逆变电路的上桥驱动电路的地不是一个点（U、V、W 无法接成一个点），下桥驱动电路因共 N 端的原因，形成一个天然的共地。一般来说，下桥 3 路驱动电路可共用工作电源，而上桥驱动电路，必然地要用到 3 路供电电源了。

采用一路供电电源的驱动电路，下桥的供电回路可以理顺，但上桥的供电回路是如何形成的？

（1）驱动电路的供电电源

由开关电源的脉冲变压器 N4 线圈，经 V11 整流、C24 滤波得到 +20V 电源电压，经 A2（印字 LM317，三端可调稳压器）芯片处理，控制电路 V62、V58 的控制参与，得到 15V 左右的稳压受控电源，作为下桥驱动电路的工作电源。

上桥驱动电路的工作电源则是 +20V 经 R54、R53、C29 限流、滤波处理，直接送到驱动芯片 H1、H2、H3 的供电端，二极管 V15、V16、V17 为隔离二极管，在上桥 IGBT 导通时，隔离反向高压。

如果 6 路驱动电路的工作电源一同丢失，故障检修重点是检测 +20V 电源电路、A2 芯片相关电路和 V62、V58 控制电路，以及 X4 端子的 28 脚控制信号的来源是否正常。

（2）下桥驱动电路

采用了两片同相驱动器芯片 TC472B 来处理包括下桥 3 路驱动脉

冲和制动脉冲信号的传输与功率放大。因为前级脉冲电路与下桥驱动电路是共地的，无须采用光耦合器进行隔离，故直接采用双路驱动器电路芯片完成 4 路脉冲信号的传输。

当把驱动电路和逆变电路孤立起来看待时，要看出上桥驱动电路的供电回路是很难的。如此需要一个将逆变电路与驱动电路"整全后"的原理图，从中看出驱动电路的供电回路（图 3-6-1）。篇幅所限，需要读者自行分析了。

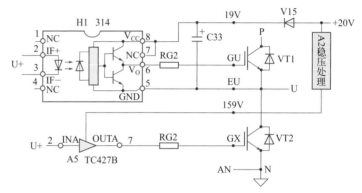

图 3-6-1　驱动电路的供电回路简化示意图

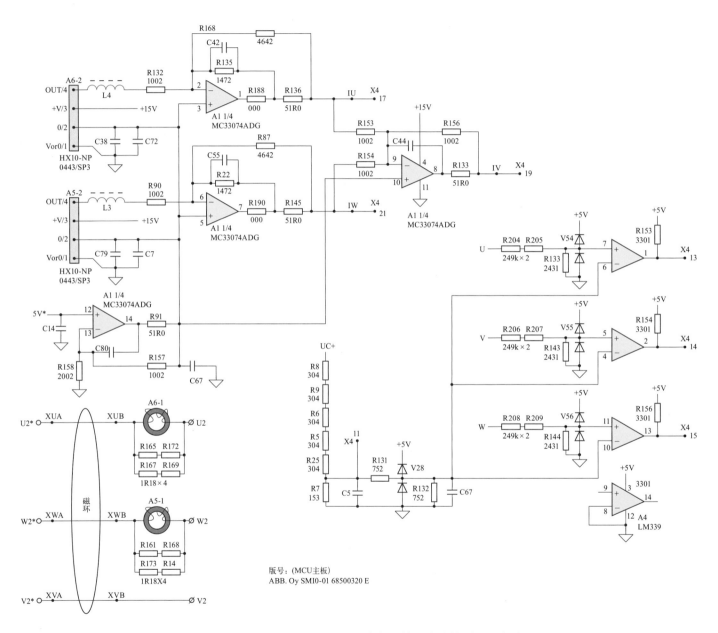

图 3-7　ABB-ACS510-1.5kW 变频器输出电流检测前级电路图

ABB-ACS510-1.5kW变频器输出电流检测前级电路图解

简单地说，从 X4 端子的 17、19、21 脚均能测得 7.5V 的信号电压，说明电流检测的前级电路（包含电流传感器、运放检测电路）都没有问题。

对于电流检测前级电路的故障判断（一般位于电源/驱动板上），显然也就分为两块：电流传感器的好坏和后级运放电路的好坏。

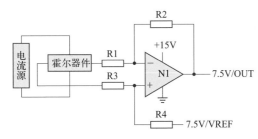

图 3-7-1　电流传感器内部原理图

其实电流传感器的内部电路，只要是处理模拟信号的，依旧是运放器件所搭建的，以图 3-7-1 为例可以做出简要的分析。

电流传感器为四线端器件：3 脚和 1 脚为 +15V 供电输入端；2 脚为 7.5V 基准电压输入端；4 脚为信号输出端。

N1 为差分放大器，偏置电路的取值为 R1=R3、R2=R4，电压放大倍数为输入信号之差乘以 R2/R1。故障检修中系统处于停机状态，输入差分信号当然为零，此时必然符合"输出 = 基准"的状态，故可知 OUT 输出端只要不等于 7.5V，就可判断电流传感器已经坏掉。

可以找到如此规则：单电源供电的运放电路（电流传感器内部运放也是此例）静态输出电压一定不为 0V，大约为供电电源电压的一半是最合理的数值，电路具备最大的动态线性区。正负双电源供电的运放（电流传感器内部运放也是此例）静态输出电压一定是 0V，理由同上。这是判断任何放大器电路均可以遵循的原则。

单电源供电的运放（具有轨到轨的输出性能），不宜用双电源运放来代替，故本机电路中的 A1（印字 MC33074ADG）芯片若有损坏，不宜用 TL074/084、LF247 等芯片代换，而宜用 LM324 等类型的通用型器件予以代换。

变频器处理模拟信号的电路，常用 8 引脚（双运放）和 14 引脚（四运放）的运放芯片，具有优良的可代换性，只要区分单、双电源供电，选用适宜的芯片代换即可。芯片的引脚（排列）功能是世界性统一的，所以尽量把其记住，检修中：①判断是否为运放芯片；②判断该芯片是好的还是坏的；③坏的知道用何种器件来代替即可。至于原电路采用什么型号的器件（如果标注看不清楚查不到资料也没有关系），不需要给予太多的关注。

图 3-7-2 所示为 8 脚和 14 脚运放芯片的引脚功能、内部构成框图。

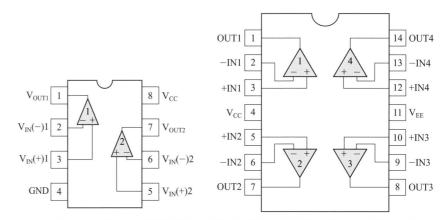

图 3-7-2　8 脚与 14 脚双列贴片封装的运放芯片引脚功能、内部构成框图

图中 A1 芯片组成的 3 路反相放大器，后文有相同的电路，其原理分析请见第 4 章 ABB-ACS550-22kW 变频器电流、电压检测前级电路图解。

图 3-7 右下侧为 U、V、W 输出状态检测电路，其原理分析请参见第 4 章 ABB-ACS550-22kW 变频器电流、电压检测前级电路图解。

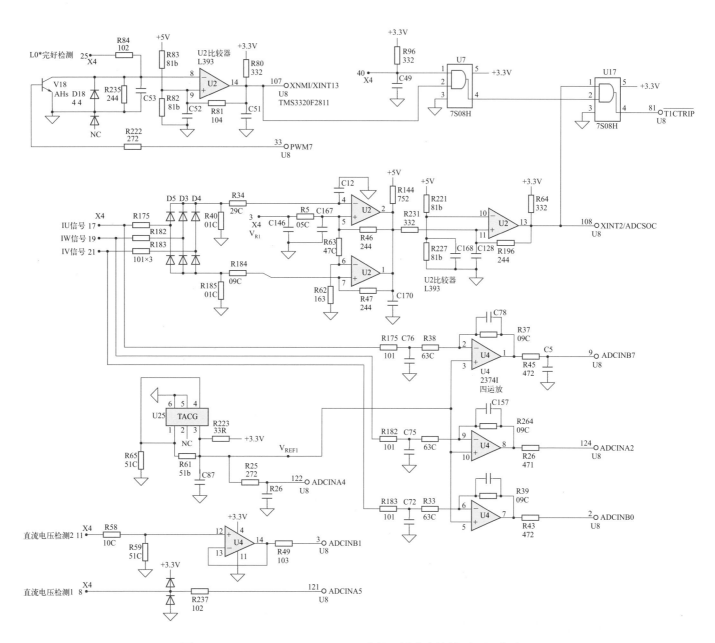

图 3-8　ABB-ACS510-1.5kW 变频器输出电流检测后级电路图

ABB-ACS510-1.5kW 变频器输出电流检测后级电路图解

电流检测前级电路的任务是将"零电流信号1"移至7.5V供电电源的"中点"上，电流检测后级电路的任务是将输入7.5V的"零电流信号2"移至DSP器件3.3V供电电压的"中点"上，得到1.5V的"零电流信号3"送入DSP的模拟量信号输入脚。因而基准电压源电路是平移信号电平的杠杆，如果杠杆的准度失常，则信号电路的传输数据会"全盘错误"。

通常采用型号为TL431的2.5V基准电压源器件来取得基准电压。但此器件有多种型号或印字标注，如TL431x、TL432x、431AC、431AJ、TACG、43A、SL431ASF、AIC431、AC03B、SL431x、HA431、EA2、6E，等等，封装形式和型号标注比较杂乱。该器件广泛应用于开关电源的稳压反馈电路，电流检测所需的基准电压产生、MCU/DSP所需基准电压产生、控制端子10V电压产生等电路，因而对该器件的快速识别与判断，对故障检修有重要意义。图3-8所示电路中，如果不能准确断定U25的"身份"，则会给电路测绘和故障诊断带来障碍。

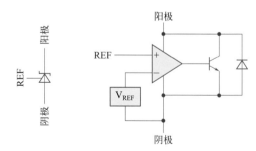

图 3-8-1　电压基准源 TL431 符号及内部原理框图

故障检修中，辨识难度较大的是3～6引脚的元器件，包含了二极管、晶体管、MOS管、单元数字电路（如5引脚与门）、单元运放电路（5引脚运放单元）等，印字多为代码，需"翻译"后才能知道原型号。TL431内部电路原理如图3-8-1所示，内含一个2.5V基准电压源、

电压比较器及并联分流管。TL431为三线端元件，其中REF为外部基准电压端，输入信号与内部 V_{REF} 相比较，在REF端输入电压信号高于2.5V时，内部三极管导通（闭环控制时增大导通量），否则处于截止（闭环控制时减小开通量）状态。

TL431也可以看作2.5V的电压监控器，闭环工作时，参与到对监控电压的控制过程中。

电压基准源TL431的10种封装形式举例见图3-8-2。

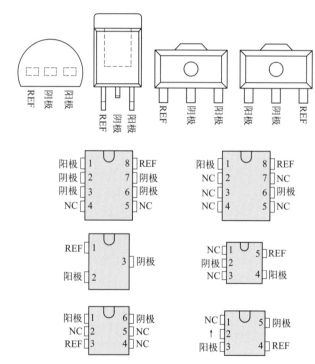

图 3-8-2　电压基准源 TL431 的 10 种封装形式举例

关于图3-8中电流检测后级电路的原理解析，更为详尽的内容请参见第4章 ABB-ACS550-22kW 变频器电流、电压检测前级电路图解，此处从略。

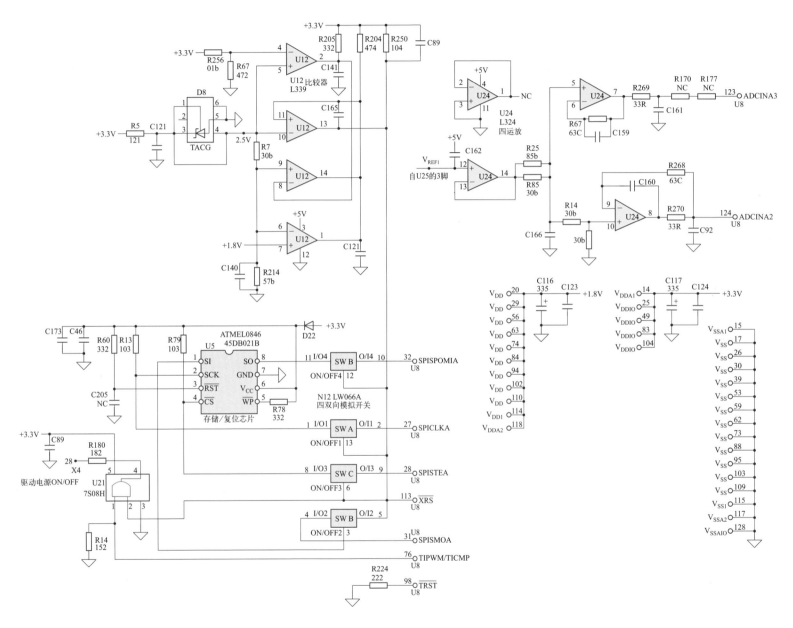

图 3-9　ABB-ACS510-1.5kW 变频器 DSP 外围工作条件电路图 1

ABB-ACS510-1.5kW变频器DSP外围工作条件电路图1的图解

MCU 器件是电子微控制器，俗称单片机；DSP 器件是专用数据处理器。MCU 通用性好，DSP 计算能力超强，二者各有优势。

MCU 或 DSP 器件是一个系统的核心部件，是一个单位的"司令部"。根据 MCU、DSP 的应用数量不同，可分为单片 MCU 系统、单片 DSP 系统、MCU+MCU 系统、DSP+DSP 系统、MCU+DSP 系统，以及多片 MCU、DSP 构成的系统等。国产变频器多采用单片 MCU 或单片 DSP 系统，进口变频器则更多采用 MCU+MCU 系统，DSP+DSP 系统，或者多片 MCU、DSP 系统。

电源、时钟和复位是 MCU/DSP 工作的三要素，是最基本的工作运行保障条件。基准电压是第四要素：MCU 内部 A-D 或 D-A 转换需基准电压作为参考，基准失常，系统所处理的温度、电压、电流等检测数据就全部是错误的，系统运行也就此卡住；MCU/DSP 外挂存储器内部数据正常是系统能够正常运行工作的第五要素：存储器内数据异常和基准失常的结果是一样的（甚至更为严重），导致系统运行异常；第六要素是 MCU 与操作显示面板的通信异常：部分变频器产品允许摘除操作显示面板独立接收控制端子的指令正常运行，但有些变频器产品主板 MCU/DSP 与面板 MCU 的通信中断，系统即处于停机状态；第七要素是存在故障报警信号：若故障检测的硬件电路异常，导致设备上电即处于故障报警与保护状态，系统将拒绝运行（或者表现为系统"死机"现象）。

复位与电源电压监测电路见图 3-9-1。

对于 D8 芯片，当结合各脚电压的在线检测与引脚功能判断时，可以确定它的"真身"是 2.5V 的基准电压源器件（TL431）。当将该器件的 R、K 端短接时，其成为一只 2.5V 的"理想稳压二极管"，其输出 2.5V 的电压基准作为 U12 比较器的输入基准。

电压比较器 U12 的输入信号电压是从 DSP 的两路供电电源而来

的 +3.3V 和 +1.8V，上电瞬间，该两路电压有一个"缓慢形成"的过程，此时比较器 U12 的输出端为 0V，稍后，+3.3V 和 +1.8V 上升为额定值，比较器同相输入端电压高于反相端采样电压信号，U8 的 113 脚变为 +3.3V 高电平，DSP 器件上电过程中的复位动作结束。

正常工作中，U12 一直担当着监测 +3.3V 和 +1.8V 电源电压的任务，当电源电压因某种原因导致跌落时，比较器的输出端 13 脚变为低电平，向 DSP 器件发送一个强制复位信号，避免系统运行于失常的状态。

对图 3-9 中其他电路的解析请参见第 4 章 ABB-ACS550-22kW 变频器 DSP 外围电路图 1 的图解。对图 3-10 的图解请参见第 4 章 ABB-ACS550-22kW 变频器 DSP 外围电路图 2 的图解。

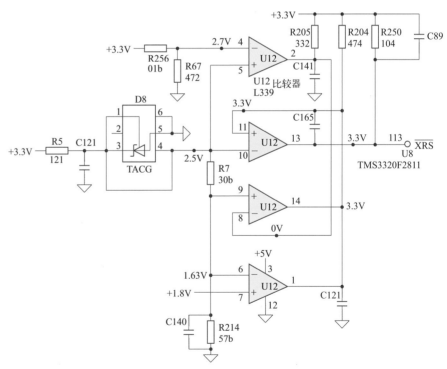

图 3-9-1　复位兼 DSP 的 3.3V、1.8V 供电电压监测电路

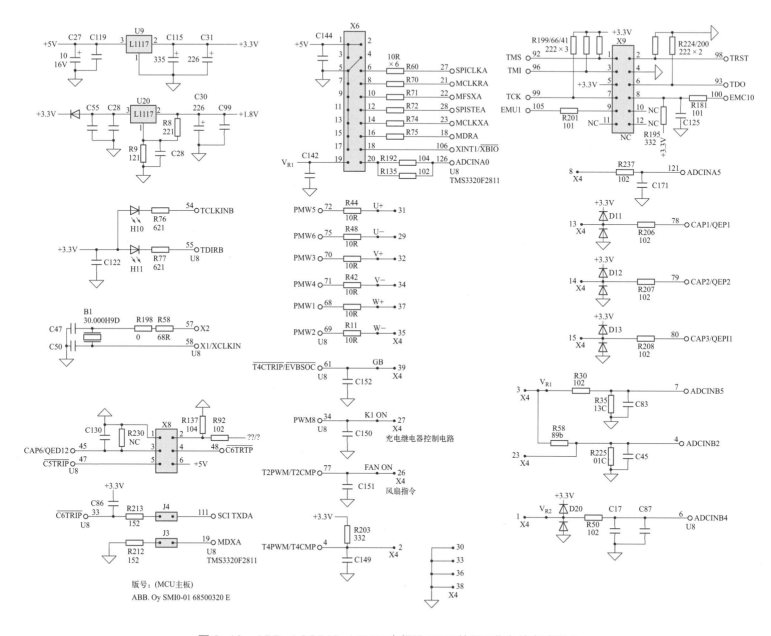

图 3-10　ABB-ACS510-1.5kW 变频器 DSP 外围工作条件电路图 2

ABB-ACS510-1.5kW变频器DSP外围工作条件电路图2的图解

U8（印字 TMS3320F2811，128 引脚 PDSP 器件）芯片引脚功能标注图见图 3-10-1。

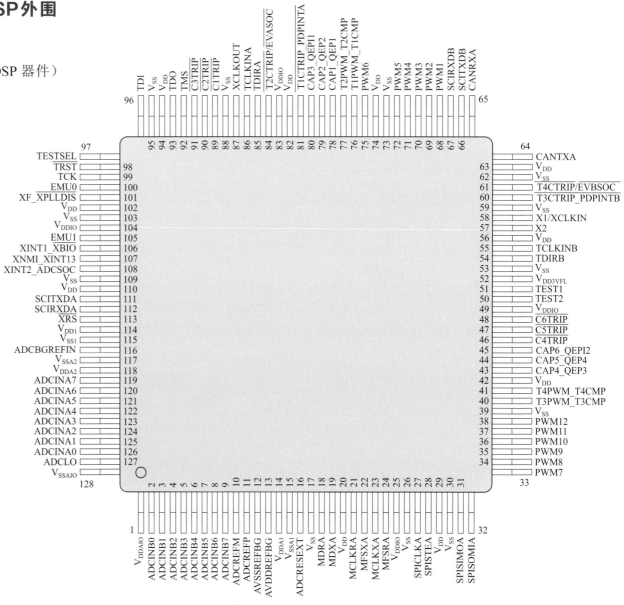

图 3-10-1　U8（印字 TMS3320F2811，128 引脚 DSP 器件）

芯片引脚功能标注图

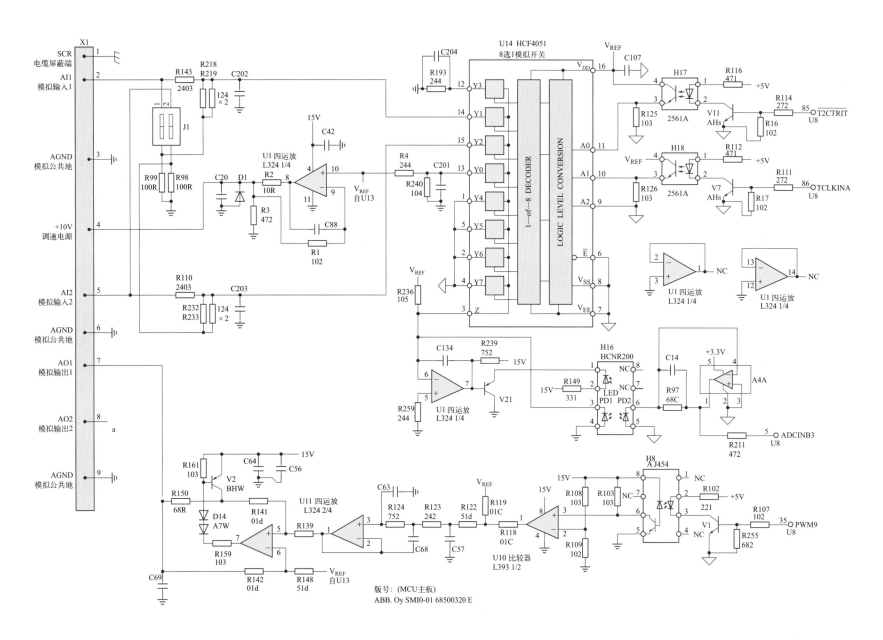

图 3-11　ABB-ACS510-1.5kW 变频器模拟量端子信号电路图

ABB-ACS510-1.5kW变频器模拟量端子信号电路图解

AI1 模拟量输入端子电路的工作原理解析：

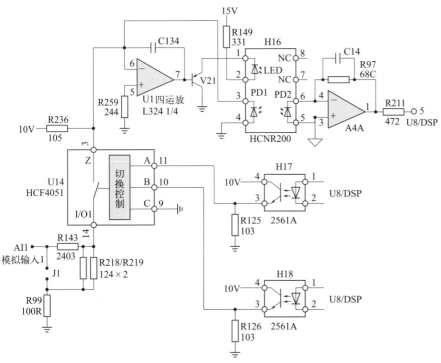

图 3-11-1　AI1 模拟量输入电路简化图

依据信号流程，图 3-11-1 所示电路可分为 3 部分：即 U14 模拟开关传输电路、光耦合器 H16 的输入侧电路和输出侧电路。

自 AI1 端输入的 0 ~ 10V 调速信号，经 R143、R218、R99 构成的 5 倍电压衰减电路变为 0 ~ 2V 的"暂时的"信号电压——当 U14a "断开"时，此点电压为 2V ；当 U14 处于"接通"时，因 U1 的"虚地"控制作用，输入信号变为 0V。为达成该目的，U1 会自动控制 V21 的导通程度，使 H16 内部 LED 发光二极管进行恰如其分的电 - 光转换，光敏二极管 PD1 依据 AI1 输入信号电压的高低比例完成光 - 电

转换。已知 R1、R2 回路电流为 $2V/60k\Omega=+0.033mA$，可知此时 PD1 的输出光电流为 $-0.033mA$。

因 H16 内部的 PD2 与 PD1 的参数（光 - 电转换率）是一样的，已知 PD2 输出光电流为 $-0.033mA$，故知流过反相放大器 A4A 反馈电路 R97 的电流值为 $+0.033mA$，由此 R5 两端的电压降即为 A4A 反相放大器的输出电压，此值应为 $0.033mA×50k\Omega≈1.6V$ 左右。

由此可见，图 3-11-1 所示电路是一个将输入 0 ~ 10V 隔离并传输转变为 0 ~ 1.6V 的模拟量信号处理电路。

原则上每一部分单独完成一定功能的电路，均可以单独上电进行独立检修，检修通则是：

① 提供工作电源；

② 满足检测（或工作）条件；

③ 检测工作状态。

检测 AI1 的信号传输状态，或者令 AI1 信号得以顺利传输至 DSP 的 5 脚，首先须令 U14 的 14 脚和 3 脚接通。当 U14 的 9、10、11 脚为"001"时满足接通条件。表 3-11-1 为 HCF4051 器件的动作真值表。

表3-11-1　HCF4051器件的动作真值表

输入状态				通道（S）
E	C	B	A	
0	0	0	0	0
0	0	0	1	1
0	0	1	0	2
0	0	1	1	3
0	1	0	0	4
0	1	0	1	5
0	1	1	0	6
0	1	1	1	7
1	×	×	×	关闭

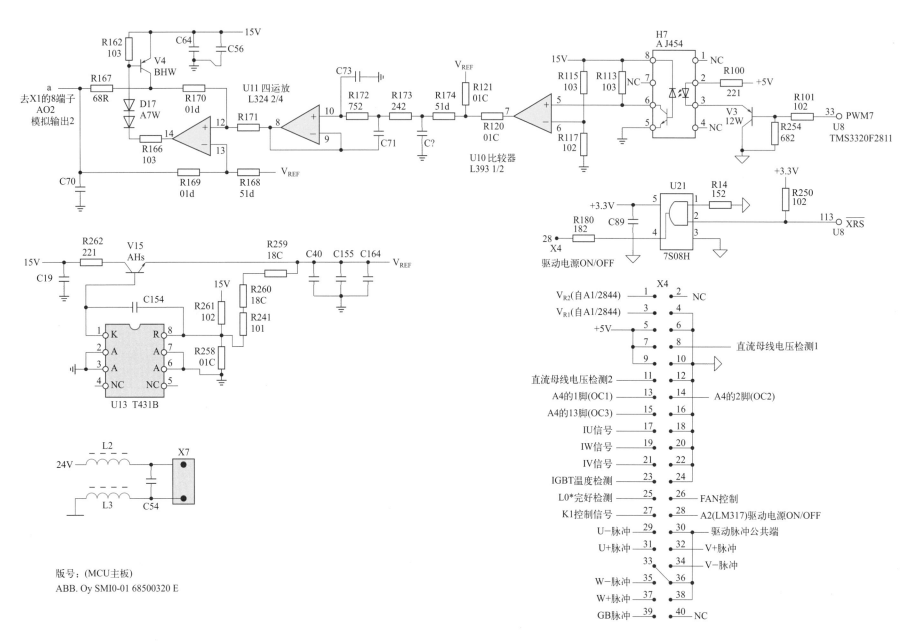

图3-12 ABB-ACS510-1.5kW 变频器模拟量端子信号电路及 X4 端子信号去向图

ABB-ACS510-1.5kW变频器模拟量端子信号电路及X4端子信号去向图解

AO1 模拟量信号输出端子电路（图 3-12-1）的工作原理解析如下。

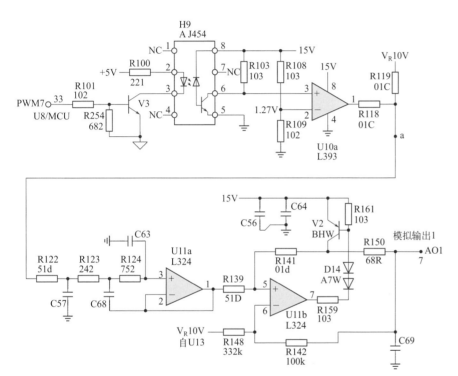

图 3-12-1　AO1 模拟量信号输出端电路信号流程图

从 MCU 器件的 33 脚输出的 PWM 脉冲（以占空比 50% 的矩形波为例），经高速光耦合器 H9、电压比较器 U10a（提高噪声容限水平）处理，在 U10a 的输出端 1 脚得到同向的 50% 占空比脉冲，其直流电压约为 5V，由此可知 R119、R118 分压点电压经 R122、C68 等元件滤波处理，再经 U11a 电压跟随器处理在输出端 1 脚得到 7.5V 的直流电压信号。

U11b 恒流源电路的基本电路形式为差分放大（本例为差分衰减）

器，其原理分析和秘诀是将输出端 AO1 与地短接后，可做出等效分析（因恒流源电路不怕输出端短路），由此可知：在 MCU 输出 50% 占空比脉冲时，经电路处理转化为 10mA 的电流信号输出，电路完成了 V-I 转换作用。

如图 3-12-1 所示电路，可分为前、后级电路进行检修。

前级电路：完成将 PWM 脉冲进行光、电隔离传输，变 PWM 脉冲为直流电压的任务，由 MCU 芯片 U8、光耦合器 H9、电压比较器 U10a 和电压跟随器 U11b 及外围电路构成，其输出直流电压应与输入脉冲占空比呈现正向比例关系。

$V-I$ 转换的任务：由 U11b 恒流源电路来实现，电路结构为差分衰减器，即将输入信号之差（10V-7.5V）衰减 5 倍后加至 R150 的两端，由此形成输出电流信号。

前级电路首、尾两个关键测试点，即 MCU 芯片的输出端 33 脚和 U11a 电压跟随器的输出端 1 脚。若测得 MCU 芯片的输出端 33 脚无脉冲信号，则需详细查看并整定相关工作参数值（端子功能设置），若设置正确，但 33 脚无脉冲输出，可判断 MCU 芯片引脚内部电路坏掉，就需要更换主板进行修复了。

后级电路为差分输入方式，电阻 R139 和 R148 的左端为输入信号端，在差分信号正常输入状态下（也可以人为地在 C57 两端施加直流电压模拟差分信号输入），因恒流源电路"输出端不怕短路"的特点，可将万用表的直流电流挡直接串入 AO1 和 GND 之间，测试输出电流值与输入差分信号电压是否成比例。

由此判断前、后级电路的工作状态，找出故障点并修复。

X4 为 DSP 主板与电源 / 驱动板之间的排线端子，是各路供电电源和 DSP 输出、输入信号的集中监测点，图 3-12 右下侧的端子图对实际的故障检测来说意义重大，根据相应故障报警提示和相关的电压监测，可快速区分故障是在电源 / 驱动板上还是在 DSP 主板上，应用端子信号去向图，可大大提高检修工效。

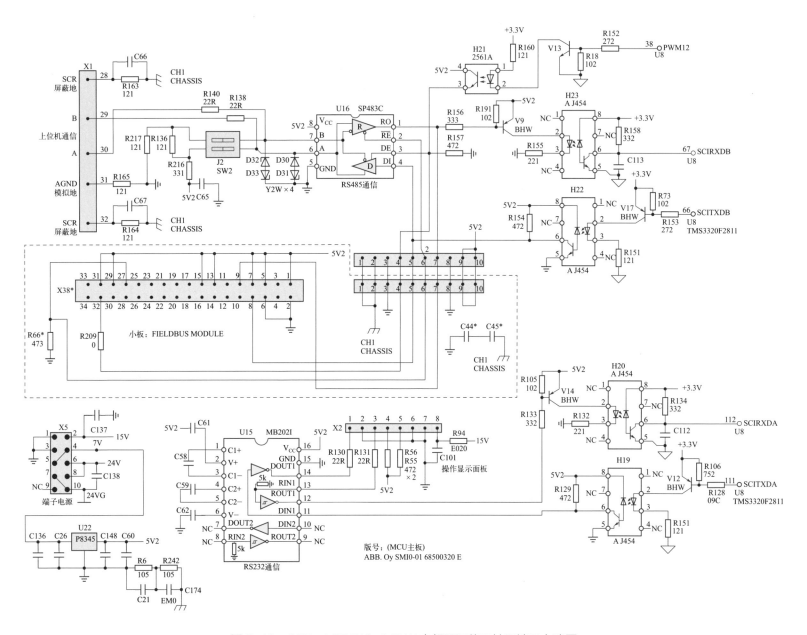

图 3-13　ABB-ACS510-1.5kW 变频器通信及扩展端子电路图

ABB-ACS510-1.5kW 变频器通信及扩展端子电路图解

（1）RS485 通信电路

DSP 器件与上位机的通信电路以 RS485 通信方式为多。在设置上一般是这样的，上位机作为主动的一方，本地作为从动的一方，即上电初始瞬间，发送 / 接收控制端 $\overline{RE}$、DE 为低电平，处于串行数据的接收状态，等待上位机发来联络信息后，双方再展开有条不紊的信息交流。

为了避免线路反射带来的干扰，有时需要在通信末端，在 A、B 差分总线上并联 120Ω 终端电阻（或称匹配电阻），终端电阻是否需要接入，工作人员可根据需要操作拨码开关 J2 来实现。另外，A、B 差分总线允许较长距离的传输，有可能在线路上引入危险电压尖峰，添加 D30～D33 四只 6V 左右的稳压二极管，实现双向钳位，以保障通信芯片的安全。

因为控制端子地（操作人员直接接触，必须是低压安全的隔离地）和 DSP 供电地不是一个地（DSP 供电和直流母线电压共地），所以 DSP 器件经 3 只光耦合器来传输通信信息。其中数据发送的控制采用一般光耦合器，串行数据的接收和发送采用两只高速光耦合器（印字为 A J451，HCNW4503/4/5/6、6N137/139 等，如果安装尺寸与封装形式相当，可予以代换）。

串行数据脉冲或 A、B 差分脉冲信号，不建议用万用表的直流 / 交流电压挡来测量，建议用示波表 / 器来测试，正常波形应为矩形波，波顶接近供电电源电压。建议由示波表测试的理由如下：如占空比极小（或极大）的脉冲信号，万用表所测结果可能接近 0V（如 0.3V），也可能接近供电电压水平（如 4.7V），则容易做出通信脉冲丢失、已经停止通信的错误判断。用示波表只管波形的有、无，即能做出准确的判断。

（2）RS232 通信与 RS485 通信的区别

① 传输方式不同。RS485 通信采用差分传输方式。RS232 通信采取不平衡传输方式，即所谓单端通信。收、发端的数据信号是相对于信号地的。

② 传输距离不同。RS232 适合本地设备之间的通信，传输距离一般不超过 20m。而 RS485 的传输距离为几十米到上千米。

③ 传输单位不同。RS232 只允许一对一通信，而 RS485 接口在总线上允许连接多达 128 个收发器。

④ 电平标准不同。典型的 RS232 信号在正负电平之间摆动，在发送数据时，发送端驱动器输出正电平为 +5～+15V，负电平为 -5～-15V。

RS232 通信芯片（印字 MB202I）为 16 脚器件，从硬件角度来看，内部含 4 组反相驱动器电路，允许两入两出：对外部设备来说，8、13 脚为数据输入 / 发送端，7、14 为数据输出 / 接收端；对本地设备来说，10、11 脚为数据发送端，9、12 脚为数据接收端。

本机电路只用到 U15 芯片内部两组反相驱动器来传输来回的串行数据，即外来信号经 X2 端子输入，进入 U15 的 13 脚，再经 U15 的 12 脚输出，经晶体管 V14、光耦合器 H20 隔离传输至 DSP 器件的 112 脚，这是串行数据输入电路。

DSP 的 111 脚输出的串行数据信号，经 V12、H19 隔离传输后，输入 U15 的 11 脚，由内部反相驱动器处理后从 14 脚输出至 X4 端子。

故障检测：将其内部 4 组反相驱动器视作普通反相器电路，测量输入、输出端的电压或波形，即能判断 U15 通信模块是否正常。

两路通信电路（含通信芯片及光耦合器件）连接控制端子一侧的供电电源，是由开关电源的 7V 经 X5 端子送入，再由三端稳压器 U22（印字 P8345）处理而得 5V2 电源电压。当 U22 损坏时，宜用低压差（输入、输出电压差在 1V 以内）三端固定 5V 稳压器来代换。

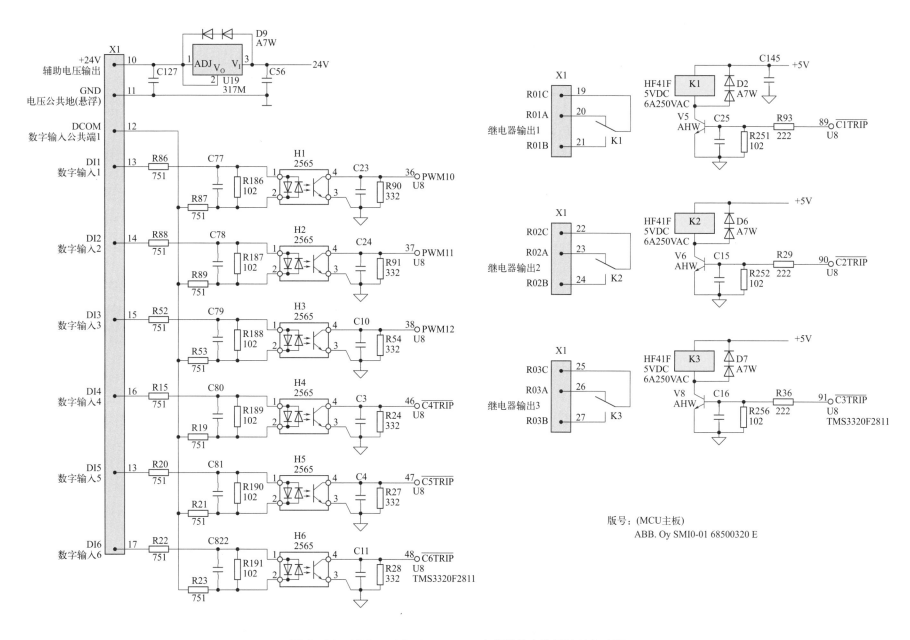

图 3-14　ABB-ACS510-1.5kW 变频器数字信号端子电路图

ABB-ACS510-1.5kW 变频器数字信号端子电路图解

数字（开关量）信号输入端子电路的工作电源完全独立隔离于其他电源，经 U19（印字 317M，3 端可调稳压器，当 ADJ 端接地时，输出电压约为 1.25V。若采用分压电路改变 ADJ 端电压值，可实现调压输出）输送至 X1 端子。

三端可调稳压器 U19 用在此处，已将 ADJ 调整端和 V_o 输出端短接，"屏蔽和取消"了调压和稳压功能，其用意何在？想了多次，稳压器用在此处，仅仅是利用了它的过温、过流的保护功能。这样当端子接错线等导致出现 24V、GND 端子之间的短路故障时，会起到限流保护作用，不至于损坏开关电源电路。

U19 的输入、输出端反向并联 D9 钳位二极管，是避免输出端电位高于输入端时（机器停电瞬时可能会出现此种状况），输出端电流向内部反串可能会造成器件的损坏而设的。电子元器件的一个特征是：如果电压极性接对了，即使电压偏高一点也没有关系（器件的表现很坚强），如果电压极性反接，器件极易损坏（器件的表现很脆弱）。

数字（开关量）信号输入端子电路中，输入信号电路用光耦合器，输出电路用继电器。

本电路采用的是 H1 ～ H6 四引脚光耦合器件（印字 2565，型号 PS2565-1），与常规器件的最大不同是，输入侧是两只反向并联的发光二极管，从 1、2 脚输入正、反电流信号，均能使 3、4 脚之间导通，可灵活实现共源、共漏输入方式的切换：当 DCOM 与 +24V 相连接时，DI1 ～ DI6 输入端子与 GND 端子短接，输入控制信号生效；而当 DCOM 与 GND 相连接时，DI1 ～ DI6 输入端子与 +24V 端子短接，输入控制信号生效。

3 路继电器触点输出电路与控制电路：3 组由常开、常闭触点组成的对应变频器工作状态的开关量信号输出电路，由 DSP 引脚输出的控制指令控制继电器工作开关管的截止与饱和导通，产生相应的触点动作信号。

继电器线圈具备电感特性，所以在线圈两端并联续流二极管，当晶体管截止时，释放继电器线圈中所储存的电能，从而保障继电器开关管的安全。

正常应用情况下，变频器的输入、输出端子电路的故障率是极低的，但检修当中也会碰到控制端子电路损坏的情况，原因如下：

① 用户的接线错误导致输入端子引入异常危险电压，如引入 AC220V 市电，造成 H1 ～ H6 光耦合器烧毁、可调稳压器 U19 损坏等故障现象；

② 端子控制接线过长、引入雷击等造成电路损坏；

③ 继电器触点的非法超容量应用，造成继电器触点烧熔或虚接。

故将设备修复交付用户时，须了解损坏原因，并要求用户按相关规则接线和使用触点。必要时外加中间继电器再驱动负载电路，使继电器触点避开高电压、大电流的冲击。

第 4 章

ABB-ACS550-22kW
变频器整机电路原理图及图解

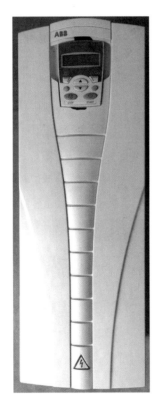

图 4-1　ABB-ACS550-22kW 变频器产品外观、铭牌图

Input	U1	3 ~ 380 V...480 V
Output	I1	59 A
	f1	48...63 Hz
	U2	3~0...U1
	I2N/I2hd	59 / 44 A
	f2	0...500 Hz
Motor	PN/Phd	30 / 22 kW

ACS550-01-059A-4

图 4-2　ABB-ACS550-22kW 变频器电源 / 驱动板与主电路实物图
（对应图 4-5～图 4-8 所示电路原理图）

图 4-3　ABB-ACS550-22kW 变频器电源 DSP 主板电路实物图
（对应图 4-9 ~ 图 4-15 所示电路原理图）

图 4-4　ABB-ACS550-22kW 变频器操作显示面板电路实物图
（对应图 4-16 所示电路原理图）

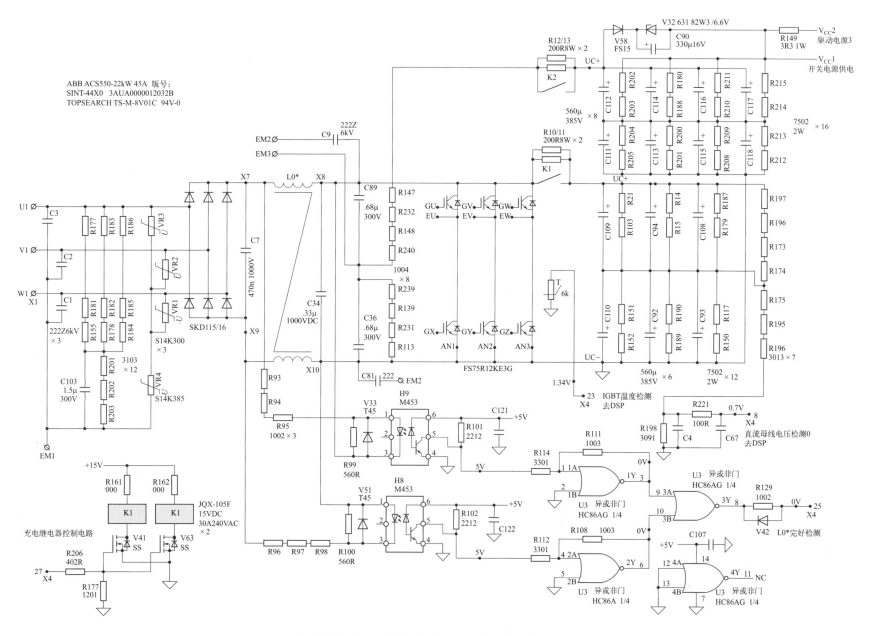

图 4-5 ABB-ACS550-22kW 变频器主电路图

ABB-ACS550-22kW 变频器主电路图解

ABB-ACS400 ～ 800 多系列变频器产品给人这样一个印象：从小功率到大功率机型，DSP 主板的硬件构成是接近的乃至相同的。同功率不同系列的产品，主电路构成和电源 / 驱动板的电路构成也是非常接近的。不同功率的主电路、电源 / 驱动板电路而有显著差异，这是非常合理的安排。从 ACS400 到 ACS800，说到底体现的是软件数据——控制方案的升级，而在硬件电路上则少有变化（是否意味着该产品因应用成熟而定型，已经没有必要再有那么多的创新？）。

初次接触该机型的电路，在开关电源的供电来源和驱动电路的供电回路上纠结了较长的时间，即使有图在手，如果将主电路、开关电源和驱动电路孤立起来分析，则很难理得清。因而最好的办法是用简化图的模式，把相关的电路部分画在一起（见图 4-5-1），就便于分析了。

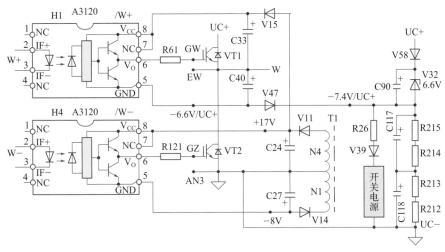

图 4-5-1　W 相驱动电路、开关电源供电来源等简化电路

（1）开关电源的供电来源

从 UC+ 经隔离二极管 V58、稳压二极管 V32、限流电阻 R26、二极

管 V39，供给开关电源电路，若从 R26 上端测量至 UC+ 的正、反向电阻值，当然正、反向电阻值都极大，明知道开关电源会从 UC+、UC− 直流母线取电的，就是测不通（因 V58、V32 的反串接法当然也会测不通）。

（2）W 相驱动电路的供电回路

① 下桥驱动电路的供电回路　经 V11 整流、C24 滤波，得到 +17V 电源电压，在光耦合器 H4 的配合下得到下桥逆变管 VT2 的开通电压；经 V14 整流、C27 滤波，在光耦合器 H4 的配合下得到 −8V 的 VT2 的关断控制电压。

同时，+17V 电源电压还经隔离二极管 V15 加至上桥驱动电路，光耦合器 H1 的供电端 8 脚，作为上桥逆变管 VT1 的开通电压。

而此时，此开通电压并不能形成回路，隔离二极管 V47 处于反偏截止状态，经 V15 引入的开通电压处于无回路的悬浮状态，因而此时若测 H1 的 8、5 脚供电端，仅有数伏的"虚的"电压值。结论是 H4 供电正常，H1 没有工作电源。

② W 相上桥驱动电路的动态工作过程　V58、V32、C90 电路的"神秘身份"：相对于 UC+ 来说，C90 负极是约 −7.4V 的电压值，当 V47 导通时，H1 的供电端 5 脚是约为 −6.6V 的电压值，因而从 C90 两端取得的 −6.6V，是 VT1 关断负压的"储备基金"。

只有在逆变电路处于正常状态时，H1 才得到工作电源。工作过程如下。

W− 脉冲信号到来，当 VT2 开通后，W=UC−，此时 +17V 经 V15、W/UC− 形成 C33 的充电电流，C33 两端取得约 16V 的正电压，VT1 的开通条件由此具备。

W+ 脉冲信号到来，当 VT1 开通后，W=UC+，此时形成经 UC+、V47、−7.4V 的对 C40 的充电电流，C40 两端在此期间取得针对 EW 端为 −6.6V 的工作电压，VT1 的关断条件由此具备。

本电路也是一路供电模式的驱动电路，逆变管 VT1、VT2 同时兼作 VT1、H1 的工作电源通路，是本机电路的特点所在。

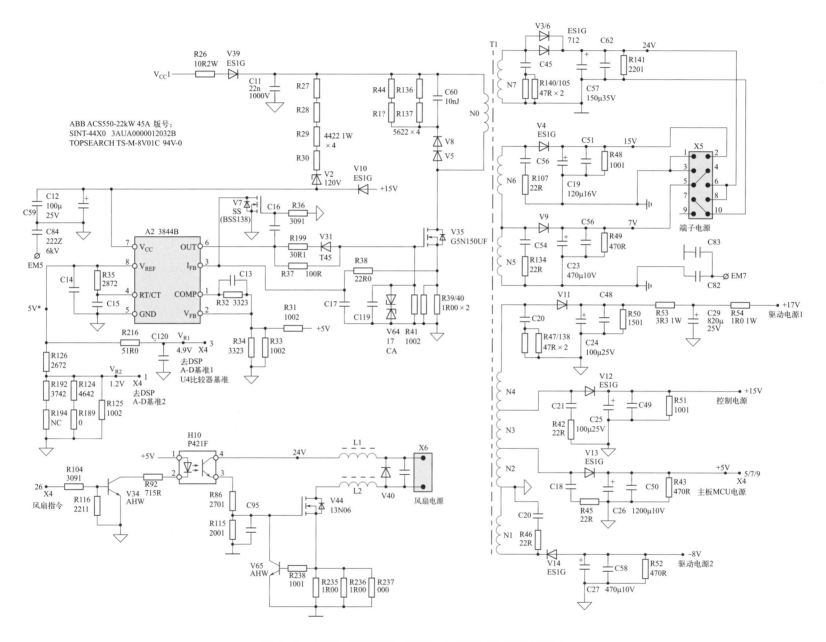

图 4-6 ABB-ACS550-22kW 变频器开关电源电路图

ABB-ACS550-22kW 变频器开关电源原理图解

电路元件的作用和取值参考：

（1）开关管及附属元器件

初级线圈 N0 两端并联尖峰电压吸收回路：采用 D、R、C 电路的串、并联结构。开关管关断时，其漏极会承受直流母线电压、N0 线圈产生的反向电动势、变压漏感产生的电动势等三者串联叠加的危险电压尖峰（可能会远超出开关管的实际耐压能力），采用 D、R、C 实现尖峰能量的吸收和耗散。二极管 D 应选用高速高反压型元件，反向击穿电压一般选用 1600V 左右，反向关断恢复时间为 75ns 左右；电阻选用功率为 3W 左右、取值为 30 ～ 100kΩ 的电阻器；电容选用容量为 10nF、耐压为 1.2 ～ 2kV 的瓷片或聚酯材料的无极性电容器。

开关管的 S 极串联电流采样电阻，将流经 N0，开关管 D、S 极的工作电流转化为采样电压，送入 A2 芯片的 3 脚。该电阻的取值范围为 2 ～ 0.5Ω，功率取值为 1W 左右，具体应用和变频器的功率、电源功率相关。功率小者，可取至 2Ω，功率大至几百千瓦，可取至 0.5Ω。

开关管的 G、S 极上并联 3 只元件：电阻 R41（提高关断可靠性，降低误开通概率，一般取值 5 ～ 20kΩ）、双端反串稳压二极管 V64（一般采用击穿电压 16 ～ 19V 的稳压二极管，钳制脉冲电压不致超过开关管的安全工作区——±20V）、电容 C17（杂散电压尖峰吸收，一般取值范围为 330 ～ 1000pF）。

开关管的 G 极电阻称为栅极电阻，并非为限流而设，而是为了抑制脉冲线路的电感效应。一般取值范围为 30 ～ 120Ω。取值过大时，开关管 G、S 极间的电容效应会导致脉冲出现有害斜坡（开关管的开

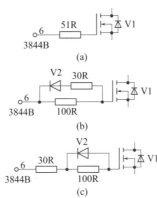

图 4-6-1　开关管驱动脉冲引入的 3 种电路形式

通损耗加大）。开关管驱动脉冲引入的电路形式有 3 种，如图 4-6-1 所示：图 4-6-1（a）为精简式，由单只电阻引入；图 4-6-1（b）、（c）所示电路可称为开通、关断各行其道的电路形式，以图 4-6-1（b）为例，开通电压 / 电流经 100Ω 引入，关断电压 / 电流由 30Ω 引入。

（2）A2 芯片 7 脚的启动电路及芯片工作电源电路

R27 ～ R30、V2、储能滤波电容 C12 组成启动电路。

启动电阻的取值范围为 300 ～ 750kΩ、功率为 1 ～ 2W、以满足回路流通电流大于 1mA 为宜。启动电路的组成形式也多种多样，如串联 V2、串联发光二极管用作放电指示等，不再举例。

次级线圈 N3、整流二极管 V12、储能滤波电容 C25、隔离二极管 V10、电容 C12 组成 A2 芯片的工作电源。

电容 C15 的取值为 47 ～ 150μF，耐压 35 ～ 50V，高频特性要好。V12 要选用额定工作电源 1 ～ 2A 的高速或高频整流二极管。如果耐压够用，也可选用肖特基器件。

（3）定时电路

A2 芯片 4 脚内、外部电路构成振荡电路，形成频率基准信号。R35（定时电阻）、C15（定时电容）为定时元件，决定芯片工作频率的高低。定时电阻取值一般为 5 ～ 20kΩ（超出此范围会导致工作异常），定时电容取值一般为 1500 ～ 4700pF。设振荡频率为 80kHz，定时电阻为 10kΩ 时，定时电容约为 2200pF；定时电阻为 15kΩ 时，定时电容约为 1500pF。

（4）A2 芯片 3 脚的 R、C 电路

（5）A2 芯片 1、2 脚内、外部的电压误差放大器电路

以上两项，请参见本书第 5 章图 5-10 的图解中对开关电源的图解文字。

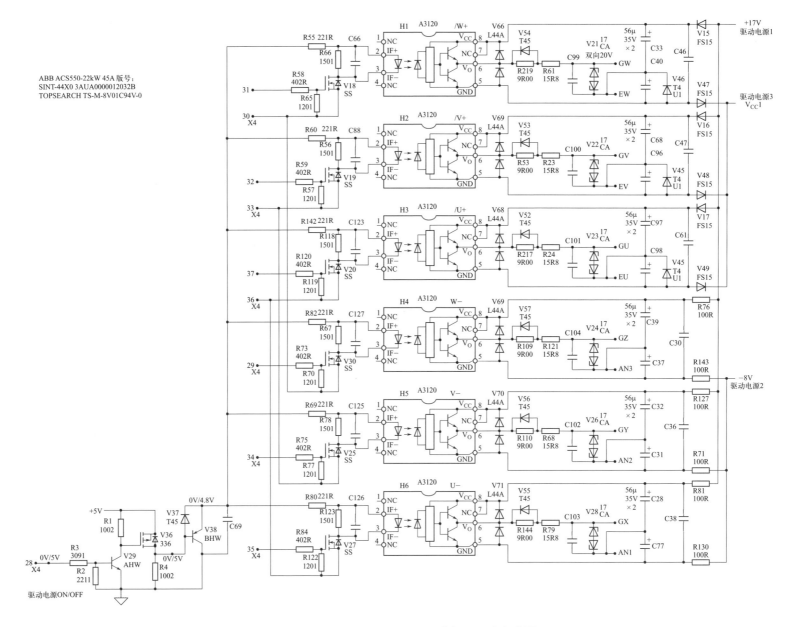

ABB ACS550-22kW 45A 版号：
SINT-44X0 3AUA0000012032B
TOPSEARCH TS-M-8V01C94V-0

图 4-7　ABB-ACS550-22kW 变频器驱动电路图

ABB-ACS550-22kW 变频器驱动电路图解

驱动电路（芯片输出侧）的供电电源和回路请参见 ABB-ACS550-22kW 变频器主电路图解。

光耦合器输入侧的供电和信号回路图解，如图 4-7-1 所示。图中标注电压值为正常待机状态电压 / 运行时的电压值。

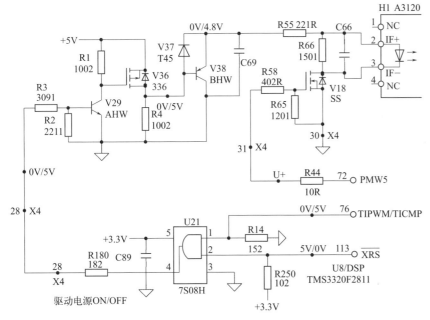

图 4-7-1 H1 得到脉冲输入的工作条件电路

驱动电路的驱动芯片要得到从 DSP 器件发来的 U+ 脉冲信号，需要以下条件：

① +5V 工作电源正常。

② DSP 主板与电源 / 驱动板连接状态良好，V18 的 S 极经 DSP 主板侧才能形成通路。

③ 具备变频器正常操作启动运行的条件，如各路故障检测信号正常，变频器处于正常的待机状态。

④ DSP 器件 U8 的 113 脚常态为 5V 高电平；76 脚常态为 0V 低电平，运行中 76 脚变为 5V 高电平。

⑤ 5 脚贴片 IC（序号 U21，贴片印字 7S08H，与门一单元电路芯片）4 脚为 5V 高电平。

⑥ 控制电路的晶体管 V29 正常导通，V36（增强型 P 沟道 MOS 器件）的 G 极变为 0V 低电平，V36 由此获得开通信号，将 +5V 电源电压经二极管 V37、限流电阻 R55，引至光耦合器 H1 的 2 脚。

⑦ DSP 器件（序号 U8，印字 TMS3320F2811，128 脚 DSP 器件）的 72 脚为 PWM 脉冲 /U+ 脉冲输出端，此脉冲经 R44 驱动增强型 N 沟道 MOS 器件 V18 开通，H1 光耦合器由此获得约 10mA 的发光电流，将 U+ 脉冲信号送至 U 相上桥 IGBT 的 G 极。

下述任一环节出现问题，H1 输入侧的脉冲传输都将被中断。

① 正常运行过程中，若系统产生异常的复位信号；

② 有相关故障检测信号产生时，U8 的 76 脚变为 0V 低电平；

③ U21 与门芯片坏掉，输出端 4 脚不能变为 5V 高电平；

④ 控制电路 V29、V38 工作失常；

⑤ U8 的 72 脚后续 V18 等传输环节异常；

⑥ H1 光耦合器输入侧异常，如内部发光二极管开路或短路故障发生。

故障检修，有时只需换掉一只熔断器即可完成，仅仅是偶然的因素导致了熔断器的熔断。

但大多时候，需要追踪尽可能多的信号流程，找出信号传输"卡住"的环节，由此得以排除故障。

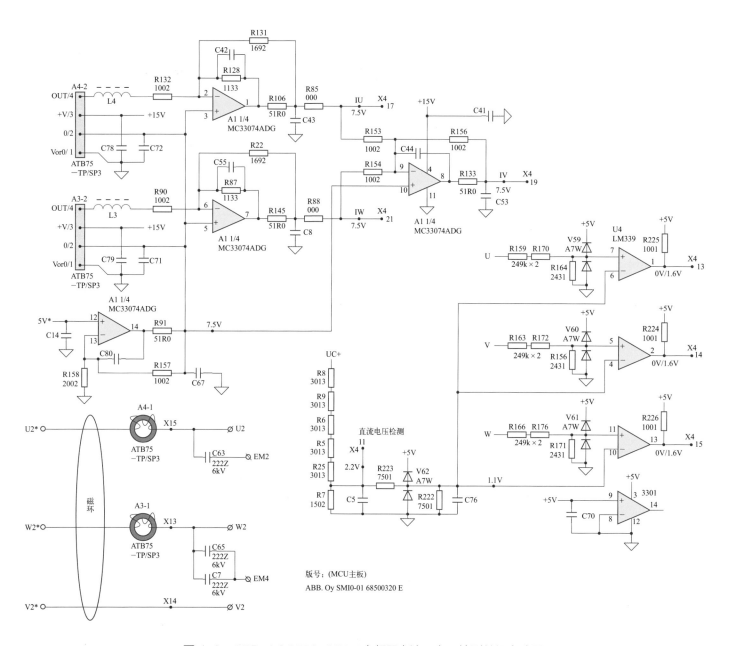

图 4-8 ABB-ACS550-22kW 变频器电流、电压检测前级电路图

ABB-ACS550-22kW 变频器电流、电压检测前级电路图解

为合理安排图解文字的篇幅，将输出电流检测的前、后级电路的原理解析，放于图 4-9 图解。在这里重点给出图 4-8 右下侧输出状态检测电路的原理解析，本电路的解析难点在于，须将主电路、驱动电路、输出状态检测电路等 3 个部分"整合以后"，才能看到电路工作的"实相"。

对于国产变频器，更善于采用具有 IGBT 开通管压降检测功能的驱动 IC 芯片来组合驱动电路，具有简化外围故障检测电路的优点；对于进口产品，则倾向于采用通用型光耦合器（如 A3120、A350 等，不带检测功能），对 IGBT 的检测和保护，则更多由如图 4-8-1 所示的检测电路来保障。如西门子、ABB、三菱等品牌的进口机型，用的都是这个方法。若明了一个机型的原理，就会产生"通吃"的效果，自然故障检测和屏蔽报警的方法，也会一通百通。

U、V、W 输出状态检测原理及意义如下。

检测原理：DSP 从 72 脚发送一个 W+1 脉冲信号，同时需要在 7 脚检测到一个返回的 W+2 脉冲信号，两个信号在时间刻度上必须是对齐的，这说明：

① 由 V18、H1 等元器件组成的脉冲传输通道是好的；

② 主逆变电路 VT1、VT2 是好的，而且工作状态是正常的；

③ 由 U4 及 W 输出采样电路等组成的输出状态检测电路是好的。

若上述①、②、③ 任一电路异常，或不具备相关检测条件，变频器会给出逆变电路异常、负载电机异常等过载、短路类的报警信号，并处于停机保护状态。

检测电路的工作原理简述：电压比较器 U4 的反相输入端进入的是从直流母线电压经电阻分压取得的 1.1V 基准电压（象征 P 电位），同相输入端进入的是 W 输出电压经分压的 2.5V（象征着 W=P）。显然在 W+1 脉冲到来时，若 W=P，说明 VT1 开通良好，否则，若 W＜P，

说明 VT1 等逆变电路处于异常的故障状态。

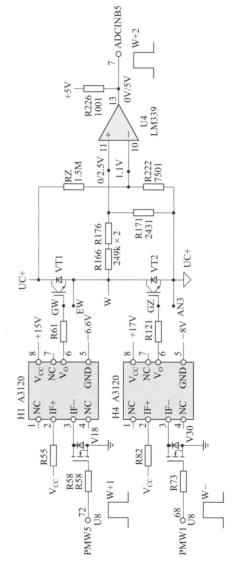

图 4-8-1　输出状态检测电路"简化汇总"图

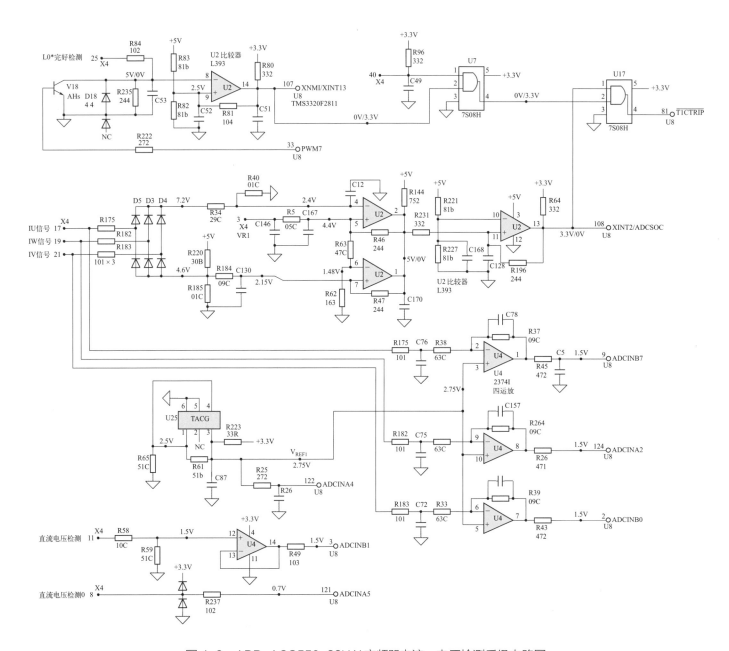

图 4-9　ABB-ACS550-22kW 变频器电流、电压检测后级电路图

ABB-ACS550-22kW变频器电流、电压检测后级电路图解

U 相输出电流检测电路的全貌如图 4-9-1 所示。

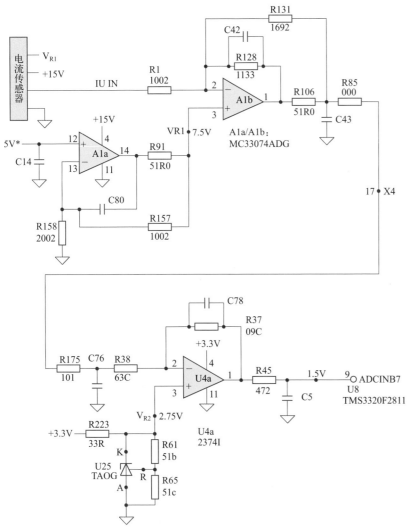

图 4-9-1　U 相输出电流检测的前、后级电路

单电源供电的运放电路，为了能工作于最佳线性区并具有较大的动态工作范围，经常采用将同相输入端预置 0.5V_{CC} 的措施，以此建立静态工作点。

本机的输出电流检测电路以 X4 端子排为分界点，可以方便地划分为 U 相输出电流检测的前级电路和后级电路。

在前级电路的 +15V 单电源供电条件下，前级电路的任务是建立输出电压为 7.5V 的静态工作点，在后级电路的 +3.3V 的供电电源条件下，后级电路的任务是建立输出电压为 1.5V 的静态工作点，以适应 DSP 器件对输入信号电压范围的要求。

因而，前级反相放大器 A1b 的同相输入端需要输入一个 7.5V 的基准电压 VR1，作为"零信号基准"。A1a 为 VR1 产生电路，由 1.5V 的同相放大器将开关电源芯片 8 脚来的 5V* 进行放大处理，得到 VR1。

A1b 为反相放大器电路，电压放大倍数约为 1.7 倍。本级电路的静态输入、输出电压值都为 7.5V。

后级电路反相放大器 U4a 的同相输入端需要输入一个 2.75V 的基准电压 VR2，作为"零信号基准"。U25 基准电压源电路为 VR2 产生电路。

前级电路输入的 7.5V 信号电压，超出了 DSP 器件对信号电压的幅度要求，须经基准电压 VR2 的参与，进一步转换为合格的输入电压信号。U25 是 2.5V 电压基准源器件，设置 R61、R65 合适的电阻值，所取得的 VR2 为 2.75V。U4a 是一个衰减倍数约为 5 倍的反相衰减器电路，因而在输出端可取得 1.5V 的输出电压，送至 U8 的 9 脚。

本机输出电流电路故障检测的要点是：

① 先检查 +15V 供电电源和 VR1、VR2 基准电压是否正常。对于 +15V 工作电源，允许有一定的变化裕度。对于 VR1、VR2 电压，则要求严格。

② 对于 A1、U4 运放电路的检测，按是否符合"虚断""虚短"原则进行故障判断。

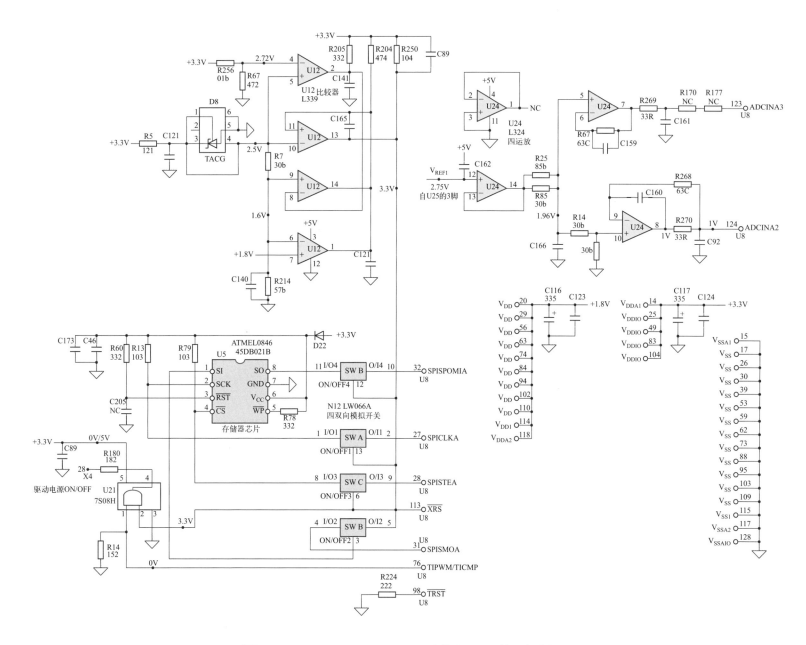

图 4-10　ABB-ACS550-22kW 变频器 DSP 外围电路图 1

ABB-ACS550-22kW 变频器 DSP 外围电路图的图解

图 4-10 和图 4-11 可通称为 DSP 的工作条件电路，是 DSP 能够正常运行的基本工作条件电路。

（1）工作电源电路（请参见图 4-11 左上侧）

由开关电源来的 +5V 供电电压，经三端可调稳压器 U9 处理，得到 +3.3V 的 DSP 工作电源 1；+3.3V 再经三端可调稳压器 U20 处理，得到 +1.8V 的 DSP 工作电源 2。

图中标注"V？"、画为二极管的两端元件，在线测试有二极管的正反向压降，但原理上分析不能过关，"V？"到底是个什么性质的元件，暂时存疑。

图 4-10 的右下侧为 U8/DSP 器件的供电引脚，和直接接供电电源的引脚图。

（2）系统复位电路

由基准电压源电路 D8、电压比较器 U12 组成。具有复位控制功能，还兼做 DSP 的 +3.3V、1.8V 两路工作电源的检测，发生供电（欠电压）异常时，自动实施系统的强制复位。

本电路的 DSP 复位是低电平有效的工作模式。上电后测量复位端电压，应为 +3.3V，否则为复位控制电路异常或复位脚内部电路损坏。

（3）系统时钟电路（将图 4-11 左中侧电路移到此处）

图 4-10-1　DSP 系统的时钟电路

如图 4-10-1 所示，DSP 器件 57、58 脚的外部石英晶体 B1、匹配

电容 C47 与 C50 和 DSP 内部电路（或为反相器）构成基准频率的振荡电路，振荡波形为正弦波，频率为 30MHz，提供 DSP 内部各单元电路有序运行所需的时间基准。

以上称为 DSP 工作三要素。

（4）存储器电路（参见图 4-10 左下侧部分）

存储器的工作状态和复位控制电路的工作状态密切相关，从两者的联系中可以看到，在授权上复位动作优先。若复位动作执行中或复位控制电路异常时，U5 存储器芯片同时接收复位命令停止工作，传输写入、读取指令的"中间人"——N12（印字 LW066A，四双向模拟开关）的控制端也得到"禁止指令"，使存储器 U5 因串行数据的传输环节中断，而被动中止工作过程。

应该说明，一般情况下，存储器芯片只在上电、断电瞬间和用户调用或修改控制参数期间是处于工作状态的，而正常运行的大部分时间内，是处于"休闲期"的。所以检修中要想测到 SI、SO 的数据传输状态，得和工作时间段相对应才行。

当其数据异常或丢失时，系统会陷入工作停滞、报警停机等状态。通常，存储器芯片硬件损坏的概率较小，其内部数据被人为调乱、某种原因造成数据混乱与错误等"软件损坏"的概率更大些。另外，出现某些"不好分析"的故障现象（如频率已经跑满至频率上限 50Hz，但输出三相电压仅为数十伏，且三相平衡度良好。显然不是硬件电路故障的问题）时，往往是数据异常的故障发生了。

执行初始化操作是恢复 / 修复异常数据的手段之一。此外，读取同机型号存储器内部正常数据，写入故障机器的存储器，使数据刷新 / 正常起来，也是修复故障的手段之一。

（5）基准电压源电路

DSP 器件处理模拟量输入信号、实施 A-D 或 D-A 转换所需的参考基准，由基准电压源电路来产生。

图 4-9 中基准电压源器件 U25 输出的 2.75V（VR1）除用作电流检测电路的电压基准以外，还经图 4-10 右上侧的 U24 电压跟随器电路再处理后，送入 DSP 的 123、124 脚，用作输入电流检测信号的内部 A-D 转换基准；此外，图 4-10 中，送入 DSP 的 123 脚和 124 脚的由 VREF1 处理得到的电压信号也是 DSP 输入基准之一。

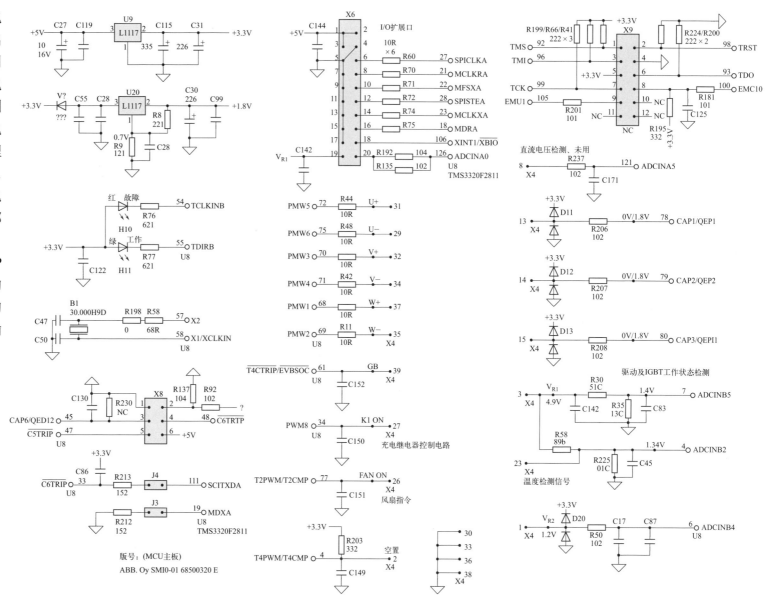

图 4-11　ABB-ACS550-22kW 变频器 DSP 外围电路图 2

ABB-ACS550-22kW变频器DSP外围电路图2图解

ACS510 和 ACS550 据说在硬件上兼容，在控制软件上有差异，ACS550 的控制功能更强大（比如能运行在矢量控制模式，定位功能较强）。确实如此，比如采用了同样型号的 DSP 器件（序号 U8，印字 TMS3320F2811，128 引脚贴片封装，其引脚功能图请参见图 3-10-1。

DSP 为高集成度、智能化的 128 引脚器件，故障检修中是否对每个引脚的功能和外部电路都要具体落实，并检测到位呢？

（1）屏显异常的故障检测

数码显示器或液晶屏显示——或显示 88888 数码，或无显示，或显示通信中断，或显示 CPU 故障，等等，说明系统运行出现了问题，重点是检查 MCU 或 DSP 器件的工作条件。

① 对供电电源、复位电路、时钟电路等工作三要素的检查，针对 DSP 器件的 3 个相关引脚。

② 主板 DSP 与操作面板 MCU 之间的通信电路是否故障？针对 DSP 器件串行数据出、入的 2 个引脚。

③ 是否产生了异常的过载、过电压等故障信号？

（2）上电即显示某种故障代码，复位后可能显示另外的故障代码

① 检查相关故障检测电路，电路末端输出的检测信号都在正常状态。应着手检测 DSP 的基准电压输入端子的工作状态，是否有正常的基准电压输入。针对 DSP 器件的一个或数个基准电压输入端，及该引脚外部基准电压发生电路，检查是否有故障。

② 是否为存储器内数据异常，可以刷新数据试验。针对 DSP 器件与存储器芯片的通信引脚。

（3）机器三相输出偏相、缺相或者操作显示正常，但无输出电压

① 驱动电路和逆变电路的检查。

② 驱动电路之间脉冲传输通路的检测，DSP 的 6 路脉冲输出脚及后续数字门电路的检查。

（4）显示固定的过电流、或欠电压故障代码

① 检查相对应的故障检测电路是否有故障。

② 确保正常的检测信号是否正常输入至 DSP 的相关模拟量输入或开关量输入引脚，故障原因可能是检测信号未能正常输送至 DSP 引脚。

（5）工作接触器未正常动作，或散热风机未能运行

① 检查相应的控制电路。

② 检查针对 DSP 器件相应的指令输出引脚，是否正常输出了工作接触器或散热风机的运行指令。

如上所述，虽然 DSP 为 128 引脚的器件，而在故障检修中仅需关注：

① 工作三要素引脚、基准电压输入引脚；

② 串行数据通信信号出、入引脚；

③ 电压、电流、温度等检测信号输入引脚；

④ 6 路逆变脉冲输出引脚；

⑤ 工作接触器 / 继电器控制指令输出引脚。

即关注和检测这 5 类引脚的位置、信号电压状态，数量不超过 30 个引脚，约占全部引脚数的四分之一。

其实，上述数据是针对全部故障而言的，如果落实到某个具体故障，可能仅涉及 DSP 的一两个引脚状态的检查而已。

大部分在故障检测中无须涉及的引脚，对于设计者来说也是必须要考虑的引脚，但对维修者来说，则无须多加费心。

如此一来，对于复杂电路或复杂器件的故障检测，最后也只是检测某个局部，数个甚至是一个元器件。

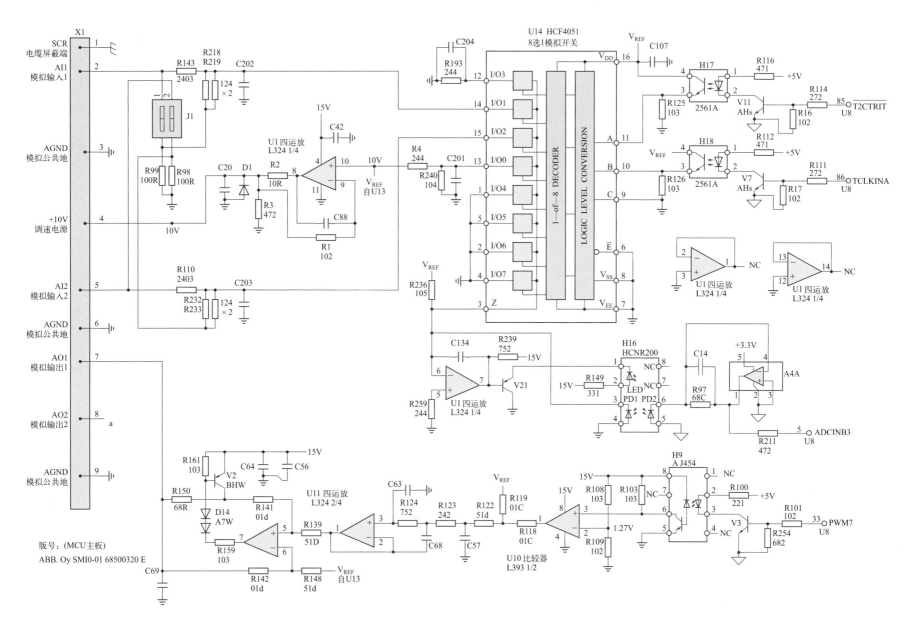

图 4-12　ABB-ACS550-22kW 变频器模拟量端子电路图

ABB-ACS550-22kW变频器模拟量端子电路图解

图 4-12 所示是模拟量信号输入端子电路 AI1、模拟量输出端子电路 AO1 的完整电路。

模拟量信号输入端子电路采用模拟开关、光耦合器和运放的"混搭电路"，来实现电气隔离和模拟量的线性传输。

图中 H16 真的是线性光耦吗？就发光二极管和光敏二极管本身而言，其实是很难保证光 - 电或电 - 光转换的线性度的。但如果在输入、输出侧有了运放器件的紧密配合，在闭环控制模式下，能自动控制其发光电流和光接收量，其工作状态就有本质的不同了，是完全可以工作于线性传输状态的。所以，光耦合器有了运放电路的"辅佐"，其工作特性才被纳入"线性轨道"。

线性光耦（对于 H16 的习惯性称谓）H16，输入侧电路内含发光二极管 LED 和光敏二极管 PD1。当 LED 点亮以后，PD1/PD2 受光而激发电子流的产生，故有相对于地为负的信号电流输出。若将 PD1 负信号电流作为放大器反馈信号，反过来由运放的输出来控制 LED 的电 - 光转换量，实现了闭环控制，则 H16 内部无论是 LED 的输入电流还是 PD1 的输出电流，都与输入信号发生线性关联，从而实现了信号的隔离传输。

依据信号流程，图 4-12 所示电路可分为 3 部分：U14 模拟开关传输电路、光耦合器 H16 的输入侧电路和输出侧电路。

（1）U14 模拟开关电路

自 AI1 端输入的 0 ～ 10V 调速信号，经 R1、R2 构成的 5 倍电压衰减电路，变为 0 ～ 2V 的"暂时的"信号电压——当 U14"断开"时，此点电压为 2V；当 U14 的 14 脚和 3 脚处于"接通"时，因反相放大器 U1 的"虚地"控制作用，输入信号电压变为 0V。

当 J1（输入电压、电流信号切换短接插片）插片短接时，输入 0 ～ 20mA 的电流信号，流经 R99（100Ω）产生 I-U 转换，也同样给 U14 的 14 脚形成了 0 ～ 2V 的电压信号输入。

（2）H16 的输入侧电路

该电路的任务是在输入信号电压 / 电流期间，在放大器反馈控制作用下，实现将输入电压信号变为 0V 的目的。以 AI1 输入电压为 10V 为例，为达成该目的，U1 会自动控制 V21 的导通程度，使 H16 内部 LED 发光二极管进行恰如其分的电 - 光转换，光敏二极管 PD1 依据 AI1 输入信号电压的高低比例完成光 - 电转换。已知 R1、R2 回路电流为 2V/60kΩ=+0.033mA，可知此时 PD1 的输出光电流为 −0.033mA。

（3）H16 的输出侧电路

因 H16 内部的 PD2 与 PD1 的参数（光 - 电转换率）是一样的，已知 PD2 输出光电流为 −0.033mA，故知流过反相放大器 A4A 反馈电路 R97 的电流值为 +0.033mA，由此 R97 两端的电压降即为 A4A 反相放大器的输出电压，此值应为 0.033mA×50kΩ≈1.6V 左右。

由此可见，AI1 输入端子电路是一个将输入 0 ～ 10V 隔离并传输转变为 0 ～ 1.6V 的模拟量信号处理电路。

电路的实际检测中，如针对 H16 输入侧放大器 U1 的检测，因反相放大器的"虚地"作用，U1 的 5、6、7 脚和晶体管 V21 的集电极，甚至是 U14 的输入侧和输出侧，均不具备作为优良测试点的条件。电路中的各点多为 0V，不随输入信号电压而变化，U1 的 7 脚电压变化也会极其微弱（其变化量甚至不易测得），不足以形成测量判断。

如何找出关键测试点？

对于 H16 的输入侧电路（包含 U14 一级）来说，最为明显易测的一个关键测试点仅有一个，即 R4 两端的电压降，是跟随输入信号电压近于成比例变化的。如果不能锁定这一关键测试点，在不破坏电路正常连接的状态下，检测电路的工作状态并做出有效判断，将成为很难完成的一件任务。

对输出侧的检测要方便一些，如检测 R97 两端的电压降，即为输出电压值。

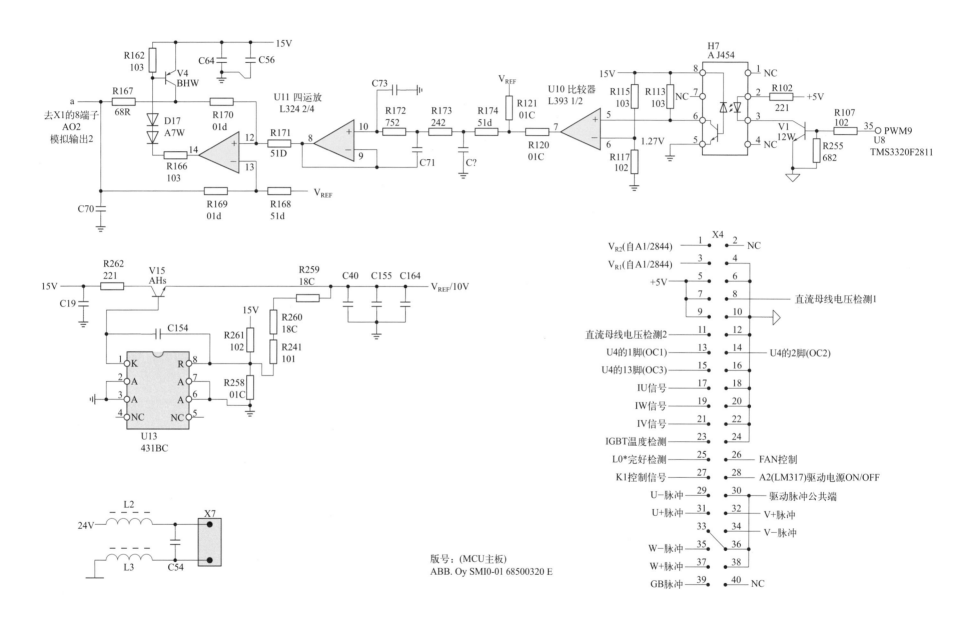

图 4-13　ABB-ACS550-22kW 变频器模拟量端子电路及 X4 信号去向图

ABB-ACS550-22kW 变频器模拟量端子电路及 X4 信号去向图解

（1）端子 10V 调速电源

2.5V 基准电压源 U13、扩流晶体三极管 V15 将输入 15V 处理为稳压输出的 VREF/10V 基准电压输出。再经 U1 电压跟随器（见图 4-12 左上侧电路）输出至 +10V 控制端子，方便用户外接电位器，进行变频器的速度调节。

（2）AO1 模拟量输出端子的电路构成及工作原理

整个电路可以分为传输脉冲信号和传输模拟量电压信号两个部分。

U8 的 35 脚输出的 PWM 脉冲信号（为便于分析，假定是占空比为 50% 的方波信号）驱动晶体管 V1 进而形成高速光耦合器（印字 A J454）的输入电流，因而可知在其输出端 6 脚，可得到幅度为供电电源电压的方波信号输出，直流成分（直流电压测试值）约为 7.5V。

进而可知电压比较器 U10 的输出端 7 脚仍为方波信号输出，已知 VREF=10V 时，U10 输出端平均直流成分为 5V，可推断 R121、R120 分压点直流成分为 7.5V。

以上各测试点的方波脉冲或直流电压值，无须计算，要培养能"看出来的"的能力。R121、R120 分压点之前，电路传输的是开关量（方波脉冲）信号。

那么此后，电路传输的就是模拟量电压信号了。

R174、"C？"，R173、C71 和 R172、C73 等三重的 RC 滤波电路，以足够的时间常数将脉冲信号"平均化"变为"真正的直流电压"，再经 U11 的 8、9、10 脚电路组成的电压跟随器"跟随后"输出，送入后级 *U-I* 转换电路（或称电流源电路或恒流源电路）。

U11 的 12、13、14 内、外部电路组成 *U-I* 转换电路，为便于分析，将 *U-I* 转换电路进行适当化简，并将元器件序号重新标注后绘图，如

图 4-13-1 所示。

电路完成的任务是将输入信号之差衰减约三成三以后，变为 R5 两端的电压值，从而可知输出电流为 [（10V−7.5V）/3.3] /68Ω≈10mA。

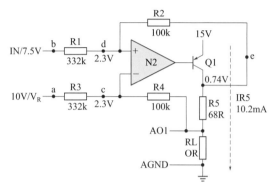

图 4-13-1　化简后的 *U-I* 转换电路

此外，根据恒流源电路输出端不怕短路的特点，暂且将端子 AO1 与 AGND 短接进行估算，这也是推知输出电流值的一个好方法。步骤如下：

① 可知 R3、R4 对地（c 点）分压值为 2.3V，为输入信号的比较基准。

② 由放大器虚短特性可知，d 点电压也为 2.3V。

③ 可知 R1 两端的电压降为 7.5V−2.3V=5.2V，则可知 R2 两端电压降为 1.56V。

④ 可知 R5 对地电压为 0.74V，则可知输出电流为 0.74V/68Ω≈10.2mA。

如此举例分析的目的是想告诉读者：分析电子电路，也许不仅仅只有一条路（这如同每道题不仅有一个解的道理是一样的），并不一定需要复杂的计算公式和复杂的数字计算（或理论推导），浅显的道理和简易的方法是不是更好一些？直观地"看到"和"接地气"的分析是不是更好一些？

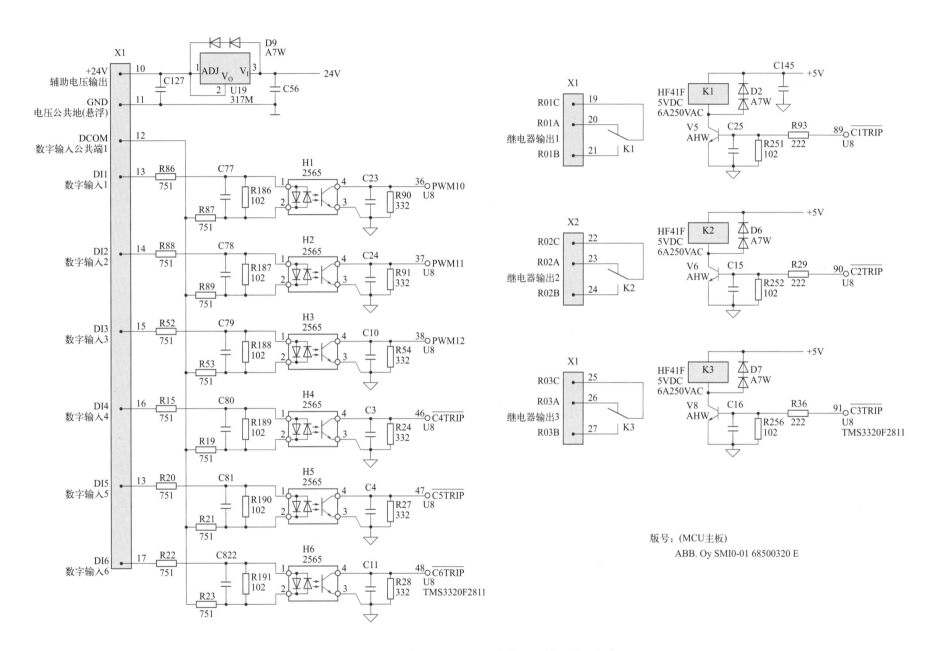

图 4-14 ABB-ACS550-22kW 变频器开关量端子电路图

ABB-ACS550-22kW 变频器开关量端子电路图解

正常状态下，测量 DI1 ～ DI6 输入端子与 +24V 或 GND 端子之间的电压值，一定是 24V，否则：

① 信号公共端子 DCOM 与 GND 或 +24V 端子的短接金属片或短接导线脱开；

② +24V 电源丢失或不良；

③ 光耦合器输入侧限流电阻断路，或光耦合器输入侧发光二极管及并联电路断路。

在 DCOM 与 GND 端子连接状态下，如果用万用表的直流电流挡接入 DI1 与 GND 端子之间，显示直流电流值应为（24V−1.5V）/（750Ω+750Ω）≈15mA。

测试电流值为零，+24V 丢失、光耦合器输入回路有断路故障。

各端子测试电流全部一致性偏小，故障的根源为 +24V 偏低。某一路端子电路的电流值偏小，检查限流电流的阻值是否变大、光耦合器输入侧内部发光二极管是否断路。

某一路输入端子电路偏大 1mA，查光耦合器输入端 1、2 脚是否有短路故障发生。

变频器仍不能接收输入控制信号（表现为不产生相应的运行动作）。

由分析光耦合器 H1 的 3、4 脚电压情况来判断故障所在。

DI1 输入侧未有电流信号送入，测光耦合器 H1 的 1、2 脚电压为 0V：

① DSP 器件的 36 脚内部电路坏掉；

② H1 的 3、4 脚发生开路故障。

在 DCOM 端子与 +24V 连接的情况下，DI1 与 GND 端子短接后，H1 的 1、2 脚已有 1.2 ～ 1.5V 的电压输入，但测试 H1 的 3、4 脚电压仍为 +3.3V，结论为光耦合器 H1 输出侧内部光敏晶体管坏掉。

H1 光耦合器的表现正常，输入侧有信号输入时，输出端 3、4 脚由 +3.3V 变为 0V，但变频器未产生相应的控制运行动作或控制动作。

上电观察操作显示面板，是否随操作动作产生相应的指示，如运行指示灯点亮。若无相应指示，则：

① 查看 DI1 等端子功能的参数设置是否对应。

② 其他参数数据有冲突之处，有必要时进行参数初始化操作。

③ DSP 的端子控制信号输入脚的内部电路可能坏掉。

故障表现为相关继电器不能正常动作，或触点不能正常接通。

继电器输出端子电路的检测方法：

① 查看输出端子的功能设置是否对应。

② 以 X1 端子电路为例。

用镊子短接晶体管 V5 的集电极与发射极，K3 继电器得电动作，同时测量 X1 端子的通、断状态正常；查 DSP 的 91 脚已输出正常的动作电平 +3.3V，结论为晶体管 V5 损坏。

用镊子短接晶体管 V5 的集电极与发射极，K3 继电器不动作。查 +5V 继电器工作电源是否正常引入。查 K3 继电器的线圈状态。

K3 产生吸合动作后，细听有"啪嗒"的动作声音，但测 X1 端子状态不变，说明继电器内部触点已坏，或产生机械性卡死故障，须代换继电器。

代换继电器时，注意触点容量、线圈电压、封装形式和安装尺寸等。

满足以上要求后，可用同型号或非同型号的器件来代替。

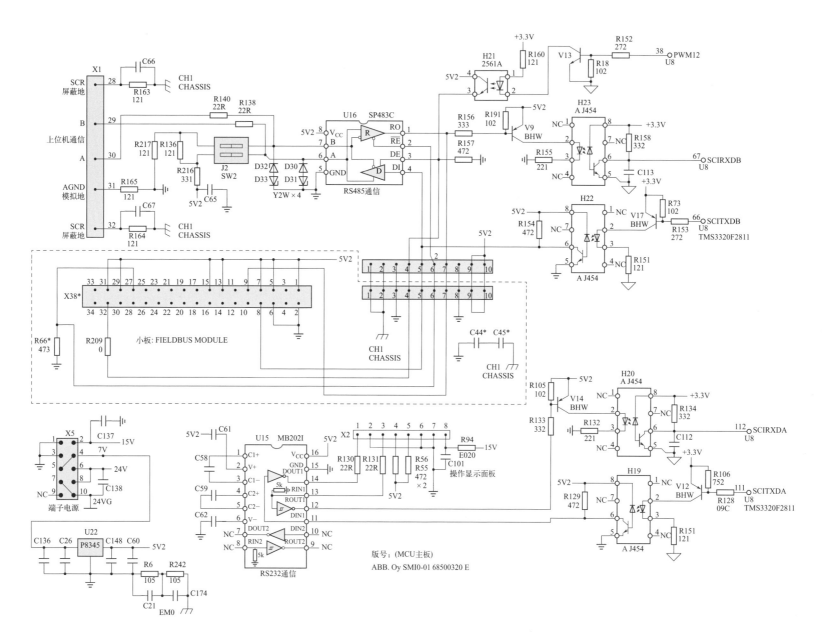

图 4-15　ABB-ACS550-22kW 变频器通信电路及扩展端子电路图

ABB-ACS550-22kW 变频器通信电路及扩展端子电路图解

任何通信电路，从 DSP/MCU 一侧来说，都是串行数据往来的通信电路。但到了通信电缆一侧，则有相关抗干扰、数据类型、通信效果等的相关考虑，因而在 MCU/DSP 和通信电缆之间，设有相关的所谓 RS485 通信模块或 RS232 通信模块，以起到串行数据 ←→ 差分脉冲 / 单端脉冲的双向转换作用。

通信数据——矩形脉冲串。一般情况下，检修者只关注脉冲串的有无，由此判断问题出在通信的哪一方，或哪片通信模块异常。至于通信内容，无须去管也管不了，这与修手机的人员只管手机的好坏，不必去管持有手机者的通话内容的道理是一样的。

所以检修通信电路，有了上述认识，可能也就不再有大的难度了。

仅仅是信号模式的转换：

① RS485，信号极性扩展，单极性的串行数据转换为互补特性的差分数据；

② RS232，电平转换，传输电缆上的高电平转换为 MCU/DSP 所容许的 TTL 电平。

所以说，若以 MCU/DSP 输出的串行数据 D 的传输电路来说，串行数据——差分脉冲的转换电路，可以用如图 4-15-1 所示的电路来理解和说明。

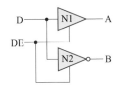

图 4-15-1　串行数据 D、A/B 差分信号转换电路示意图

同相驱动门 N1 与反相驱动门 N2 都为受控 / 可控数字门。当 DE 端为高电平时，D 经 N1 传输至 A 点，D=A；同时 D 经 N2 反相处理，

至 B 端，D=$\overline{\text{B}}$。

若此时确定 D 数据为 5V 的"1"，则 A=5V，B=0V，即为电路的正常传输状态。若此时确定 D 数据为 0V 的"0"，则 A=0V，B=5V，即为电路的正常传输状态。

从 A、B 端来看，二者符合反相的互补关系。结论为动 / 静态，A+B=5V，否则即为故障状态。注意，此处的 A、B 电压均指对地电压值。

同理，A、B 端来的差分脉冲需要通信模块"二合一"地转换成串行数据，再送给 MCU/DSP 器件。传输的内容仍然是 5V 和 0V，即"1"和"0"。动态或静态中，通信模块若处于允许"接收"状态，则应符合 R=A、R=$\overline{\text{B}}$，否则即为故障状态。

通信模块其实是"老板手中的手机"，我们大可不必关注老板的通话内容，只关注和判断手机的好坏即可。

手机只有"发送"与"接收"两个功能，能完成这两个任务的，当然是好手机。

两个老板有一人闹情绪，通话即行中断。要知道问题出在老板还是手机，手机如果坏掉，维修者当然要换上好的手机。

学会判断并提高判断的准确程度，是电路检修者应努力的方向。

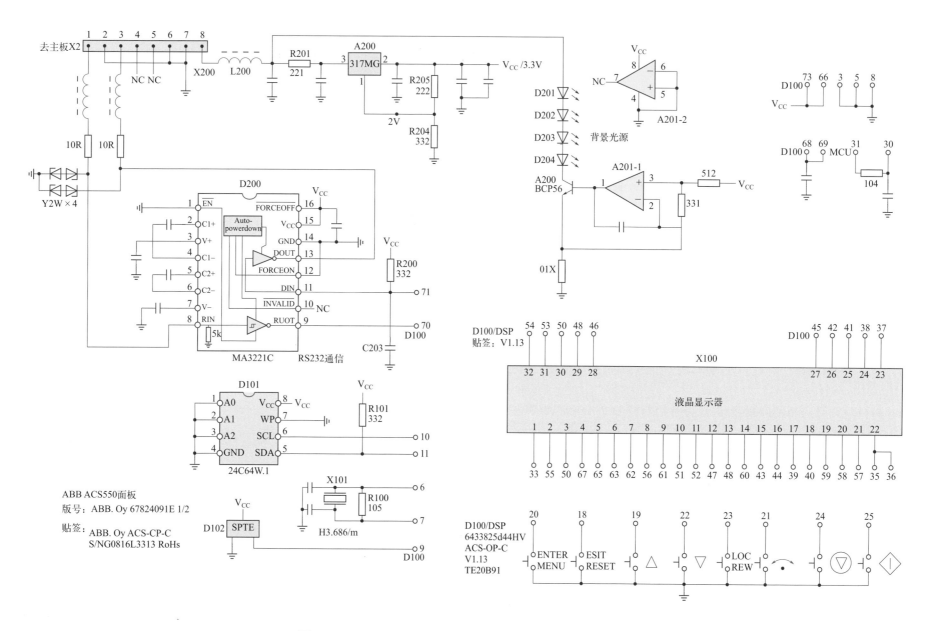

图 4-16　ABB-ACS550-22kW 变频器操作显示面板电路图

ABB-ACS550-22kW变频器操作显示面板电路图解

ABB-ACS550 变频器的操作显示面板（简称面板）的产品贴签型号为 ABB Oy. ACS-CP-C，最初想研究一下内部电路结构，端详了好久无处下手，没找到安装固定螺钉或卡扣等，无奈之下只有暴力拆卸了，哑然失笑：面板的两个外壳，居然是用某种强力胶黏合在一起的。可见一件产品的安装方式是多种多样的。

凡是以 MCU 或 DSP 为核心的电路原理图，往往只能见到 MCU 或 DSP "离散" 的部分引脚和部分功能标注，很难见到 MCU 或 DSP 芯片的全图，因为以 MCU 全图的形式画原理图，会导致诸多绘图或读图上的不便。

另有一类 MCU 或 DSP 器件，有 "厂家定制专用" 的特点，数据网络如此发达的今天，想查到该类器件的相关资料，也是一件很困难的事情。

本电路所采用的 DSP 器件，纸质贴签：V1.13 。印字：6433825D44HV ACS-OP-C V1.13 TE20B91，80 引脚。但是该类器件，无法查到相关资料。

而无论能不能够查到 D100 的器件资料，只要面板处于 "工作停滞" 或完全黑屏的状态，首先是检测 DSP 的工作基本条件是否具备：

① 由 X200 端子送来的电源电压是否如期送达？三端可调稳压器是否能够输出正常的 V_{CC}/+3.3V 的 DSP 工作电压？

② D100 的 6、7、9 脚内、外部时钟电路、复位信号电路是否正常？

③ D101 内部所需的控制数据是否正常？

④ 由 DSP 主板来的串行数据 / 通信脉冲是否到来？通信电路 D200 的工作状态是否正常？

若出现字符暗淡的现象，由 A201 及外围元件组成电流源电路，提供液晶屏正常显示所需的背光源，可知电路输出的恒定电流为 3.3V/100Ω=33mA。若此电流值过小，则背光源减弱，会造成显示亮度不足的故障。

用户读取控制参数和需要修改相关参数时，须经操作按键，将用户意图告知 DSP 器件，DSP 与存储器 D101 发生数据交流活动，由此配合用户完成读取或写入数据的任务。

总结一下，一个操作显示面板所执行的任务，也不外乎四个字：操作、显示。细分之，则须完成：

（1）显示任务

上传 DSP 主板来的关于变频器的工作数据，完成运行电流、输出电压、故障代码的显示等。

（2）操作任务

将用户操作意思图下传至 DSP 主板，可通过面板进行启、停操作，故障复位操作，参数调取和参数修改操作等。

通常出现显示异常、黑屏等异常现象时，可以直接用示波表测试 X200 端子的 1、3 脚串行数据信号，来区分故障是出在面板还是 DSP 主板。

一般情况下，只要面板上的 DSP 或 MCU 器件未损坏，也还是可以修复的。因为外围电路的复杂程度并不高。不愿意修的话，购置新面板代换也是可以的。但进口变频器的面板配件往往是国产变频器面板的数倍，有些面板的价格达数百元。

面板最常见的故障为暗屏，检查背光源产生电路，A201、A200 及发光管的工作状态；另外是按键元件的接触不良或断路，也比较易于检测和代换。

有些用户送修变频器，可能会忘了带上面板和面板电缆，这给检修工作带来了不便。有准备有计划的维修人员，手头肯定会备用一些常见机型的面板和电缆，这样才能在检修工作中总是表现得从容不迫，游刃有余。

第 5 章

ABB-ACS800-18.5kW 变频器电源/驱动板电路原理图及图解

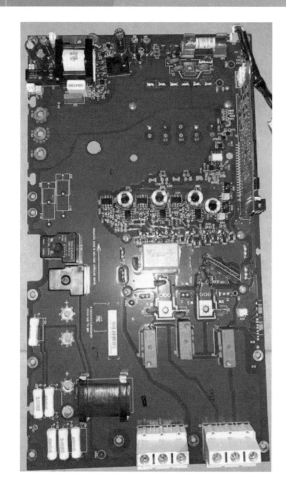

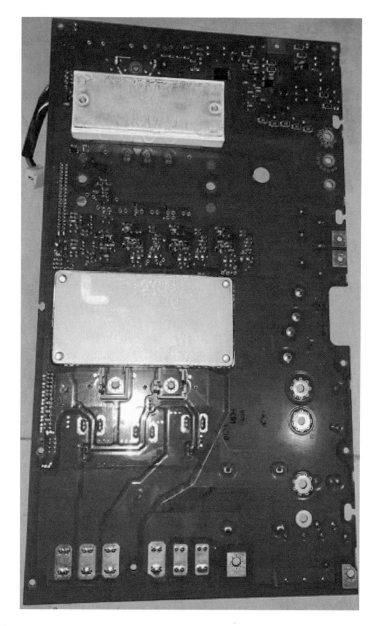

图 5-1　ABB-ACS800-18.5kW 变频器电源 / 驱动板正面、背面实物图
（对应图 5-3 ~ 图 5-9 所示电路原理图）

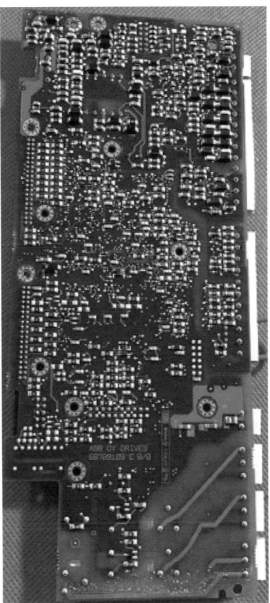

图 5-2　ABB-ACS800-18.5kW 变频器 DSP 主板正面、背面实物图
（对应图 5-10 ～图 5-17 所示电路原理图）

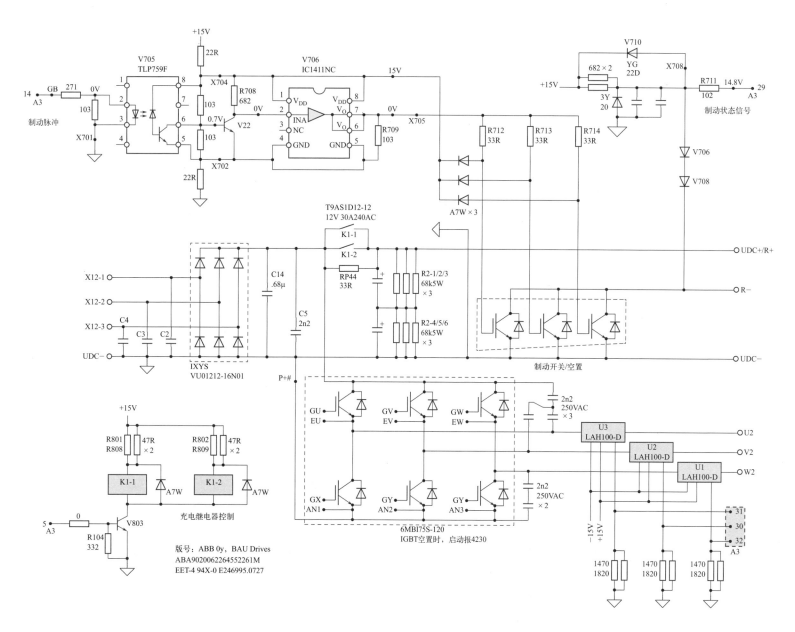

图 5-3　ABB-ACS800-18.5kW 变频器主电路图

ABB-ACS800-18.5kW 变频器主电路图解

相对于传输 6 路逆变脉冲的驱动电路，制动脉冲的传输电路可称为第 7 路驱动电路。

负载电机运行过程中，在减速或停车状态下，因机械惯性作用，电机转速有可能超过变频器的给定转速，而造成超速运行现象。此时电机的工作模式由"电动变成动电"，电机绕组内部的流通电流的电角度超前电压，故电机绕组感生电动势经 IGBT 集电极和发射极并联二极管，向直流母线并联储能电容反向馈电。变频器直流母线的储能电容恰恰为发电机提供了励磁回路，使负载电机更加踏实地运行于发电状态。

当这种馈电能量较大时，会导致直流母线电压严重升高（有可能达到近千伏级别），从而威胁到储能电容、IGBT 器件等的工作安全。

此时，变频器检测到直流母线电压升高至一定值时，会实施直流制动动作，使制动开关管开通，接于 UDC+/R+ 与 R− 端子的制动电阻，开始并入直流母线，直流母线积蓄的发电能量经外接制动电阻得以泄放。由于制动动作消耗了发电的"势能"，对运转中的电机相当于产生了机械制动的效果，使停车时间得以缩短，所以其控制电路又称为制动电路。

本机制动控制电路见图 5-3-1，包含了制动脉冲传输、制动开关管、制动工作状态检测等 3 个部分。

小板 MCU 发送的制动脉冲 GB 经 A3 端子的 14 脚送入高速光耦合器 V705 的输入侧，经反相电路 V22 输入驱动器 V706，制动开关管 VT1 ～ VT3 开始工作（多管并联是为了提升制动功率）。简单的 GB 信号可能为直流电压，高级的 GB 信号则为 PWM 脉冲，制动效果也会优于前者。

制动脉冲发送期间，MCU 同时检测 VT1 ～ VT3 制动开关管的工作状态。检测其集电极与发射极之间的电压降，若脉冲生效期间，制动开关管开通良好，则送往后级电路的 a 点检测信号电压会低至数伏。

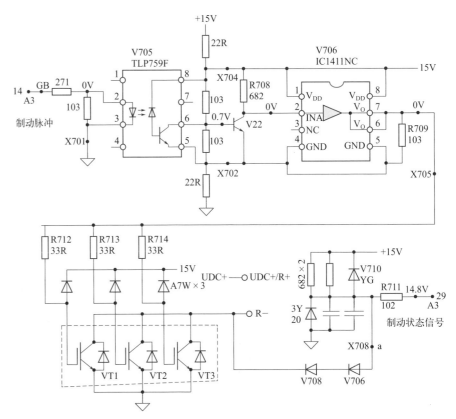

图 5-3-1　制动脉冲传输及制动检测电路图

一旦检测到 a 点电压高于某值，变频器会给予"制动异常或制动检测异常"等相关的故障报警。

产生报警的原因如下：

① V705、V706 制动脉冲 GB 传输电路工作异常；

② 制动开关管 VT1 ～ VT3 有开路性故障；

③ 制动状态检测电路本身工作异常。

有时，落实制动电路的工作状态如何，需要人为制造一个超速发电信号（人为地使直流母线电压检测信号电压升高），同时屏蔽制动报警（将 a 对地短接），方便检测图 5-3-1 所示电路的工作状态是否正常。

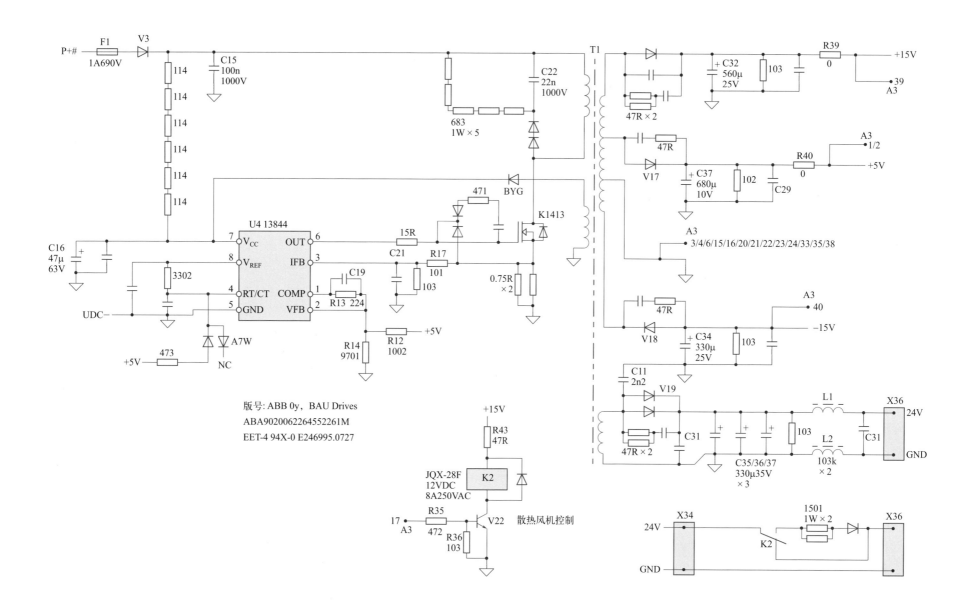

图 5-4　ABB-ACS800-18.5kW 变频器开关电源电路图

ABB-ACS800-18.5kW 变频器开关电源电路图解

图 5-4 所示为以 U4（印字 13844，PWM 电源芯片）为核心器件构成的开关电源电路。

设备上电后，T1 变压器初级线圈、开关管 K1413、开关管 S 极串联电阻等器件构成的工作电流通路得电。

从 UC+ 端来的、经 F1、V3 提供的、6 只 110kΩ 电阻组成的 U4 的启动电路将启动电流／电压（应满足电压 16V、电流 0.5mA 以上的工作条件），提供至 U1 芯片的供电端 7 脚。7 脚内部存在一个迟滞电压比较器的检测电路，当检测到 C16 端电压达到 16V 以上时，控制 U4 的 8 脚产生 5V 的 V_{REF} 输出。此后，若 7 脚能保持 10V 以上的幅度，8 脚将保持 5V 的基准电压输出；当 7 脚内部检测电路检测到 7 脚供电低于 10V 后，内部电路动作，切断 8 脚 5V 电压的输出。所以 7 脚除引入启动电流／电压和工作电压／电流外，还具备欠电压检测与保护功能。

在 C16 向 U4 芯片提供起振能量，C16 端电压降至 10V 之前，电源若能顺利启动成功，T1 的工作电源绕组及时向 C16 和 U4 芯片补充工作能量，则电源即进入运行阶段。

需要清楚的是，16V、0.5mA 的起振能量，严格意义上来说并非真正能导致启动成功的能量，仅仅是 U4 准备工作所需的能量。一旦启动动作实施，是依赖电容 C16 的储蓄能量（浪涌放电能力）和供电绕组提供的后续能量来完成启动过程的，因而由供电电源绕组提供的能量能否及时补充，是启动成功的关键要素。

U4 芯片的 8 脚内部，可以想象成内部有一只受控的 7805 器件。电源起振后只要 7 脚供电电压不低于 10V，内部稳压器即处于正常输出状态。低于 10V 后受控关断，8 脚变为 0V。

所以 8 脚 5V 电压的正常输出，是对 5、7 脚供电电压正常的"一个确认"！

U4 芯片的 8 脚仍有一个用于 5V 电压监测的比较器电路在运作，

当检测到 8 脚 5V 跌落至 3.6V 左右时，U4 芯片会强制停止 8 脚的 5V 输出，4 脚频率基准与 6 脚脉冲输出同步停掉。这样看来，8 脚内部是一个可控的 5V 电源电路。

开关电源电路停振、间歇振荡（"打嗝"）现象的故障和导致原因，有可能是 7 脚供电低于 10V 或 8 脚输出电压低于 3.6V。这是 U4 芯片本身所具有的两个欠电压检测与保护电路，由此产生了欠电压保护动作。

U4 芯片 8 脚的 5V（带载能力约为 50mA）基准电压正常输出的情况下，4 脚频率基准电路具备正常工作条件。8 脚输出的 5V 电压经 3.3kΩ 电阻为 4 脚定时电容充电，电容两端电压产生斜坡式上升。注意，可以想象 4 脚内部也有一路迟滞电压比较器电路，监测着 4 脚电容充、放电压的高低：当电容充电电压达到 3.8V 时，4 脚内部对电容的放电回路接通——此时，4 脚内部到地的放电电阻远小于 3.3kΩ，放电时间快过充电时间。内部监测电路检测到电容上的电压低于 1.2V 时，4 脚到地的放电电路断开，电容充电动作又再开始。如此循环往复，在 4 脚形成"坡顶"为 3.8V、"坡底"为 1.2V 的锯齿波振荡电压。其频率一般为 80kHz 左右，测试直流电压值约为 2.1V。

4 脚的频率基准／锯齿波得以完美形成，意味着 U4 芯片输出端 6 脚有了开关管激励脉冲形成的可能。上电瞬间，因反馈电压、反馈电流信号尚未建立，6 脚输出是最大（50%）占空比的脉冲信号，近似方波脉冲，其幅度接近 7、5 脚供电电压幅度，输出频率约为 4 脚基准频率的一半，测试直流电压值约为供电电压的一半。

实际上，正常工作中，我们是很难在 6 脚测得上述数值的。因为一旦测得上述数据，恰恰说明电路处于稳压失控的严重故障状态。正常测试 6 脚脉冲占空比约为 20%（而且会随负载和直流母线电压而变化），频率与幅度当然不变。

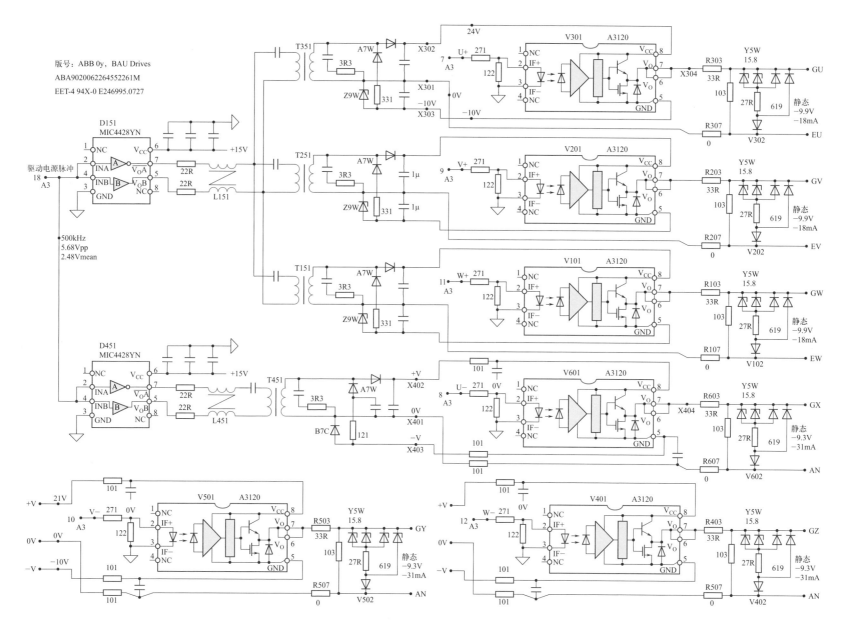

图 5-5　ABB-ACS800-18.5kW 变频器驱动电路图

ABB-ACS800-18.5kW变频器驱动电路图解

驱动芯片 V301（印字 A3120，型号 AHCP-3120、HCPL-J312、HCNW3120。型号差异只是输入、输出侧绝缘耐压不同。8 脚双列贴片或直插封装）等在变频器驱动电路中是大量应用经常碰到的芯片，峰值电流输出能力为 2A，输入电流为 5 ～ 10mA，输入、输出侧绝缘耐压能力为千伏级、能直接驱动 50 ～ 100A 的 IGBT 功率模块。

发生故障时，IGBT 逆变电路、驱动电路和供电电源产生必然的连带关系，因此须将三者彻查，排除供电电源、驱动电路的故障后，再更换 IGBT 功率模块。如果因检修失误造成再次炸机，就会造成一定的经济损失。

V301 驱动芯片 5、8 脚的供电电压是开关变压器 T351 次级输出电压经整流滤波得到的直流 24V。对于所驱动 IGBT 模块的开、关信号回路来说，该 24V 电源电压又经 R、D、C 等电路分为 +14V 和 -10V 两路电源，分别提供所驱动 IGBT 的开通控制电压和关断控制电压。

对于 GU、EU 脉冲端子，停机状态所测应为 -10V。如果施以直流开通，则为 +14V 左右的电压值，如果在脉冲传输状态，测试直流电压值约为 2V。

检查驱动电路的输出状态之前，首先应对其供电电源电路进行检查。若 6 路驱动电路全部失掉供电电源，则故障大多发生在驱动器 D151、D451 之前的脉冲传输电路，若部分驱动电路失掉电源，则应分别检测 D151、D451 的工作状态。本机电路的供电电源的组成极有特色，专用驱动器 D151、D451 负责将小板 A3 的 18 脚 500kHz 方波脉冲进行功率放大，驱动 T151 ～ T451 等 4 只脉冲变压器，将直流 +15V 电源逆变为交变的电压，由 T151 ～ T451 等 4 只脉冲变压器次级取出，整波滤波后得到隔离的 4 路驱动供电电源。

U、V、W 逆变电路的下桥，因共直流母线负端的关系，共用一路供电电源，上桥只能采用 3 路独立的供电电源。

对于驱动电路供电电源电路的检测，以 D151、T351 电路为例。

① 测试 D151 的 2、4 脚直流电压，应为 2.5V 左右。若用示波表应测得 500kHz 的方波脉冲，幅度约为 5V。

该信号电压为 0，则故障发生在 A3 端子去往的小板上（参见图 5-7 所示小板电路图，该信号自 MCU 的 103 脚输出）。

正常的脉冲信号也是确认 A3 端子小板电路工作正常的标志之一。剩下的对驱动电路的检修工作，已经不存在悬念。

② +15V 供电正常和 D151 的 2、4 脚输入脉冲正常的情况下，在驱动器 D151 的输出端 5、7 脚应能测到 7.5V 的直流（脉冲）电压，若检测 2、4 脚状态异常（有时伴随 D151 温升异常），则说明 D151 驱动器已经坏掉。

③ 另外，D151 的异常温升，可能是由 T351 的输入绕组产生短路故障导致的，建议先行用直流电桥等类似检测仪表确定 T151 ～ T451 的好坏。

④ 驱动电源的整流滤波环节，驱动芯片本身，IGBT 的 G、E 极间，都有可能发生短路故障，导致 D151 因过载、长期温升而损坏。所以在 D151 损坏后，一定要顺便检查后级负载电路，避免因存在故障而再次烧毁。

6 路 U+ ～ W- 输入脉冲信号也来自 A3 端子小板，请参见图 5-9 所示电路，观察此 6 路脉冲信号的来源。

如果有必要，在驱动电路供电电源正常的前提下，也可以在驱动芯片输入端——2、3 脚加 5 ～ 10mA 的直流开通（测试电压可给到 2V 左右）信号，进行逐路的检测。另外，对 GU、EU 脉冲端子的信号检测，在电压检测之外，建议采用电流检测法，以确保驱动电路是好的。

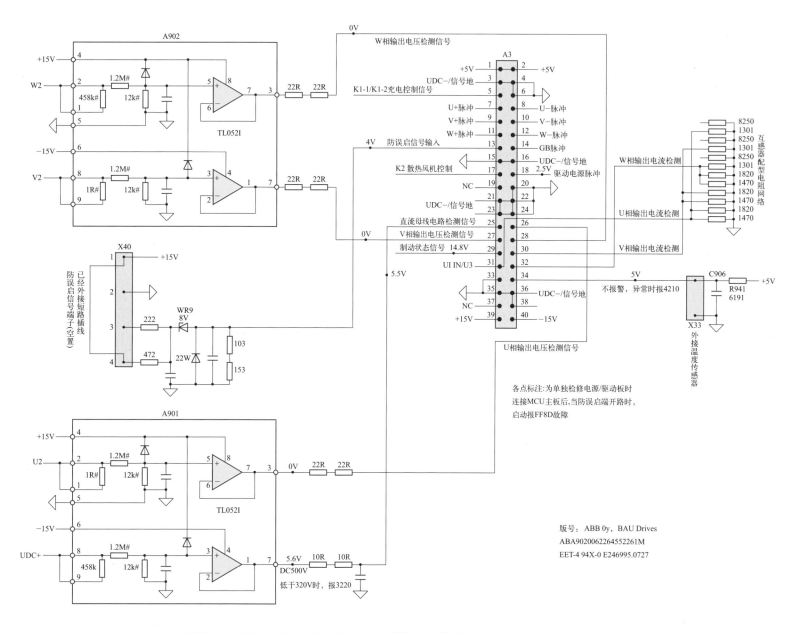

图 5-6 ABB-ACS800-18.5kW 变频器电压检测电路及 A3 端子信号去向图

ABB-ACS800-18.5kW 变频器电压检测电路及A3端子信号去向图解

图 5-6 所示电路包含了 U、V、W 输出状态检测电路、直流母线电压检测电路、功率模块温度检测电路、电流传感器的电阻匹配网络电路等。

U、V、W 输出状态检测电路的作用类似于由 HCPL-316J、PC929 驱动电路芯片所能实施的 IGBT 导通管压降检测功能，在运行（U+、W- 逆变脉冲发送）期间，通过检测 U、V、W 的输出状态，判断 IGBT 逆变电路、驱动脉冲传输电路等的工作状态是否正常。

图 5-6-1 所示电路图中 V 相状态检测的前、后级电路，是将图 5-6 中的 A902 部分电路和图 5-8 中的部分电路"整合化简"后画出的，其他两相的后级电路则予以省略。

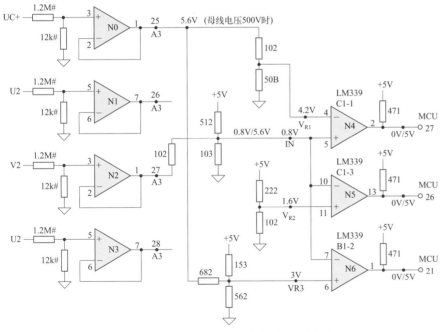

图 5-6-1　U、V、W 输出状态检测电路

前级电路：

变频器 V2 输出端，在 V 相上桥 IGBT 开通时，将 V2 经 100 倍分压衰减后得到约 5.6V 的检测信号，再经 N2 电压跟随器处理，经 A3 端子的 27 送往 MCU 小板。N2 芯片的输出端停机状态为 0V，工作开通期间瞬时直流电压为 5.6V，测试脉冲直流电压约为 2.7V，说明脉冲发送期间，V2=UC+，V 相 IGBT、驱动电路的工作状态都是好的。

后级电路：

N4、N5、N6 等 3 组电压比较器，其中 N4、N5 构成窗口电压器，N4、N6 构成梯级电压比较器和复合比较模式。

N4、N5 构成窗口比较器，设置了高为 4.2V、低至 1.6V 的"一片范围"，然而在这里，N4、N5 并非当作常规的窗口比较器来应用，此点需要提醒读者注意。在 MCU 的脉冲发送期间（请参见图 5-8 电路），N4、N5 都在随着输入信号电压的"超限"产生输出电压翻转动作，因而可在 MCU 的 26、27 脚得到"互补的对 V+ 脉冲"的检测脉冲输出。MCU 若不能接收到该信号，则系统会给出 IGBT 模块异常、输出短路等故障的示警。

电压比较器 N4、N6 同时组成梯级比较器的电路结构，显然 N4 为第一级，N5 为第二级。当 MCU 检测到 27 的信号异常时，可能会示以"轻度过载"的报警；而 MCU 的 21 脚检测信号异常时，则可能会示以"严重短路"的故障报警。

端子 X33 外接温度传感器，与电阻 R941 构成模块温度采样电路，将温度变化信号转换为分压的电压信号，经 A3 端子的 34 脚，送入 MCU 小板的 ADC10664 芯片引脚，经 A-D 转换后输入 MCU。

电流传感器的输出电信号经互感器配型电阻网络实现 I-U 转换后，由 A3 端子的 30、31、32 脚送入 MCU 小板后级电路，处理后送入 MCU 输入端。

改变电阻网络的电阻值，可提供不同功率的机型适用同一电流传感器的方便。

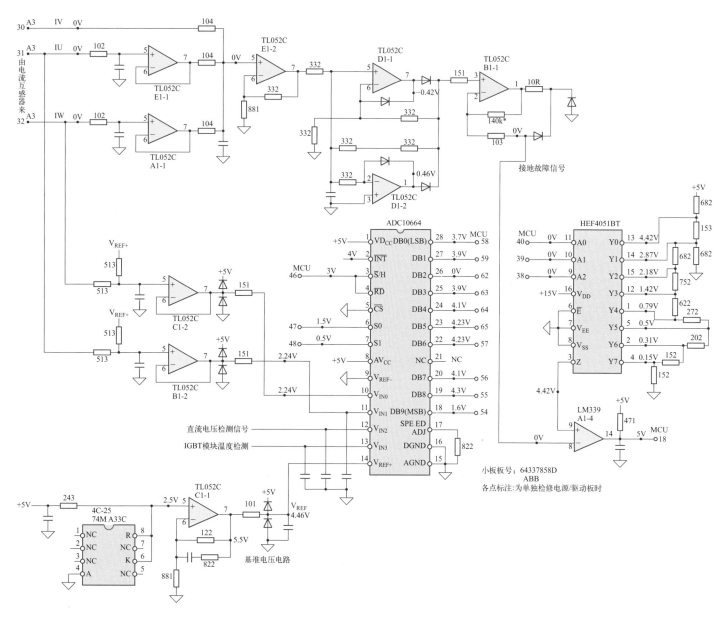

图 5-7　ABB-ACS800-18.5kW 变频器输出电流检测电路(A3 端子板电路)图 1

ABB-ACS800-18.5kW变频器输出电流检测电路（A3端子板电路）图1的图解

A3 端子小板上的元器件都无序号标注，故电路原理图 A、B、C、D、E 等的标注为作者自行标注。由电流传感器来的 3 路输出电流检测信号，经过 A1-1 电压跟随器、E1-1 电路跟随器和 104 电阻，三路信号相加处理后送入后级同相放大器（3 路电流检测信号幅度平衡时此信号电压为 0）。再经由 D1-1、D1-2、B1-1 整流电路处理，送入 A-D 转换芯片 ADC10664（图 5-7-1）和电压比较器 A1-4 构成的可编程器电路比较器电路，取得接地故障检测与报警信号。

U 相和 W 相电流检测信号同时经 B1-2、C1-2 两路电压跟随器处

理后，送入 A-D 转换芯片；此外，逆变模块的温度检测信号、直流母线电压检测信号和两路输出电流检测信号，共 4 路的模拟量信号送入 A-D 转换芯片，处理成"并行数据"送入 MCU 器件。

A-D 芯片的工作条件：① +5V 供电电源电压（有时需不同级别的电压供电）和执行 A-D 转换所需的基准参数电压，由基准电压源器件、C1-1 生成，输入至 14 脚和 1 脚（地电平 0V 作为 REF- 基准）；②需要 3、4、5、6、7 脚的相关控制信号相配合。

输出信号的生成方式：①输入模拟量变为频率量输出（频率的高低代表模拟量的大小）；②输入模拟量变为 PWM（脉冲可变占空比）信号输出（脉冲占空比的多少代表模拟量的大小）；③按相关规则的编码输出。

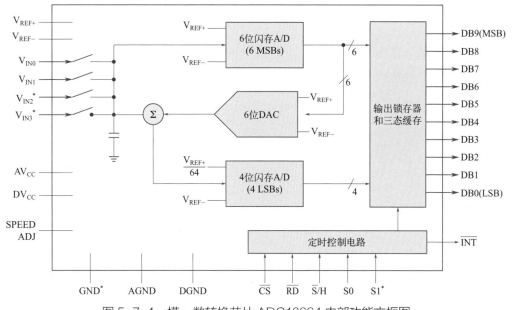

图 5-7-1　模 - 数转换芯片 ADC10664 内部功能方框图

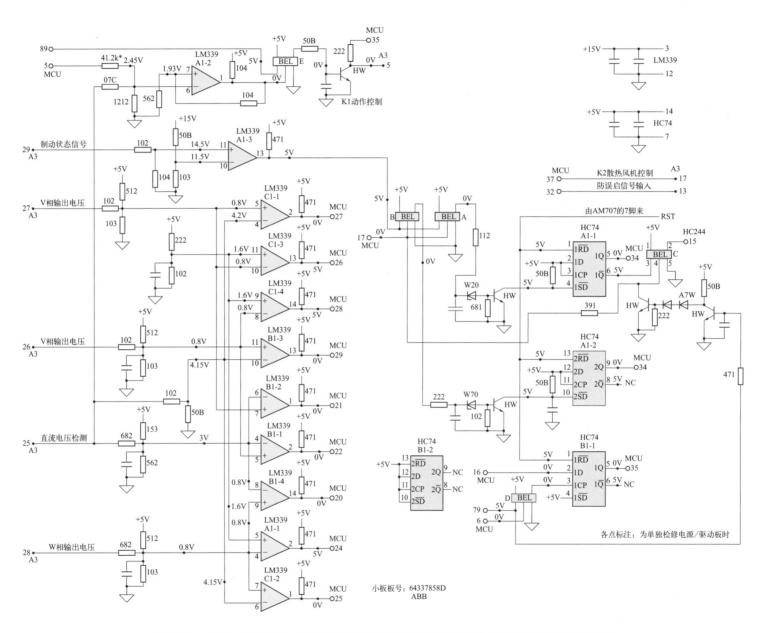

图 5-8 ABB-ACS800-18.5kW 变频器输出状态检测电路（A3 端子小板电路）图 2

ABB-ACS800-18.5kW变频器A3小板电路图2的图解

如图 5-8-1 所示电路的工作原理简述如下。

MCU 的 9 脚发送的 V+1 脉冲，经 HCT244 的 6、14 脚进行缓冲后，传输到驱动芯片 V301 的输入侧，再从 V301 的 6 脚输出，驱动 V 相上桥 VT3。

当 VT3 开通时，V2=UC+，比较器 N2 输入 V 相输出电压的检测信号，经 N2 电路跟随器处理，送入电压比较器 N4 的同相输入端，从而在 MCU 的 27 脚得到一个和 V+1 脉冲一样的、在时间刻度上对齐的 V+2 脉冲信号。

N4 反相输入端进入的是，直流母线电压（来自 UC+ 和 UC- 端的）经 N0 电压跟随器缓冲后再经分压处理的比较基准。

MCU 此时有充足的理由认为：HCT244、V301、VT3、N2、N4 等电路环节都是好的，否则相关电路出现了问题，运行被停止，报警被启动。

在实际的故障检修中，若 IGBT 模块脉冲电路或 V301 等脉冲传输电路出现问题，或者 N0、N2、N4 等检测电路出现问题，将会使变频器在接收运行信号后，在 MCU 的 27 脚检测不到返回的 V+ 脉冲，则会停止运行，进入故障报警的程序锁定状态中，从而为下一步的检修制造了困境。

人为改变（如为 5 脚引入 5V 直流高电位，或干脆将 N4 脱离电路）N4 的工作状态，使输出端 2 脚变为 5V 高电平的"屏蔽方法"是无效的。因为此时 MCU 需要在 27 脚检测到一个由 9 脚发出的、由逆变电路返回的 V+ 脉冲信号，而非直流电压信号。

图 5-8-1 中虚线部分：MCU 的 9 脚和电压比较器 N4 的 5 脚为电路环节的起始点和末点，将此两点用导线暂时短接，即在脱离 IGBT 模块的情况下，满足检测要求，使 MCU 能处于正常的运行工作中，给检测 HCT244、V301 的工作状态带来方便。

此外，针对 N0、N2、N4 检测电路本身的检测，可采用短接 N0 和 N2 的 3 脚（模拟 VT3 已经开通的状态）以后，检测 N2、N4 各脚的电压状态的方法，判断其正常与否。

对于检测电路部分，图 5-8-1 做了简化，具体电路请参见图 5-8。

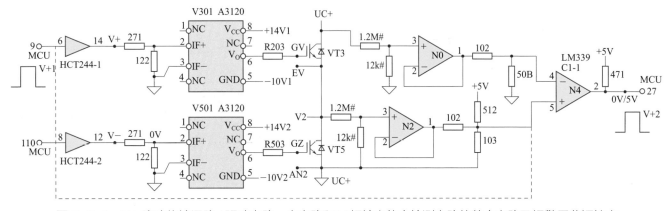

图 5-8-1　V+ 脉冲传输通路 / 驱动电路、主电路和 V 相输出状态检测电路的整合电路及报警屏蔽短接点

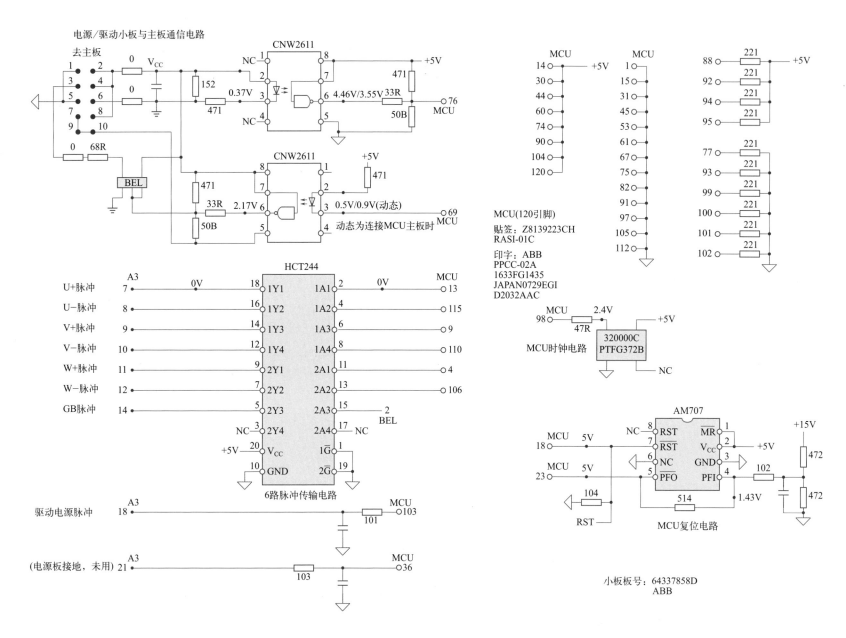

图 5-9　ABB-ACS800-18.5kW 变频器 MCU 工作条件电路（A3 端子小板电路）图 3

ABB-ACS800-18.5kW 变频器 MCU 工作条件电路（A3端子小板电路）图 3 的图解

根据输出级的电路结构，数字芯片（数字门电路）大概也可以分为 3 类：

① 普通门电路：电压互补输出级，采用 P 沟道、N 沟道对管，是低电平和高电平的低阻切换开关。

② 开路集电极（或漏极）输出式：便于驳接高电压大电流的负载。

③ 三态可控门输出级：比普通门电路多一个控制／使能端，当使能信号允许时，输出状态与普通门相似；当使能信号处于禁止状态时，输出级两只管子均处于关断状态，从输出端往芯片里面看，是个"高电阻的断开"状态，故称为电路的第三态。门电路什么时候可以正常工作，是受使能端信号控制的，称可控门。

变频器电路中，经常使用的是三态可控门传输 6 路逆变脉冲信号，特点是：

① 提升故障保护速度。其实每台变频器都有软件保护链和硬件保护链两个保护环节。软件保护速度取决于软件运行的周期（一般为百微秒至毫秒级），故障发生时，当 MCU 停掉逆变脉冲的输出时，可能 IGBT 模块已经报销。如果硬件保护电路同时起到作用，将故障报警信号作为三态可控门的使能控制信号，则会率先切断脉冲信号的传输，同时将故障报警信号送入 MCU 器件，这一定程度上大大提升了保护速度。

② 便于集约化处理脉冲信号。三态可控门一般有两个使能控制端（有时将其短接在一起，形成一路使能信号的输入控制），控制信号生效时，可同时控制 8 路信号传输通道。

③ 电路休闲期，可以令三态可控门处于"关门"状态，此时因输出端的高阻特性，设计者可灵活采用在输出端外接上拉电阻或下拉电阻的方法，决定输出端的静态电平。即处于可控状态时，设计者可决定输出端是 1 还是 0。这和后级电路的状态往往相关，若停机期间，

后级电路输入高电平为"较为保险的 IGBT 关断电平"，则三态可控门的输出端可接入连接 +5V 的上拉电阻。否则，可视要求接入与供电地端相连的接地下拉电阻。

本电路中的 HCT244（型号 74HCT244、AiP74HC244 等）即为 8 路信号传输的三态可控门（同相驱动器）器件，MCU 侧的 6 路逆变脉冲及 GB 脉冲信号经此传输送入驱动电路输入侧。该类电路处于 MCU 和驱动电路之间，称为 MCU 的接口电路，又称为驱动／缓冲／隔离电路。

故障检修时，当我们检测到其输入侧已有 MCU 的输出脉冲时，即可放心。对于输出侧的信号异常：

① 检测使能控制端电平状态，处于开门／低电平，还是处于关门／高电平状态。如为后者，检查使能控制端的高电平来源，即能排除故障；

② 若使能控制端处于开门状态，输入信号正常，输出端异常，则可判断 HCT244 损坏。

A3 小板上，MCU 器件（贴签 Z8139223CH，RSAI-01C；印字 ABB，PPCC-02A，1633FG1435，JAPAN07290GI，D2032AAC。120 引脚环列贴片封装器件。变频器厂家印字 MCU，资料无法查到）：98 脚为频率基准发生电路，外部有源时钟器件提供频率基准输入；18 脚为系统复位信号输入端，AM707 是兼有系统工作状态监控功能的复位芯片。图 5-9 右上侧为 MCU 供电引脚图。

MCU 与主板 MCU 的串行数据通信信号由两片高速光耦 CNW2611 和 5 脚贴片封装（印字 BEL，后经芯片丝印反查网，查得为与门器件）的数字芯片电路来传输，见图 5-9 的左上侧。

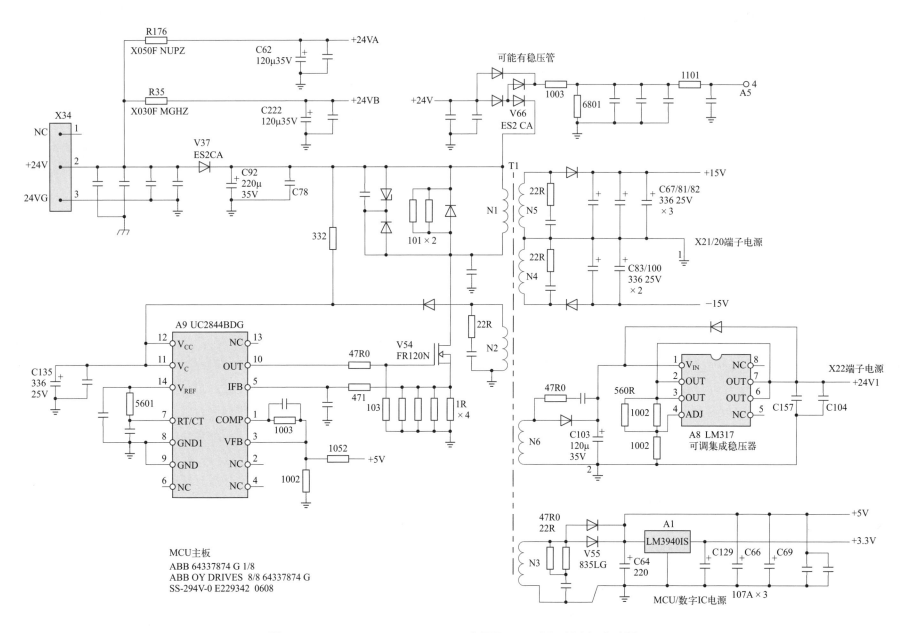

图 5-10　ABB-ACS800-18.5kW 变频器 MCU 板开关电源电路图

ABB-ACS800-18.5kW变频器MCU板开关电源电路图解

UC284× 系列 PMW 电源芯片在稳压控制上为电压、电流双闭环的模式，试分析控制过程如下（假定开关管 S 极串联的电流采样电阻为 1Ω）。开关管开通后，流过初级线圈的电流呈现一定斜率的上升。

A9 芯片 1、2、5 脚内部电路见图 5-10-1。

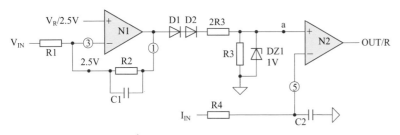

图 5-10-1　A9 芯片 1、2、5 脚内部电路

（1）在轻载或空载状态

负载侧电压上升斜率较大，V_{IN} 高于 2.5V 值较多，N1 的 1 脚电压因而较低，假定"折算"至 a 点电压为 0.1V（电压比较基准 1），此时 5 脚电流采样信号也按一定斜率上升，高于 0.1V 后电压比较器 N2 动作。5 脚采样信号高于 a 点电压时，说明流入变压器初级线圈的能量（大于 0.1A）已经足够，由此产生开关管的关断控制信号 OUT/R。

（2）正常负载状态

负载侧电压上升斜率变缓，V_{IN} 采样值接近 2.5V，反相放大器 N1 的 1 脚电压值有所升高，假定"折算"至 a 点电压为 0.3V（电压比较基准 2），此时 3 脚电流采样信号也按一定斜率上升，至 0.3V 后电压比较器 N2 动作。3 脚采样信号高于 a 点电压时，说明流入变压器初级线圈的能量（0.3A）已经足够，由此开关管得到 OUT/R 关断信号。

（3）严重过载状态

导致采样电压 V_{IN} 低于 2.5V，N1 由放大区进入比较区，1 脚为最

高电压，此时 a 点电压由 DZ1 钳位于 1V（电压比较基准 3）。3 脚电流信号采样电压达到 1V 时（对应流过变压器初级线圈的电流为 1A），开关管得到关断信号。

在轻载或空载状态、正常负载状态，芯片处于稳压可控区，a 点电压基准（误差输出电压）根据负载电流的变化（或直流母线电压的变化）而变化，开关管总是能使"合适的电流量"流入开关变压器的初级线圈。此时 a 点信号作为电流检测输入信号的"浮动基准"，若 3 脚电压低于 a 电压，说明开关变压器注入能量不足，开关管则继续导通（注入能量随时间增长而加大）；若 3 脚电压高于 a 点电压，说明能量已经足够，关断开关管。

在严重过载状态，严重过载导致电压采样信号偏低或丢失，此时 N1 放大器丢失输入信号进入电压开环状态。当电流采样电压达到 1V 以上时，开关管关断（其实是个过流保护动作）。需注意，此时严重降低的并非只是 V_{IN} 采样电压信号，因过载故障的存在，开关变压器次级线圈的各路输出直流电压均有所降低，在过载动作发生时，开关管的关断也会使电源芯片的 7 脚电压低于 10V。过载和欠压的双重故障保护动作令电路进入停振状态。此后因过流信号的消失，芯片 7 脚电容充电电压至 16V 以上时，开关电源再次工作，当然又会重复上述的过流保护过程。

在严重过载状态，电源电路出现了间歇振荡的所谓"打嗝"现象。"打嗝"现象发生时，也说明电压闭环条件已经遭到破坏，是过载保护动作导致了"打嗝"。

过载故障发生时，引发开关管的"提前关断"——输出电压未达到额定值，开关管已经关断，形成过流限幅（6 脚输出脉冲占空比减小）动作。表现为各路输出电压均偏低，但 1 脚电压偏高，1 脚和 6 脚失掉比例关系的故障现象：正常工作中开关管的占空比由 1 脚决定，当 1 脚失掉发言权时，一定是 5 脚（电流检测信号）在"行使主权"了。

对一个"局部电路"的分析，有时候要求分析者的脑海中呈现"全部电路"的概貌，局部与全部的关系清晰化以后，分析流程才能达到水到渠成的效果。

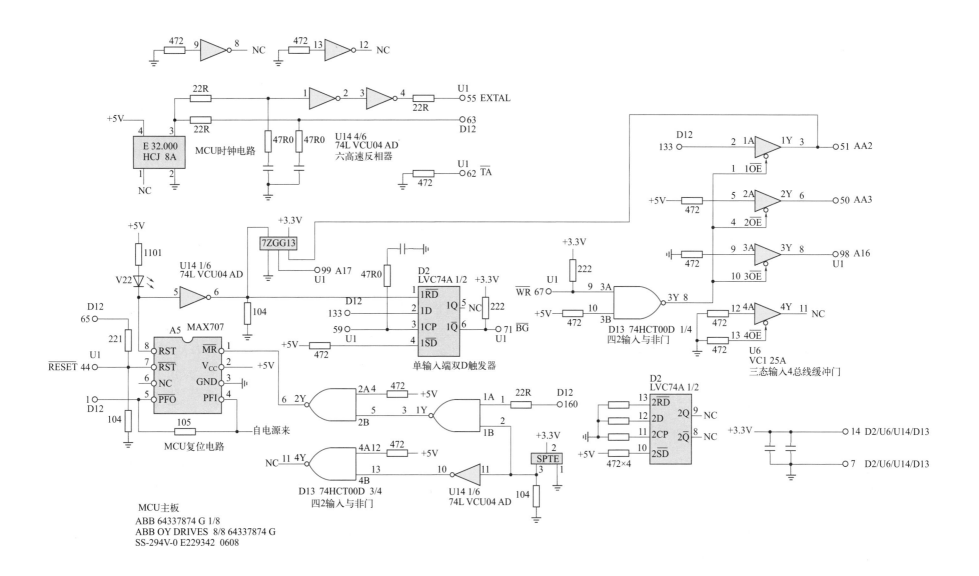

图 5-11　ABB-ACS800-18.5kW 变频器外围电路图 1

ABB-ACS800-18.5kW 变频器外围电路图1的图解

MCU/DSP 的基本工作条件电路包含供电电源、系统时钟、系统复位电路。

（1）系统时钟

其电路形式有两种。一是采用外部晶振、匹配电容和 MCU/DSP 内部电路组成振荡器。晶振是石英晶体的简称，具有压电效应，是电→振→电转换器，优点是振频极为稳定和精准。二是采用有源晶振（图5-11-1），或称之为有电源供应才能正常工作的晶振，换言之，即为一块能输出振荡信号的电路板（除石英晶体外，还有电阻、电容、晶体管等元件，加上电源即能独立工作），比 2 引脚晶振的体积要大，通常为4 引脚（直插或贴片）封装，供电引脚两个、输出脚一个，空脚一个。

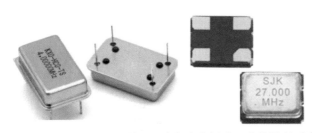

图 5-11-1　有源晶振外形图（左为直插式，右为贴片式）

有源时钟在提供多片 MCU/DSP 的频率基准来源时，又称为总时钟。本机电路中，有源时钟的输出信号经两级反相器隔离缓冲后，既作为 U1 的系统时钟，又同时引入 D12 的 63 脚，作为 D12 的时间基准。

（2）系统复位

复位电路的形式也有多种。

① 简易的 R、C 积分电路，有时在 R 上并联放电二极管，形成了上电时 R 为 C 充电、断电时 D 为 C 放电的工作模式，以避免电源瞬时掉电时 C 上电荷未能充分释放又充电所造成的复位失效。

② R、C 与反相器等构成的复合型复位电路。

③ 3 引脚复位芯片，如 MAX809L（印字 AAAA）等 3 引脚贴片器件，具有系统供电电压监控功能。

④ 8 引脚多功能复位芯片。一般含有系统复位加电源监控功能，还有的加看门狗（监测系统运行状态）、加基准电压产生、加存储器功能等。

本机电路所用复位芯片（8 引脚贴片封装，印字 MAX707）的引脚功能：1 脚为 $\overline{MR}$，手动复位输入。当 $\overline{MR}$ 输入信号低于 0.8V 时，产生复位脉冲信号输出。4 脚为 PFI，电源电压下降监视输入端。当 PFI 端输入低于 1.25V 时，就会使 PFO 端输出低电平。如果 PFI 端不用时，把其接到 GND 或 V_{CC} 端。7 脚为 $\overline{RST}$，低电平复位输出脉冲端，脉冲宽度为 200ms。如果 V_{CC} 电源低于复位门槛 4.65V 时，则保持输出低电平而不是脉冲。接通 V_{CC} 时，由于 V_{CC} 从 0 → 5V，故会产生 200ms 的复位脉冲输出。$\overline{MR}$ 有低电平脉冲输入时也会产生 200ms 复位脉冲输出。8 脚为高电平复位输出脉冲端。这个信号是 $\overline{RST}$ 的反相信号，由 $\overline{RST}$ 通过一个内部的反相器产生。实际应用中 7、8 脚可据需要选其一。

如何辨别 MCU/DSP 的复位引脚？

通常系统复位控制端标注为 RESET，RST 是其缩写方式。另外，尚有 RES、XRS 的标注方式。

当 RST 上方标注横杠或 /、# 时，为低电平有效的复位模式；不带其他符号时，为高电平有效的复位模式。

需要注意，TRST 或 TRES 的端子为测试重启端，并非系统复位端，TRST 或 TRES 引脚通常与测试端口连接，找不到外部的硬件复位电路，该端子用于设备生产期间对 MCU/DSP 芯片的工作状态进行测试。

而 RST、XRS、RES 端子，外部一定存在硬件复位电路，不能混淆。

当变频器面板显示 -----、88888 或无显示时，或显示通信中断、CPU 异常时，系统复位电路出现故障的概率较大。

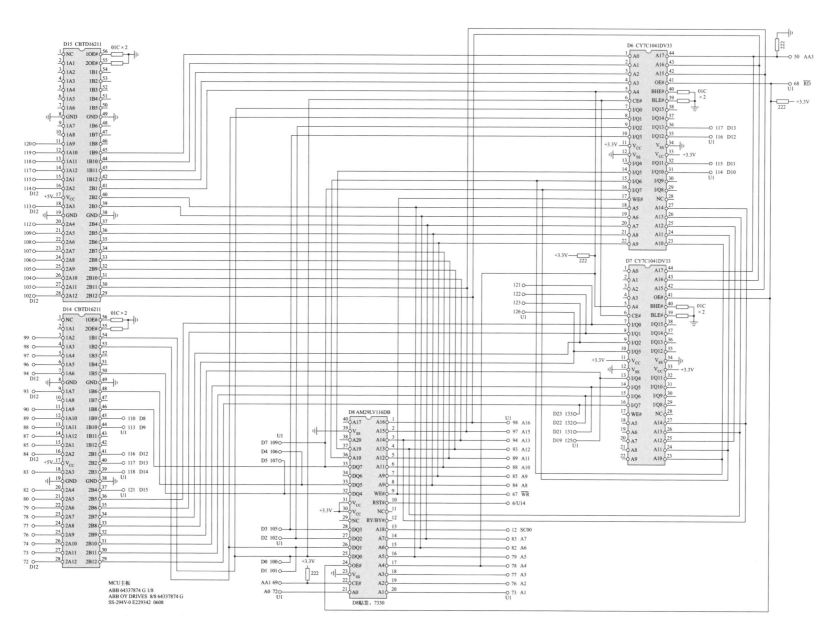

图 5-12　ABB-ACS800-18.5kW 变频器外围电路图 2

ABB-ACS800-18.5kW 变频器外围电路图 2 的图解

　　一般变频器电路，MCU/DSP 的外挂存储器芯片（称为外存）只有一片，多采用 24C04A/08A/16A/32A 或 93C46A/66A/86A 等芯片，称为 EEMROM 器件，又称铁电存储器，数据读写速度为毫秒级（又称快存、快闪器件），数据保存期可逾百年，数据擦写次数可逾万次以上。

　　存储器内存储的是产品操作说明书的控制参数。必要时，可执行初始化操作，调用 MCU/DSP "内存"，使其内部数据恢复出厂值。

　　但显然本机电路采用的是在工作中可以即时读取、即时控制的存储器芯片。相比较来说，一般存储器内是"静的数据"，该电路是"动的数据"，随机参与到控制过程中。

　　采用多引脚、大容量存储器电路，说明相关数据的存储容量和应用数据流巨大，这从 ABB 产品厚厚的说明书、巨量的工作参数项中也可看出。

　　本机电路采用两片 D6/D7（印字 CY7C1041DY33，44 引脚器件），采用数据总线传输模式；采用两片 D14/D15（印字 CBTD16211，56 引脚器件，CBTD16211 的特点是工作温度范围为 $-40 \sim +85℃$），提供 24 位高速 TTL 兼容总线开关，该开关的低通态电阻允许在传播延迟最小的情况下进行连接。

　　该电路集成了连接到 V_{CC} 的二极管，可实现 5V 输入和 3.3V 输出之间的电平转换。

　　D14/D15 芯片采用带单独输出使能 (OE) 输入的双路 12 位总线开关结构，如图 5-12-1 所示。该器件可用作两个 10 位总线开关或一个 20 位总线开关。OE 为低电平时，相关的 10 位总线开关处于开启状态且端口 A 连接到端口 B。OE 为高电平时，开关处于开启状态且端口间存在高阻抗状态。

　　D14、D15 高速 12 位总线双向开关配合 U1、D12 快速交换数据。

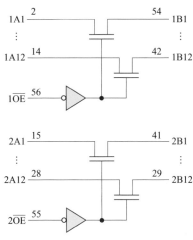

图 5-12-1　高速总线开关 CBTD16211 内部功能方框图

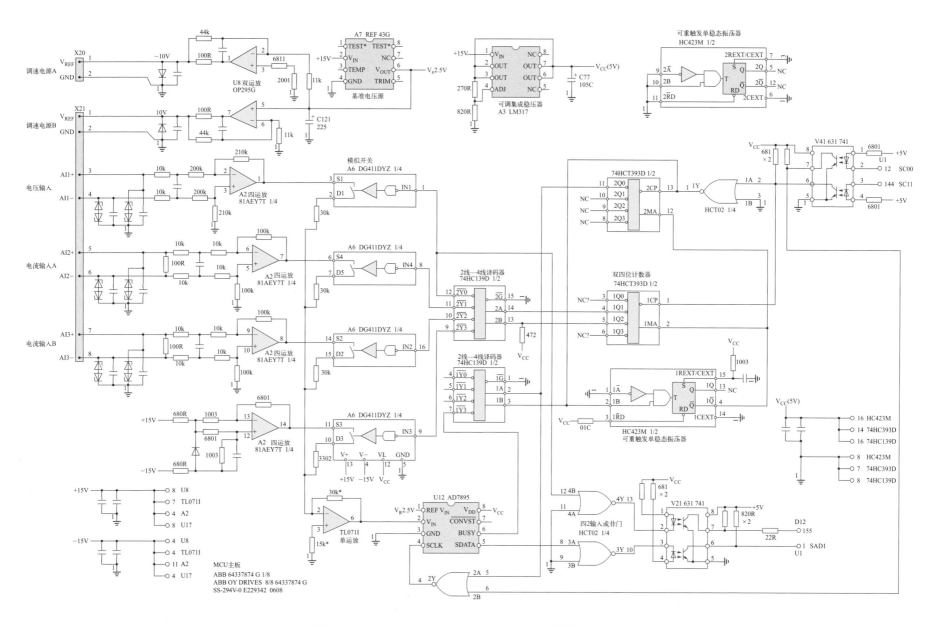

图 5-13 ABB-ACS800-18.5kW 变频器控制端子图 1

ABB-ACS800-18.5kW 变频器控制端子图 1 的图解

为了便于分析 AI1 ～ AI3 输入模拟量端子电路的信号传输，简化重绘了 AI1 的信号传输与控制电路，读者可根据图 5-13-1 进行原理分析。

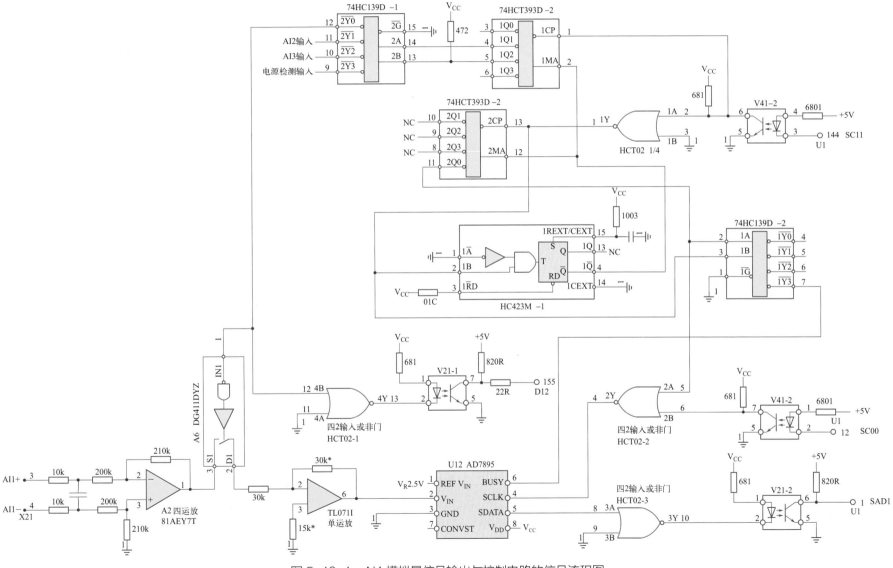

图 5-13-1　AI1 模拟量信号输出与控制电路的信号流程图

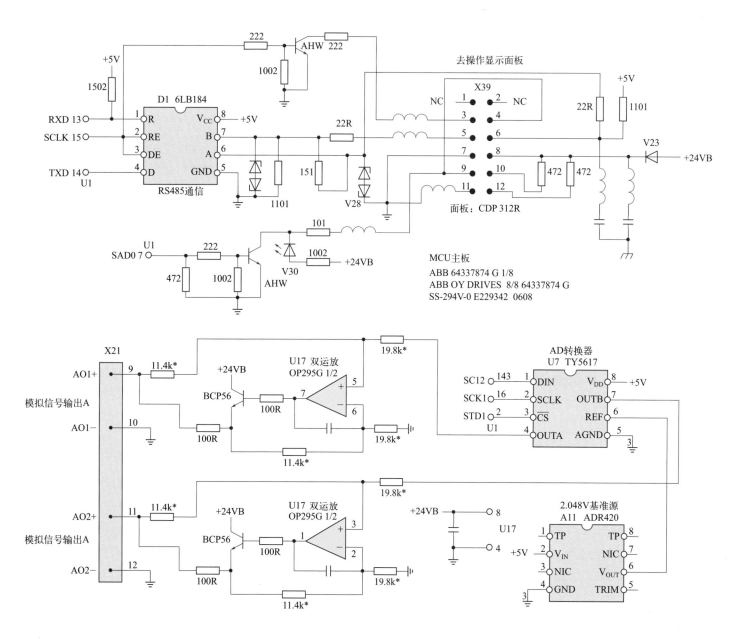

图 5-14 ABB-ACS800-18.5kW 变频器控制端子图 2

ABB-ACS800-18.5kW 变频器控制端子图 2 的图解

图 5-14 的上部电路为主板 DSP 与面板 MCU 的 RS485 通信电路，DSP 侧的串行数据 RXD（数据接收）、TXD（数据发送）由 D1（印字 6LB184，同 MAX485、75176B 等器件）转换成差分脉冲信号，经 X39 端子、通信电缆送往操作显示面板。

图 5-14 的下部电路为模拟量输出端子电路，重绘电路如图 5-14-1 所示，以利分析。

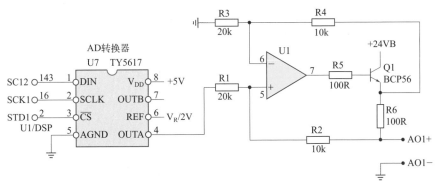

图 5-14-1　模拟量输出 AO1 端子电路（简化重绘）

U7（印字 TY5617，A-D 转换器）的工作条件：

① +5V 工作电源；

② 2V 基准电压输入，AD 转换所依赖的基准，决定转换倍率；

③ 3 脚使能信号生效，变为低电平；

④ 2 脚同步时钟信号的输入和 1 脚串行数据的输入。

U7 芯片有 OUTA、OUTB 两路模拟电压输出。

将 U17 外围电路做了简化，偏置电阻的阻值做了"指定"，电路中的元器件做了重新排序。可将 U1 电路视为双端输入、双端输出的差分衰减器电路，电路的输出电压信号倍数为 $10k\Omega/20k\Omega=0.5$。

若 OUTA 为 3V，则 AO1+、AO1- 输出电流为（3V×0.5）/100Ω= 15mA。

AO1+、AO1- 的负载电阻在 0 ～ 500Ω 范围内变化时，输出电流保持不变。可知 U1 为 *U-I* 转换的恒流源（或称电流源）电路。输出电流的大小与 U7 的 4 脚输出电压相关，与 AO1+、AO1- 端子负载电路的负载电阻的大小无关。

当 U7 芯片输出端 4 脚为 3V 时，输入信号电压可视为 3V+0V 的差分信号。R1、R3 为输入电阻，R2、R4 为负反馈电阻，采样 R6 两端输出电压信号，输入 U1 的反相输入端和同相输入端，两路反馈信号均起到衰减输出量的作用，故为负反馈。

同时应该看到，R1、R3 输入为差分信号，R2、R4 反馈至输入端的电压信号，它们形成了共模输入，在差分放大器"抑制共模、放大差分"的特性"加持"下，AO1+、AO1- 端子（外接）的负载电阻变化时，两路反馈电压做"同步"的升降，使 R6 两端的电压保持不变，输出电流仍能保持不变。

A11（印字 ADR420）芯片为 2.048V 基准电压源器件，提供 A-D 转换芯片 U7 的参考基准输入。

图 5-14-1 的故障检修：

① 设置 AO1+、AO1- 端子功能对应"输出频率"；

② 变频器投入运行信号，测试 U7 的 OUTA 输出端，由图 5-14-1 中的电阻取值来看，当变频器输出频率为 0 ～ 50Hz 时，OUTA 输出电压应为 0 ～ 4V；

③ 万用表的直流电流挡可直接跨接于 AO1+、AO1- 端子上，测试输出电流值应为 0 ～ 20mA，与变频器输出频率呈正比例变化。

建议采用示波表检测 U7 输入脚波形，当 1、2、3 脚脉冲信号正常，4 脚无电压输出时，可判断 U7 坏掉。AO1+、AO1- 端子的输出电流信号有问题时，检查 U1、Q1 的工作状态。

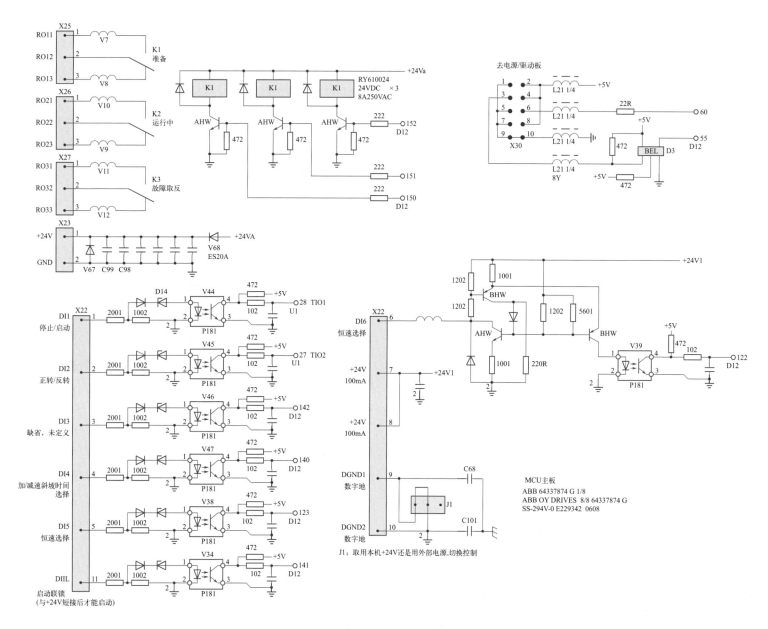

图 5-15 ABB-ACS800-18.5kW 变频器控制端子图 3

ABB-ACS800-18.5kW 变频器控制端子图 3 的图解

变频器数字（开关量）输入、输出端子电路回路较多，看似一大片，实质上是电路结构最为简单的一个部分，但因用户驳接控制引线不当（可能会为电路引入危险电压）会造成一定的故障率。常见的故障现象有输入控制信号不起作用、光耦合器输入侧电路烧坏、继电器触点烧坏等。

总结 U1（DSP）、D12（DSP）两芯片的工作分工：

（1）公共部分

U1、D12 共用 +5V 和 +3.3V 供电电源；U1、D12 共有工作时钟，由有源时钟提供；U1、D12 共用复位芯片 A5 所提供的系统复位信号；U1、D12 协作对外挂存储器的读、写操作与控制。

（2）U1 分工

① 与面板的 RS485 通信；

② 控制端子 AO 模拟量输出信号来源；

③ AI 模拟量输入端子信号处理，扩展端子 X31、X32 的单向、双向数据联系。

（3）D12 分工

① 控制端子数字（开关量）输入信号处理；

② 控制端子数字（开关量）输出信号（继电器控制信号）来源；

③ 与电源 / 驱动板的 TXD、RXD 串行数据的米往。

系统处于停滞状态（表现为 U1、D12 都在"罢工"中）时，检测 DSP 主板供电电源电压、系统时钟工作状态、系统复位电路是否正常。

与面板通信异常，检测 U1 的工作状态，主板和面板 RS485 通信模块的工作状态。

DSP 主板与电源 / 驱动板通信异常，检查 D12 工作状态，TXD、RXD 脉冲信号是否正常。判断问题是出在 DSP 主板还是电源 / 驱动板。

模拟量输入端子电路故障，检测 U1 的相关模拟量输入、输出端口。

数字（开关量）输入端子电路、输出端子电路工作异常，检测 D12 芯片相关的逻辑信号输入、输出端口的信号状态。

需要注意，U1 与 D12 是协调与互相配合的工作关系，二者的通信联系正常与否，肯定会关联到相关局部电路的工作状态。当电源 / 驱动板的故障信号经 X30 端送入 D12 芯片时，D12 与 U1 会同时处于"故障锁定"状态，相关控制信号和逆变脉冲信号立马处于"禁止输出"状态！

此时，并非局部电路处于"不执行、怠工的闹情绪"阶段，而是"司令部从全局出发"，发布了"战时禁令"。

控制端子电路的工作原理读者可自行分析。此处插入对 U1、D12 的"任务分工"的简述，借此提供一个主板故障的检修思路。

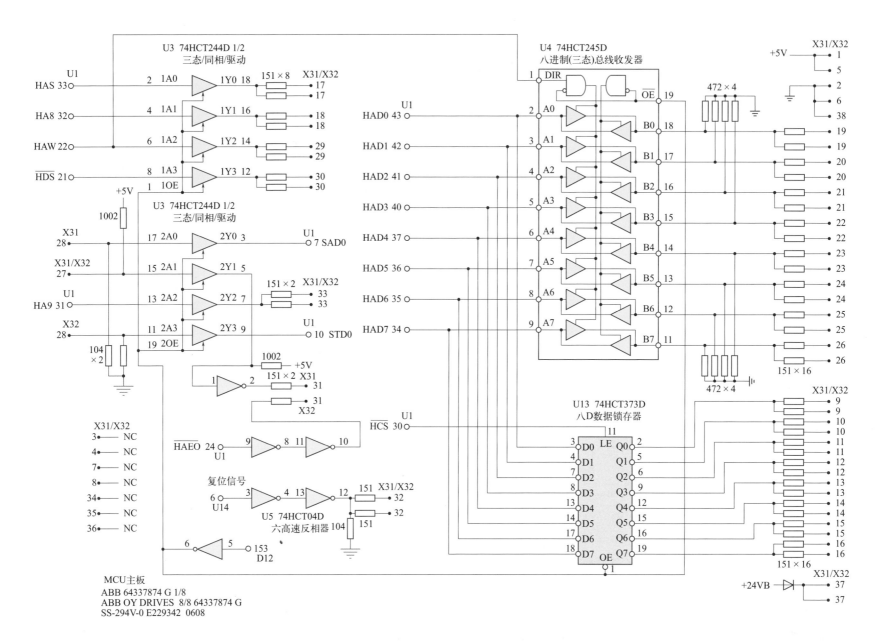

图 5-16　ABB-ACS800-18.5kW 变频器控制端子图 4

ABB-ACS800-18.5kW 变频器控制端子图4 的图解

DSP 器件传送或接收开关量信号，通常需要一个"中间人"——接口电路，多为和 DSP 芯片同一 +5V 或 +3.3V 供电的数字芯片。其中，三态可控门的应用最为广泛，该类 IC 芯片通常又有同相／反相／隔离／缓冲／驱动等电路的叫法。

采用三态可控门器件的理由：

① 提升保护动作速度：如用于传输 6 路逆变脉冲，当相关故障发生时，立即切断对脉冲信号的传输。

② 便于对所传输信号的控制，可进行"正常传输"与"中止传输"的快速切换。

③ 双向传输时，快速切换传输方向。

④ 便于实施两路或多路信号的并联，构成总线传输模式。

⑤ 取消对信号传输的控制时，将使能端接地，芯片即变为普通门电路。

三态可控门一般有 6 路传输或 8 路传输的结构形式；一般有两个使能控制端，每个控制端控制 3 路或 4 路传输电路；对于双向传输器件，则由控制信号决定传输方向。

图 5-16 所示电路中，U3（印字 74HCT244D）芯片为单向传输的三态可控门器件，使能控制端 1 脚为 4 组传输门的开、关信号，19 脚为另外 4 组传输门的开关信号，便于实施分组控制。信号传输方向是 U1 至 X31/X32 端子，和 X31/X32 端子至 U1。

可以看到，在图 5-16 左下角反相器的参与下，当 U4 输入信号由 X31/X32 传向 U1 引脚时，由 U1 输出端传向 X31/X32 端子的信号立即被停止。同时，D12 的 153 脚信号，经反相器也参与到对 U3 传输信号的控制上来。

分析该信号作用或流程，要从"软件的、系统的"角度切入才好。

但回到故障检修角度，U3、U4 芯片本身是不是好的？D12、U1 是否发送了正常的串行数据或控制信号？这些检测与判断才是重要的。

U4（印字 74HCT245D）芯片是 8 路同相三态双向总线收发器，可

双向传输数据。19 脚功能：$\overline{OE}$ 使能，低电平有效——允许信号传输，高电平时禁止信号传输。1 脚功能：DIR 传输方向控制端，高电平时 A0 → B0；低电平时 B0 → A0。

U13（印字 74HCT373D）是带有三态门的八 D 锁存器，同时当 G 端（见图 5-16-1）为 1 时，三态门处于导通状态，D 端数据输入被传送至 Q 端。当 G 端由 1 变 0 时，Q 端数据被锁存。当使能信号线 $\overline{OE}$ 端为 0 时，锁存器 Q 端数据被传输至 Q0 ~ Q7 输出端。$\overline{OE}$ 端为 1 时，数据传输被禁止。

74HCT373D 器件真值表如图 5-16-2 所示。

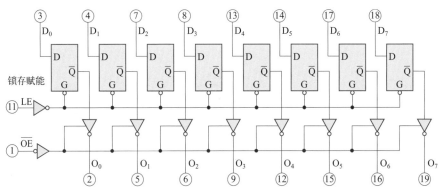

图 5-16-1　74HCT373D 功能方框图

D_n	LE	$\overline{OE}$	O_n
H	H	L	H
L	H	L	L
X	L	L	Q_0
X	X	H	Z*

图 5-16-2　74HCT373D 器件真值表

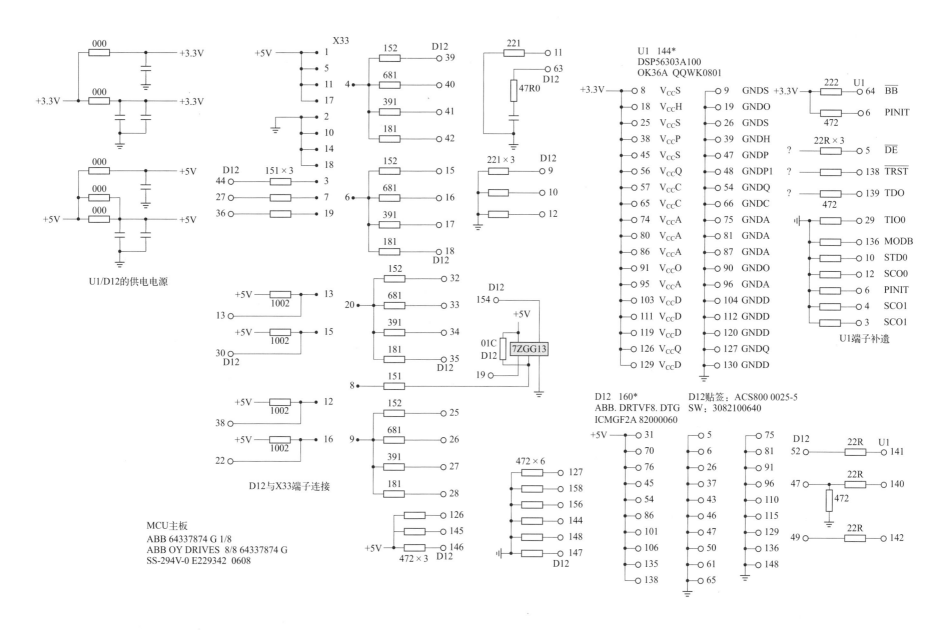

图 5-17　ABB-ACS800-18.5kW 变频器 DSP 引脚补缺图

ABB-ACS800-18.5kW变频器DSP引脚补缺图解

图 5-17-1 所示为 U1（印字 DSP56303A100 OK36A QQWK0801，144 引脚器件）的功能引脚图，可作为检修参考。

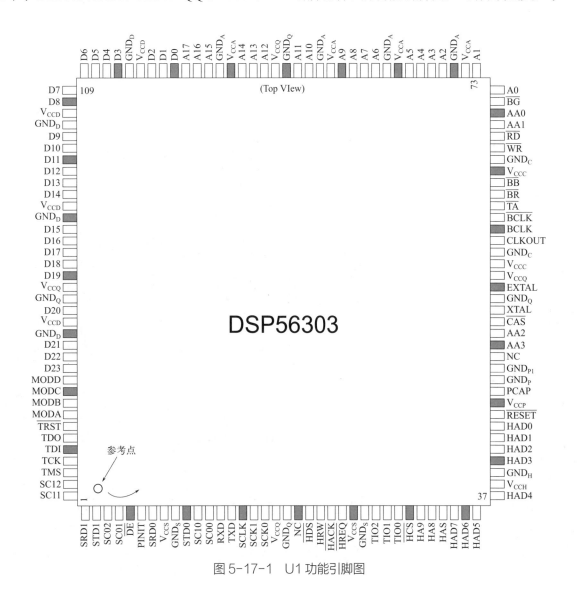

图 5-17-1　U1 功能引脚图

第 6 章

ABB-ACS800-75kW
变频器整机电路原理图及图解

图6-1 ABB-ACS800-75kW 变频器整机电路实物图

图6-2 ABB-ACS800-75kW 变频器电源／驱动板实物参考图
（对应图6-4至图6-7所示电路图）

图 6-3　电源 / 驱动板上立板：MCU 小板实物参考图
（对应第 5 章图 5-7 ～图 5-9 所示电路图）

图 6-4　ABB-ACS800-75kW 变频器整机 DSP 主板实物图
（对应第 5 章图 5-10 ～图 5-17 所示电路图）

对图 6-2 ～图 6-4 的说明：

① 电源 / 驱动板包含了一块立式电路板，即图 6-3 所示的 MCU 小板；

② MCU 小板电路的硬件结构与电路构成与第 5 章中的图 5-7 ～图 5-9 所示电路是一样的，请参阅，本章不再给出原理电路图；

③ DSP 主板从 1.5 ～ 135kW 是通用的，故本章不再给出原理图及图解，请参阅第 5 章中图 5-10 ～图 5-17 所示电路，但 DSP 主板的"高清"实物图和 MCU 小板的"高清"实物照，仍放在本章，以供参照。

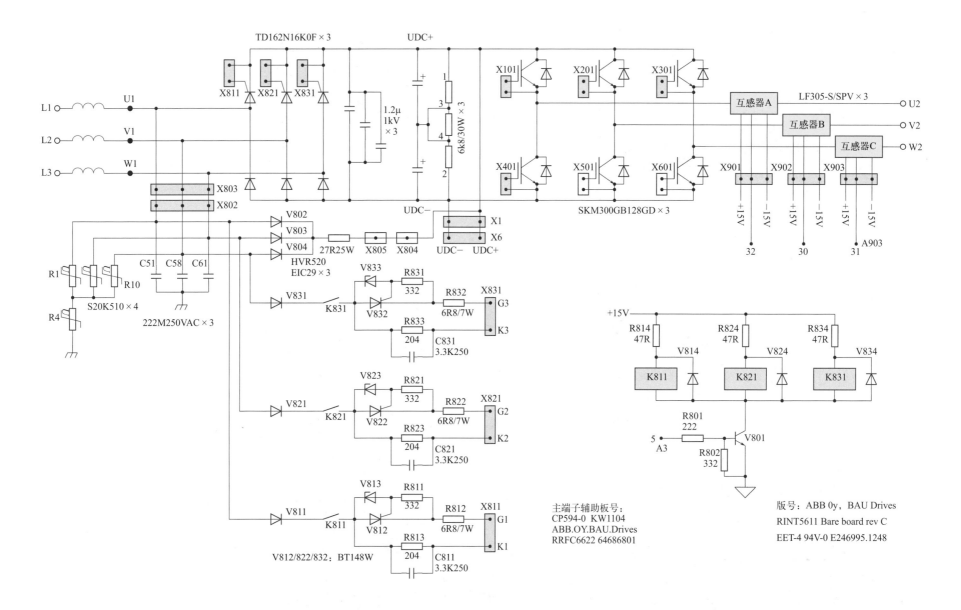

图 6-5　ABB-ACS800-75kW 变频器主电路图

ABB-ACS800-75kW变频器主电路图解

变频器直流母线的储能电容，因电容两端电压不能突变（形成了电流突变）的原因，上电瞬间形同短路，会形成危险的冲击电流，严重时损坏电容、整流桥，也可能会引发电网跳闸。因而整流之后电容之前通常设有限流充电环节，当电容上的电压建立（500V 左右）之后，限流电路变为直通，变频器才进入待机工作状态。

一般电路采用工作接触器的主触点与限流电阻并联的方法，限流充电结束后，由接触器主触点短接充电电阻，使电容器和接触器触点避过上电瞬间的电流冲击。但采用工作接触器主触点的电路，具有主触点易于跳火烧损、内部铁芯进入灰尘而脏污、有机械和电磁噪声、运行寿命短等缺点。对此缺点的改良即是采用晶闸管半控桥代替原三相整流桥，电容充电完毕后，晶闸管才得到开通信号。晶闸管器件是无触点开关，具有耐灰尘、无工作噪声、易于安装、控制电路简单等优点。

常见晶闸管器件的控制方案有五种：

（1）直流控制

直流母线储能电容充电完毕之后，在晶闸管的 G、K 之间送入一个约为 50mA 的直流开通信号，使晶闸管保持良好的开通状态。开通电压则在 0.8 ～ 1.5V 之间（根据器件规格不同，有较大的离散性）。优点是控制电路结构简单，缺点是驱动电路的常态功率损耗较大。在中、小功率机型中，此种电路类型较多。

（2）脉冲控制

脉冲控制是直流控制的升级版，为充分降低能驱动功耗而考虑的。电容端电压建立之后，在晶闸管的 G、K 极间施加一个约 5kHz 的占空比约为 10% 的矩形脉冲信号，使晶闸管在电网过零点之后即行开通。驱动电路是工作 1s、休息 10s 的工作模式，大大降低了功能功耗。

（3）最差的控制方式

利用充电限流电阻两端的电压降来开通晶闸管，上电瞬间或变频

器启动瞬间，充电阻两端电压降较大，晶闸管顺利开通；停机状态，充电电阻两端的电压接近于 0V，晶闸管失掉工作条件（维持电流太小）而关断。重新启动时，充电电阻端电压升高，晶闸管获得再次开通的条件。这种现象造成了变频器启动一次，充电限流电路就要承受一次冲击电流的后果。

该类电路的充电限流电阻的取值偏小，功率取值偏大，如 7.5kW 变频器，采用 3.3Ω、180W 的充电限流电阻，时间长了，电阻就会出现裂纹、变色痕迹。我称之为最差的控制方式。

（4）最优的控制方式

采用移相控制方案，采样交流电源的电压过零点，作为触发基准，变频器上电后逐步加大晶闸管器件的开通角，使其达到最大值，晶闸管变身为整流二极管（全开通状态）。控制电路较为复杂，大部分机器采用 MCU 系统来生成 3 路脉冲信号。脉冲"开槽频率"约为 5kHz。

（5）强触发方式

如本机电路所示，触发可靠性最高，触发功率为零（从电源侧吸取触发能量），电路结构最为简单。进口变频器中的中、大功率机型采用者较多。

工作原理简述如下。

上电瞬间，三相整流半控桥上端 3 只晶闸管器件未得到开通信号而处于关断状态。此时由 V802、V803、V804 等 3 只整流二极管"暂时取代" 3 只晶闸管，与整流半控桥下端 3 只整流二极管构成三相桥式整流电路，整流电压经 27Ω、25W 充电限流电阻，X805、X804 端子为储能电容充电。储能电容端电压建立，开关电源起振工作后，MCU 检测到直流母线电压至一定值后，A3 端子的 5 脚发送一个晶闸管开通信号，V801 驱动 K811、K821、K831 继电器动作，V812、V822、V832 等 3 只晶闸管开通，进而形成主电路 3 只功率晶闸管的电流通路——（以 X831 端子信号电路为例）经 L1、V831、K831、V832、R832、晶闸管 G 极与 K 极至 UC+ 的控制电流回路，主电路晶闸管因而被"强制开通"。

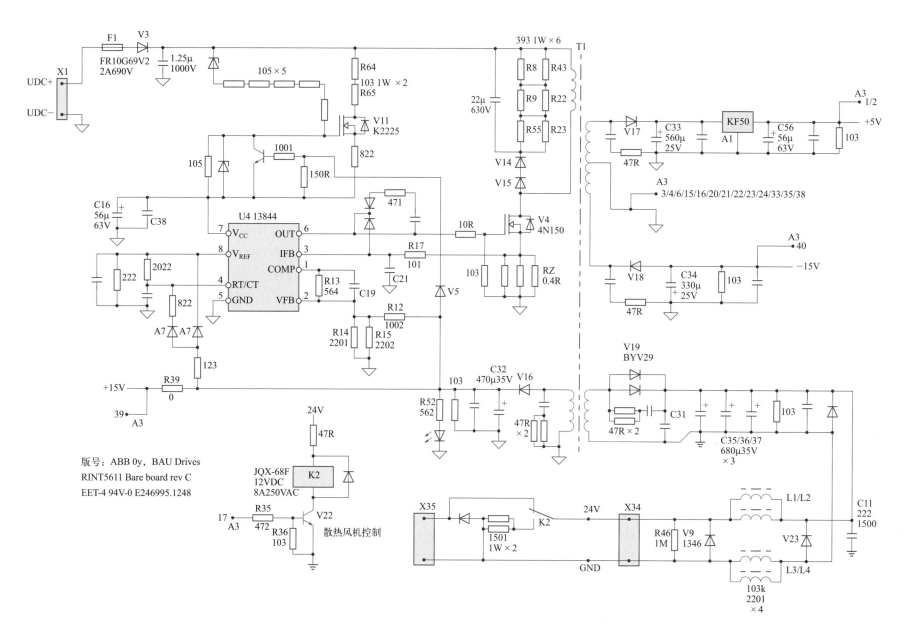

图 6-6　ABB-ACS800-75kW 变频器开关电源电路图

ABB-ACS800-75kW 变频器开关电源电路图解

U4 芯片的供电，将二极管 V5 的负极直接连至 U4 芯片的 7 脚没有问题。本机电路是由 R64、R65、V11 等电路提供 U4 芯片的工作电源的，V5 电源电压的引入，加上分流晶体管的配合，目的是使 7 脚电压跟随 V16 整流 +15V 电压。电路的成本和复杂程度因为 V11 供电电路而提升不少。V11 电路的设置仅是为了提升电路的起振成功率吗？

近年来的新机型，对 V11 电路做了省略性的改进。

开关电源的供电取自 UC+、UC- 端来的直流母线电压。PWM 电源芯片的出现，使得电源工作的每一步 / 芯片每一个引脚的工作状态进入"可检测程序化"中，使电路设计和故障检测便利化，不像单管式自励电源，无法进行每一步工作过程的测试——电源的工作流程受大闭环全员参与的影响，牵一发而动全身。由 PWM 芯片为核心构成的开关电源，检修过程或工作流程则趋于程式化和理性化。

单独给 U4 芯片提供独立的工作电源，建议采用 16.5V、30mA 的恒流 / 恒压电源（设置电流值之下工作于恒压状态，到达设置电流，则转换至恒流输出状态）。

① 为 5、7 脚上电，观测正常工作电流应为 15mA 左右。

② 测 8 脚应为 5V 基准电压输出。否则，U4 芯片损坏。

③ 测 4 脚振荡电压应为 2.1V 左右。若为锯齿波信号，频率应为 80kHz 左右，峰值电压 3.8V 左右，谷底电压应为 1.2V 左右。

若电压或波形不对，查定时电阻、定时电容没有问题，则 U4 芯片损坏。

④ 此时测 6 脚应为矩形脉冲输出，脉冲占空比应为 50% 左右，测试直流电压应为 7.5V 左右。

⑤ 6 脚脉冲电压异常的原因如下：

a. 测 3 脚电压正常应为 0V。若为 3V 左右，查 3 脚外围 R17、RZ 有无断路。外围电压正常，则 U4 芯片损坏。

b. 测 1 脚电压正常应为 5 ~ 7V。若低于 1V（如为 0.8V 左右），查 2 脚电压状态。

c. 此时测 2 脚电压应远低于 2.5V，有些机型接近 0V（因 1、2 脚外围电路不同而有差异）。

1、2 脚之间是反相器的关系，2 脚低于 2.5V，1 脚电压则为 5 ~ 7V；2 脚高于 2.5V，1 脚则低于 1V，导致 6 脚停止脉冲输出。

若 1、2、3 脚电压正常，6 脚脉冲电压为 0，则 U4 芯片损坏。

若 1、2 脚不符合反相放大器规则，则 1、2 脚内部电路损坏。

⑥ 6 脚输入脉冲电压正常，此时在 C32 两端施加高于 +15V 的电压信号，6 脚脉冲电压应能停止输出，否则说明 1、2 脚内、外部电路仍有问题。

经过以上步骤检查，说明芯片本身及 1、2、3、4 脚外围电路都是好的。但在 UC+、UC- 端上电检修开关电源（建议供电 500V，限流 200mA 以内），开关电源仍不能正常工作。根据故障表现，仍可以落实到具体电路乃至具体元件上。简要来说：

① 自供电能量不足，查 7 脚以 V11 为核心的外围电路。

② +15V 电源的整流、滤波及负载环节有无问题，使反馈采样信号异常。

③ +5V、-15V、24V 等整流滤波环节、负载电路有无损坏器件。

④ 前维修者是否动过相关电路，元件代换是否在合理范围之内。

如 RZ（总电阻值）是否大于 2Ω，引发错误的过载限幅动作；R17、C21 是否取值不当或漏装，造成错误的过载起控动作；开关变压器输入绕组两端并联二极管、电容等元件有无漏电或击穿，造成过载起控动作。

甚至是：是否熔断器 F1、二极管 V3 开路，以至于开关电源主电路失掉工作电源。

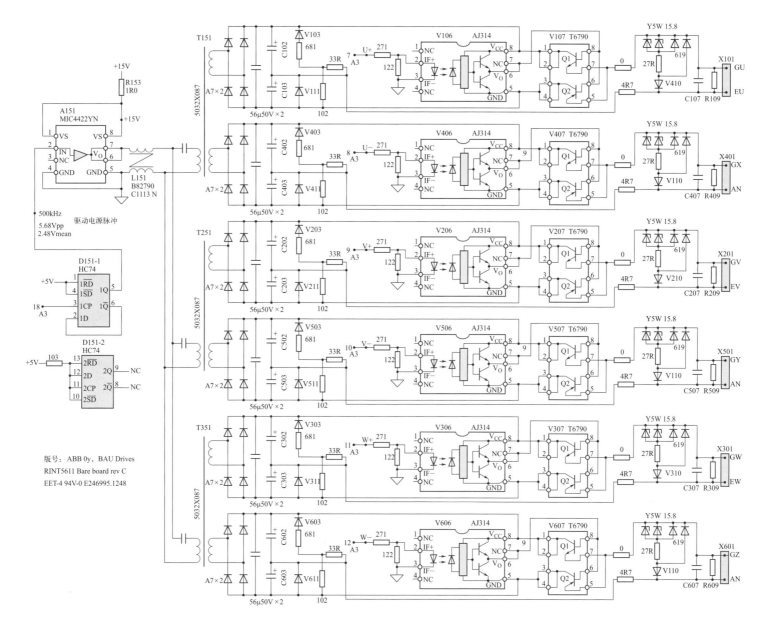

图 6-7　ABB-ACS800-75kW 变频器驱动电路图

ABB-ACS800-75kW变频器驱动电路图解

本机电路驱动芯片采用 AJ314（印字），为了驱动大功率 IGBT 模块，采用 T6790 功率对管 IC 进行功率放大。

6 路驱动电路的工作电源，其源头是从 A3 端子板的 18 脚引入的。如图 6-7-1 所示，MCU 的 103 脚来的 1MHz 方波脉冲，经 D151-1（印字 HC74，型号全称 74HC74，上升沿 D 触发器）进行"频率倍减"，得到 500kHz 方波脉冲，送入 MIC4422YN 同相驱动器，经 L151、隔直电容驱动 T151 脉冲变压器。T151 输出电压经桥式整流滤波，得到 V+、V− 两路正、负电源，作为驱动电路的工作电源。

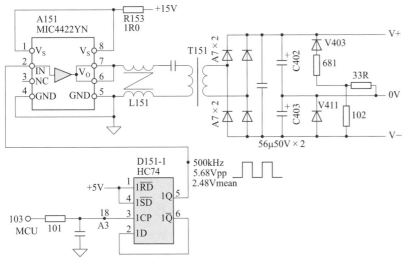

图 6-7-1 驱动电路的供电电源电路

驱动电路的故障检修，大半内容在于对其工作电源的检修上。IGBT 模块损坏后，引入的危险高电压冲击，不但会损坏驱动 IC 芯片等电路，往往也会波及驱动电路的供电电源。另外，本机电路的独特之处是，由 MCU 发送脉冲信号，经 A151 驱动 T151，实现了 DC-DC 转换，MCU、D151、A151、T151 等环节异常，会造成驱动电路 1 路乃至 6 路工作电源的丢失。

检测步骤如下：

（1）测量 6 路驱动电压都为零

① 检测 A3 端子板的 18 脚，MCU 发送来的方波脉冲是否到达。若脉冲信号丢失，测 MCU 的 103 脚是否有脉冲信号输出。若无，则检查 MCU 工作三要素。

② D151 的 3 脚输入脉冲正常，测 D151 的 5 脚有无方波脉冲信号输出，若无，则更换 D151。

（2）有一路驱动电路的电源电压丢失

① 测 A151 的 2 脚输入脉冲信号正常。输出端 6、7 脚没有输出脉冲。或上电后 A151 有异常的温升，判断 A151 损坏。

② 测 A151 输出脉冲正常，但 V+、V− 供电电压低落或为 0V，手摸 A151 无异常温升，则检查 L151、隔直电容。

③ A151 输入脉冲信号正常，但有较大温升，V+、V− 电压极低：查驱动芯片等电路是否有短路性损坏；查桥式整流电路是否有损坏；查 T151 是否存在绕组短路、匝间短路等故障（可用直流电桥在线检测）。

④ 输出电压偏低，A151 温升正常（甚至比较之下温升偏低），查无异常，但代换 A7 整流电路后，输出电压恢复正常。原因为 A7 整流二极管低效。

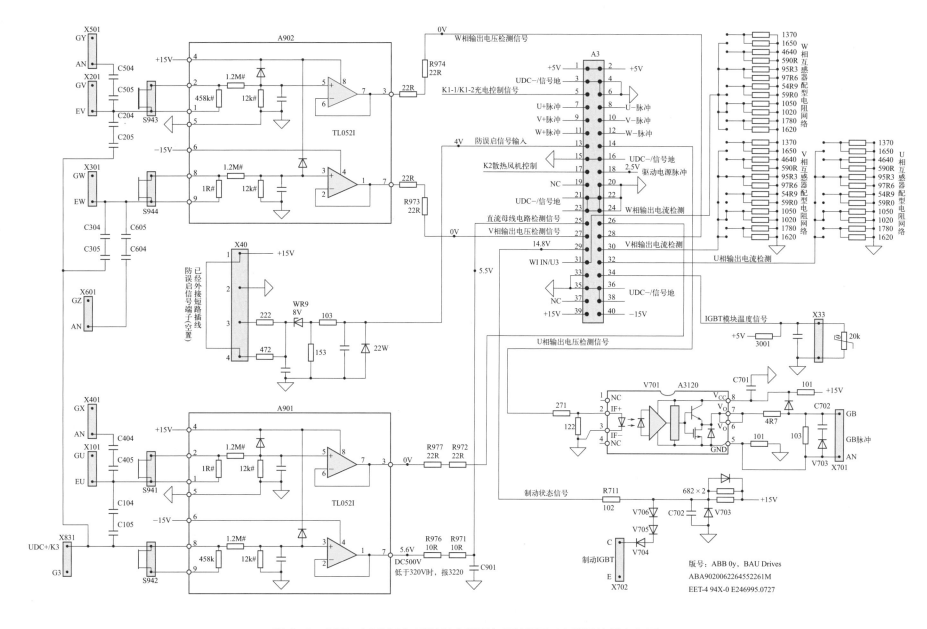

图6-8 ABB-ACS800-75kW 变频器电压检测及 A3 端子信号去向图

ABB-ACS800-75kW变频器电压检测及A3端子信号去向图解

ABB-ACS800 系列变频器为 MCU+DSP+DSP/MCU 的"多片系统"，电源 / 驱动板的 MCU 的任务如下。

输出信号：

① 输出 6 路 IGBT 驱动电路所需的 U+ ～ W− 等 6 路脉冲信号；

② 驱动电路工作电源所需的逆变脉冲；

③ 输出主电路晶闸管半控桥所需的 3 路晶闸管开通信号；

④ 输出一路制动脉冲信号；

⑤ 输出散热风机 / 风扇所需的控制信号。

输入信号：

① 输入一路 IGBT 功率模块的温度检测信号；

② 输入一路制动状态检测信号；

③ 输入 U、V、W 等 3 路输出状态检测信号；

④ 输入直流母线电压检测信号；

⑤ 输入 U、V、W 等 3 路输出电流检测信号。

将以上 5 种输入信号处理后，通过与主板 MCU/DSP（序号 D12 器件）的通信联系，征询相关指示，形成 5 种输出信号。电源 / 驱动板的 MCU 处于工作前线，负责检测各电路的工作状态进行汇报，得到主板 MCU/DSP 指令后，控制变频器运行的任务。

A3 端子是多路输入、输出信号的"信号集散地"，也是 MCU 及相关检测电路的工作电源馈入点，通过检测 A3 端子各脚信号电压或电平状态及供电电压，可达到快速判断故障区域的目的。

本机电路的 U、V、W 输出电流检测传感器（参见图 6-5 的右上侧电路），是 3 线端电流输出型器件，供电电源为 ±15V，输出电流信号经匹配电阻的 I-U 转换，得到动静态直流电压皆为 0V（动态交流输出电压约为 0 ～ 2V）的检测信号，送入 A3 端子板，经后续电流检测电路处理，经 A-D 转换后送入 MCU（参见图 5-7、图 5-8 等相关电路）。

IGBT 模块温度检测信号经 X33 端子馈入，将温度变化转换为电压变化信号，经 A3 端子馈入 MCU。

U、V、W 输出状态检测及直流母线电压检测首先进入陶瓷基板的电阻衰减网络，经百倍电压衰减后，由电压跟随器输出至 A3 端子的 34 脚。

A3 端子板来的制动脉冲信号经光耦合器 V701 隔离和功率放大后，驱动脉冲由 X701 端输出，接入制动开关管（机器外接）。当机器处于制动状态时，由 V706、R711 等组成的制动状态检测电路检测制动工作状态，并将此状态信号送入 A3 端子的 29 脚。

ABB-ACS800 系列变频器的功率级别不同，电源 / 驱动板的配置存在差异，但 DSP 主板是通用的，因而 ABB-ACS-75kW 的 DSP 主板电路不再给出，请参阅第 5 章中图 5-8 ～图 5-15 所示的 DSP 主板电路。电源 / 驱动板中的小板硬件电路与第 5 章中 MCU 小板电路相同，请参阅第 5 章中图 5-10 ～图 5-17 所示电路图。

第 7 章

施耐德ATV71-7.5kW
变频器电源/驱动板电路
原理图及图解

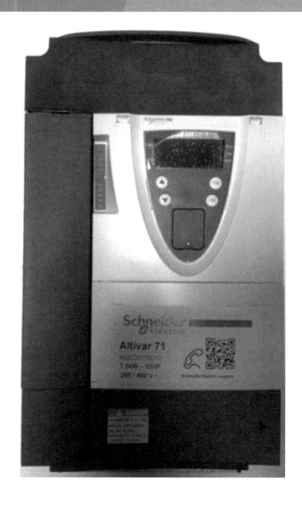

图 7-1　施耐德 ATV71-7.5kW 变频器外观和产品铭牌图

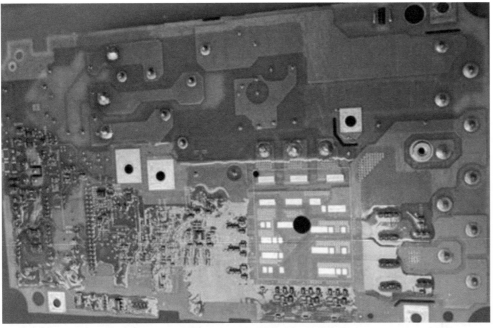

图 7-2　施耐德 ATV71-7.5kW 变频器电源 / 驱动板实物图

图 7-3　施耐德 ATV71-7.5kW 储能电容板实物图

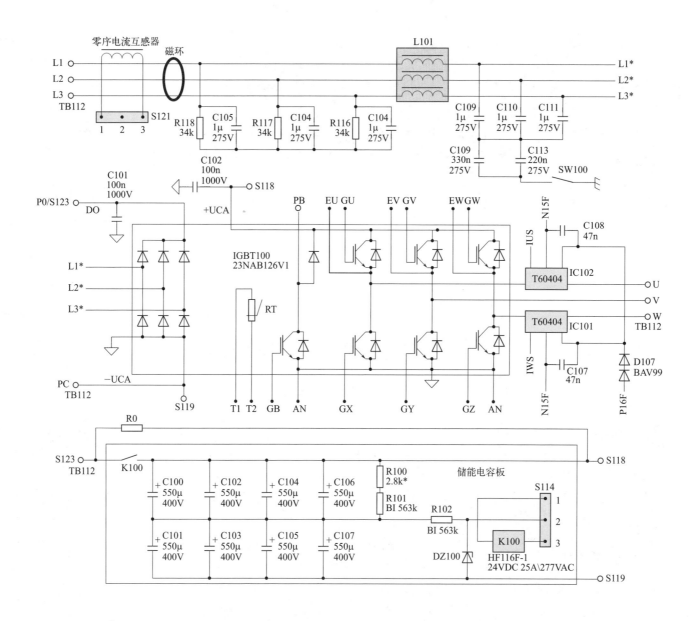

图 7-4 施耐德 ATV71-7.5kW 变频器主电路原理图

施耐德ATV71-7.5kW变频器主电路原理图解

重量等于质量，大部分情况下还是说得通的。三相输入电抗器的串入增加了本机的重量。

另外，信号检测的路数多或者说是检测功率齐全，在一定程度上也提升了产品的质量。本机电路在三相交流电源输入侧增设了零序电流互感器，由后级电路处理得到漏电报警信号，也提升了安全性能。

在输入电源端套放磁环，起到减弱电磁噪声、共模或差模滤波的作用。

而电源输入端回路中，电阻和电容的并联回路，电容的串、并联回路，都说明了设计者对产品细节的重视。这些元器件或电路看似可有可无，仅仅起到消噪、抑制电压尖峰的作用。虽然增加了少许成本，但提升了产品的品质。

期望国产变频器向注重细节和质量的进口机器看齐，并且超越进口产品的一天能早上到来。

一体化功率模块内含三相整流桥电路，将输入交流电压整流成300Hz 的脉动直流；内含模块温度检测传感器 RT，用于工作温度显示或超温报警；内含制动开关管和制动电阻两端并联的续流二极管（制动电阻为大功率线绕电阻，常态下为电阻，通、断电瞬间为电感，故制动开关管关断时，续流二极管提供电感内的释放电流，以避免开关管承受感生电压 + 直流母线电压的危险冲击）。

一体化功率模块内部肯定有 6 路 IGBT 的逆变电路，在控制脉冲的作用下实现 DC-AC 转换，将直流母线电压转变为 VVV/F 模式的交流输出电压。

在各路故障检测电路中，输出电流检测、直流母线电压检测、模块温度检测是必选项，输入电源缺相检测、熔断器状态检测、工作接触器状态检测、输出状态检测、风扇工作状态检测等是可选项。电路如此设计是有道理的：当输入缺相检测失效时，还有直流母线电压检测作为"备胎"，或者换言之，直流母线电压也兼有输入缺相检测、工

作接触器检测和熔断器检测电路三者的作用，前两者出现问题时，也会表现为直流母线电压的降低，由此引发报警与保护。这三者为可选项，没有设计相关电路，只要直流母线电压检测电路生效，就不致引发严重的故障。

电容板：储能电容的限流充电、工作继电器，电容均压电阻（兼作开关电源的启动电阻）和电容充电限流电阻均集成于电容板上。

机器功率有差异时，只是 R0、C101 ～ C107 的电容量有差异，还是采用这块电容板的。7.5kW 机器的电容板，如果要代换 5.5kW 机器的电容板，显然是满足要求的，可以代用。反之，如果将电容量加大，也可以反向代换。

同时我们会发现，7.5kW 和 5.5kW 两种规格的机器，有时候所采用的控制线路板、功率模块、设备外壳等都看不出差异，仅仅是储能电容的电容值做出了区分。如果能进行某些参数的调整与设置（变频器功率、电机额定电流），更换电容量，是否也会完成设备的功率升级（如将 5.5kW 升级为 7.5kW）？这里只是给出一个思路，并非所有变频器产品都能轻易达到这个整改要求。没有把握时请不要尝试。

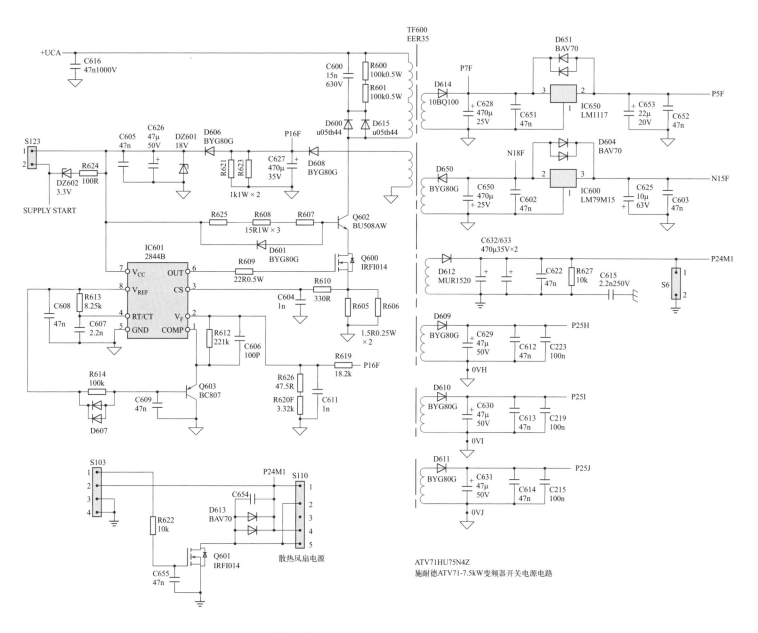

图 7-5　施耐德 ATV71-7.5kW 变频器开关电源原理图

施耐德ATV71-7.5kW变频器开关电源原理图解

下面介绍开关电源故障的检修思路。

开关电源常见且有一定判断难度的故障是"打嗝"现象。

开关电源"打嗝"的原因：

（1）欠电压保护动作之一

启动过程中供电端 7 脚电压低于 10V，引发欠电压保护动作。

因 7 脚供电能力不足，造成 8 脚输出的 5V 基准电压消失，振荡电路停止工作。此现象由 C626、C627 电容高频特性变差（电容的 ESR 值过大）所致，此时电容的容量值可能仍旧在标称值左右，容易做出误判。

（2）欠电压保护动作之二

因 8 脚输出 5V 负载能力有限，当 8 脚对地有漏电元件时，如 C608 漏电使 8 脚电压低于 3.6V（或因内部电路异常）时，内部欠电压保护电路起控，6 脚停掉脉冲输出。

（3）过电压保护动作

1、2 脚内、外电压误差放大环节异常，如 2 脚采样输入电压信号高于 2.5V 时，1 脚低于 1V，引发 IC601 芯片内部过电压保护起控，6 脚中断开关脉冲的输出。

（4）过载保护动作

开关管开通期间，因输出电压回路存在过载故障，采样电压远低于 2.5V 达一定时间后，3 脚电流检测信号电压高达 1V，引发 IC601 芯片内部的过电流起控动作，IC601 的 6 脚脉冲中止输出。

过载动作的原因：

① 输出电压回路出现了过载故障。

如整流二极管击穿短路、滤波电容漏电等，负载电路的 IC 器件、电容器件等出现短路故障。

② 开关变压器 TF600 输入绕组两端并联尖峰电压吸收回路有问题，如 D600 击穿短路，或 C600 漏电、击穿等。

③ 开关管 Q600 源极串联电流采样电阻 R605、R606 阻值变大，或检修者将电阻值换错，引发错误的过载起控动作。

④ 电流采样信号消隐电路故障或参数偏差：如 C604 失效，R610、C604 在检修代换中取值过小。

⑤ 电源工作频率过低，通常的原因为 IC601 芯片 4 脚定时电容在检修过程中代换值错误（正常值为 2000pF 左右，如误换为 100nF 等）。开关频率严重降低后，开关变压器 TF600 感抗剧减，输入电流峰值增大，此信号电压经 R610 馈入 3 脚，引发芯片电流起控动作。

增设的软启动电路：

R614、D607、C609、Q603 等元器件组成上电期间生效的软启动电路。因电容两端电压不能突变的缘故，上电期间 C609 两端电压逐渐升高→晶体管 Q603 发射极电压也随之缓慢升高（此处的 Q603 为射极跟随器接法）→ IC601 的 1 脚电压缓慢升高→ 6 脚脉冲占空比逐渐增大，消除了上电期间输出电压过冲的现象。

当输出电压建立电路纳入正常的稳压轨道后，C609 此时充电结束，Q603 的基极电压高于发射极电压，Q603 处于截止状态，软启动电路的"任务"即告结束。开关电源的供电发生瞬时掉电时，C609 储存的电能经 D607 快速释放，为下一轮的软启动做好准备。

Q602、Q600 两管串联的主电路结构：双极型器件和绝缘栅场效应管的搭配与结合，Q600 为主动管，Q602 被动开通。电路的优点是两管串联分担了耐压和功率。

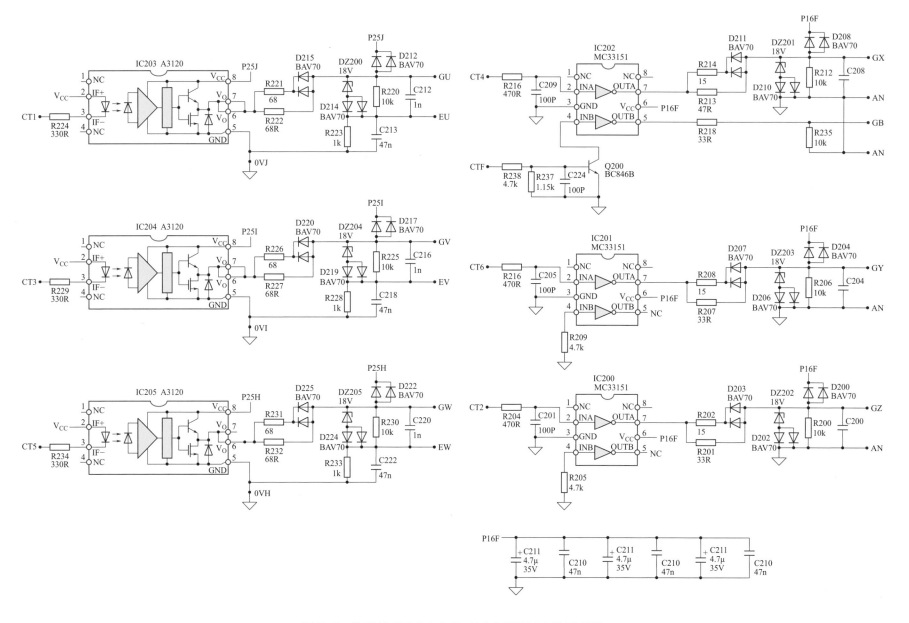

图 7-6　施耐德 ATV71-7.5kW 变频器驱动电路原理图

施耐德 ATV71-7.5kW 变频器驱动电路原理图解

驱动电路投入正常工作所需的条件（图 7-6-1）：

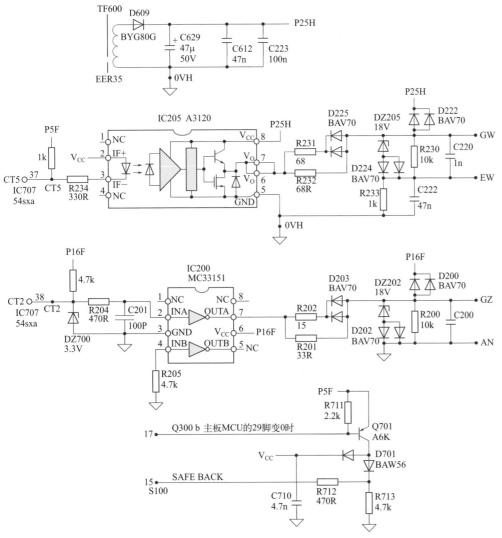

图 7-6-1　W 相驱动电路（驱动电路正常工作所需的条件）

① 开关电源输出的 0VH、P25H 供电电压加到 IC205 芯片的 5、8 脚；

② P25H、0VH 电源电压再经 DZ205、R233 处理而得针对 EW 而言的 +18V 和 −7V 电源电压，以做好对 IGBT 功率模块的开通、关断控制。

P25H、0VH 供电电压正常，并不能说明 +18V 和 −7V 电源电压也是正常的，前者只说明 IC206 芯片供电是正常的，后者才保障了 IBGT 的控制电压是正常的。

③ 主板 MCU 器件 /IC707 的 37、38 脚能输出正常的 W+、W− 脉冲信号，且经过排线端子输送至 IC205 的 3 脚和 IC200 的 2 脚。

④ 但仅有 MCU 的 37、38 脚脉冲的到来是不够的，并不能保证 IC205、IC200 已经输入了"有效"的脉冲信号。脉冲信号生效的前提是驱动芯片输入侧的 V_{CC} 电源能正常供给。

图 7-6-1 的下部为 V_{CC} 受控电路。开关电源输出的 P5F 电源电压，在主板 MCU 的 29 脚为低电平状态时，使晶体管 Q701 导通，V_{CC} 受控电源才得以输出。IC205、IC200 输入侧电路才由此得到传输脉冲信号的"授权"。

⑤ 驱动芯片 IC205 和反相驱动器 IC200 本身正常也是脉冲信号得以传输的关键所在。

⑥ 说到"关键"一词，其实图 7-6-1 所示电路中的每个环节都是关键的，这就好像象棋中的每一子，都会决定全局的胜败，车与卒的重要性是一样的。

如 R231、R232、DZ205、R711 等元件，每一个元件的状态都与电路能否正常工作有关，起到局部决定全盘的作用。

检修方法：对全部元件进行逐一检测的方法显然是笨拙的。在 P25H、P16F、V_{CC} 电源正常的条件下，在电路信号输入端施加信号，在 GW、EW 输出端检测输出变化，从而可确定整个电路的工作状态。若有异常时，再将电路分段，落实到具体的故障元件身上。

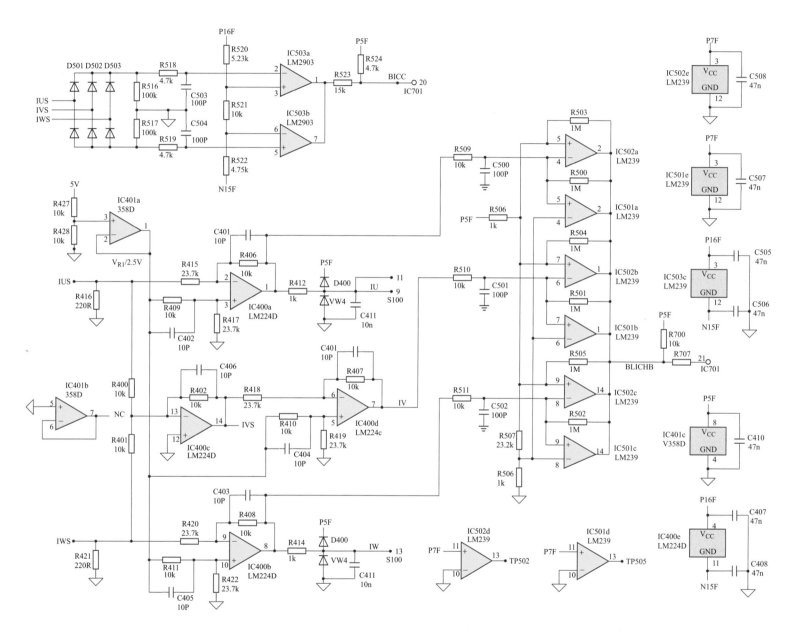

图 7-7 施耐德 ATV71-7.5kW 变频器电流检测电路原理图

施耐德ATV71-7.5kW变频器电流检测电路原理图解

（1）模拟量信号检测电路

本机电路采用三线端电流输出型传感器，采样 U、W 相输出电流进行比例衰减后形成 IUS、IWS 电流信号，先经 R416、R421 负载电阻进行 I-U 转换，再经 IC400a、IC400b 差分衰减器电路进行"电平置换"，将 IUS、IWS 的 0V 信号转换为（IU、IW）2.38V 的直流电压，经 S100 端子的 9 和 13 脚送往 MCU 主板电路。

因为"任意两相电流之和等于第三相电流"，IC400c 加法器完成 IUS+IWS=IVS 的任务，然后经 IC400d 进行"电平置换"，再得到 IV 信号，送入后级电路。

有两种方法可以实现信号电平的"置换"：

① 采用精密半波或全波整流电路，将电流传感器输出的交变信号变为 MCU 或 DSP 器件供电电压范围之内的如 0 ~ 5V/3.3V 以内的直流信号电压。

② 为电流传感器后级放大器提供如 +2.5V/1.65V 或 −2.5V/−1.65V 的预加偏置，改变其静态工作点，使输出电压由 0V 变为 MCU/DSP 供电电压的一半。

本级电路采用了方案②，由 IC401a 电压跟随器和分压电路配合，取得 +2.5V 的基准电压，送入 IC400a、IC400b、IC400d 等 3 组反相放大（衰减）器电路，从而实现了信号电压的置换。

（2）开关量报警电路之一：短路 / 过载故障检测电路

IUS、IWS 和经过二者相加得到的 IVS，三路电流检测信号经桥式整流，得到正、负幅度象征输出电流大小，而不再区别是哪相电流的检测信号，然后进入窗口电压比较器，与其设置范围相比较。超出其设置范围时，产生低电平的短路 / 过载报警信号，送入 IC701（MCU 器件）的 20 脚。

（3）开关量报警电路之二：过载检测电路

模拟量信号检测电路输出的 IU、IV、IW 等 3 路检测信号，再进入由 3 级窗口电压比较器（IC501、IC502）组成的 A-D 转换电路，得到开关量的过载报警信号输出，送入 IC701 的 21 脚。

各 IC 芯片的供电来源

① 运放芯片，采用 P16F、N15F 的正、负双电源供电，来自于开关电源的输出。

② 比较器芯片，采用 P7F 单电源供电，来自于开关电源的输出。

输出信号的去向：

① 短路 / 过载故障检测电路输出的开关量报警信号之一，送入 IC701 的 20 脚。

② 过载检测电路输出的开关量报警信号之二，送入 IC701 的 21 脚。

以上两路信号用于故障报警、停机保护。

③ 3 路模拟量电流检测信号，经 S100 端子的 9、11、13 脚送入 MCU 主板电路，由后级电路进一步处理后，送入主板 MCU。

模拟量的检测信号用于运行电流显示，U、V、W 输出控制，也为故障报警的"后备"信号源。

通常，变频器上电即报短路或过载故障，其故障区域为图 7-7 中的相关电流检测电路，为典型的电流检测硬件电路故障；启动即报短路或过载故障，可能为驱动电路的检测回馈信号，对本机电路来说，产生于 U、V、W 输出状态检测电路（见图 7-8 中的 U、V、W 输出状态检测电路）。

科学地划分故障区域是检修工作者所具备的技能之一。

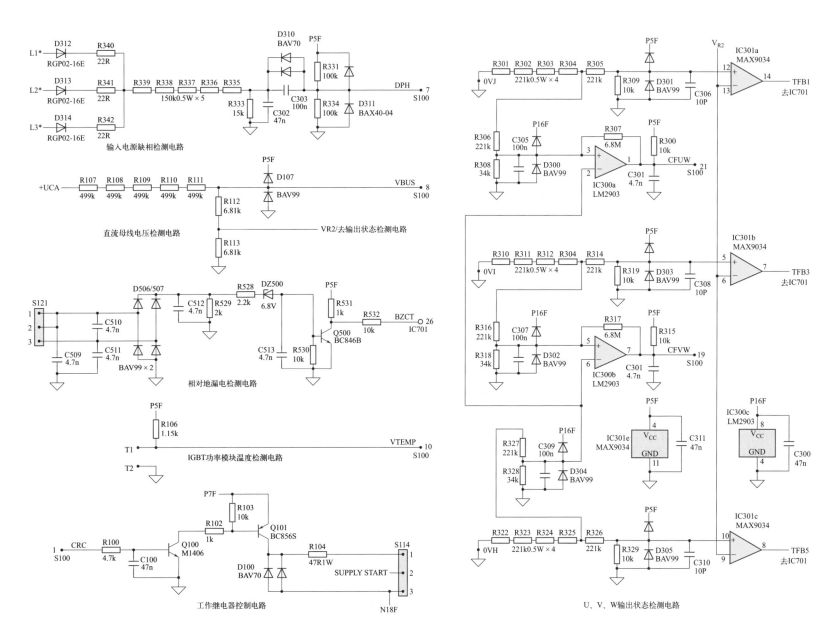

图 7-8 施耐德 ATV71-7.5kW 变频器其他检测电路原理图

施耐德 ATV71-7.5kW 变频器其他检测电路原理解

各种故障信号检测电路是硬件电路设计者的重头戏，也是故障检修者饶有兴趣的所在。故障检测内容的周全，一定程度上也表征了产品的品质。

（1）输入电源缺相检测电路

如图 7-8 左上角所示，输入三相电源正常时，端子 S100 的 7 脚将电网每周期 3 个波头的检测信号送入 MCU 主板。若波头数为两个，说明缺相故障发生。

（2）直流母线电压检测电路

由 R107 ～ R113 对直流母线电压分压后，得到 VR2，作为 U、V、W 输出状态检测电路的比较基准；得到直流电压检测信号，经 S100 端子的 8 脚，输入至 MCU 主板。该电路用于母线直流电压显示、输出状态检测、故障报警。

（3）相对地漏电检测电路

当相对地漏电故障发生时，零序电流互感器（见图 7-4）经桥式整流和滤波处理后的输出电压达 7.3V 左右时，晶体管 Q500 导通，将漏电故障报警信号送至 IC701 的 26 脚。

（4）一体化功率模块温度检测电路

功率模块内部温度传输器 RT 与串联电阻 R106 将 P5F 分压，在分压点得到随温度变化而变化的直流电压，经 S100 的 10 脚送入 MCU 主板。该电路用于温度检测与（超温）故障报警。

（5）U、V、W 输出状态检测电路

施耐德、ABB、西门子、三菱等品牌变频器的驱动电路本身不具备 IGBT 管压降检测功能，转而采用 U、V、W 输出状态电路，以检测逆变电路的工作状态，并实施故障报警与停机保护。进口变频器似乎更多采用这样的方案。

采样信号自上桥驱动电路供电电源零点（正、负电源的中点），而非直接采样 U、V、W 端。当功率模块在线时，EU 与 U 端因模块内部相连为一个点，而拆除功率模块后，EU 与 U 端可能是独立的两个点。这是检修需要注意的地方——送入模拟的 U、V、W 信号时应选择从哪个点引入。直接自 U、V、W 点引入，可能是无效的！

因而原理图上的一个点，在实施检测过程中，可能会变成互不相关的两个点！

从直流母线电路采样电路来的 VR2 作为比较器的基准，输入至 IC301 的 6、9、13 脚等 3 个反相输入端；从 U、V、W 端采样的三相输出电压信号，则经电阻分压衰减，送入 IC301 的 5、10、12 脚等 3 个同相输入端。变频器启动运行后，若驱动电路、IGBT 逆变电路、输出状态检测电路三者俱为正常状态的情况下，则在 IC301 的输出端 7、8、14 脚，会得到 3 个和 MCU 输出的 U+、V+、W+ 脉冲一样的检测信号，送入 IC701 的 3 个检测端，MCU 确认工作状态正常。

检测方法：当功率模块脱离电路板时，可在 0VJ 端引入 +UCA 端的 500V 直流母线电压，此时 IC301 的同相输入端电压应高于反相输入端电压，因而输出端应为 0V 变为 +5V 主电平，否则 IC301 检测电路就是坏的。

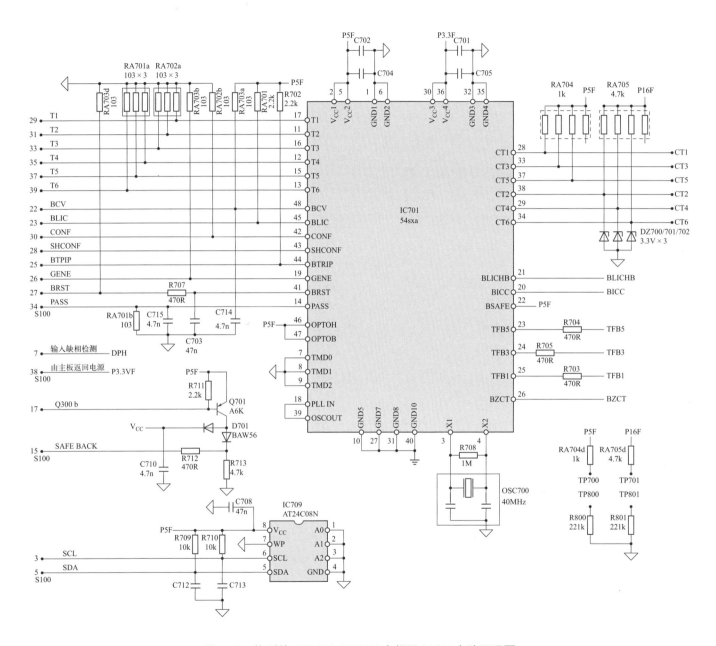

图 7-9　施耐德 ATV71-7.5kW 变频器 MCU 电路原理图

施耐德 ATV71-7.5kW 变频器 MCU 电路原理图解

施耐德 ATV 系列变频器产品为多片 MCU 系统，电源 / 驱动板上的 MCU 芯片（序号 IC701）IC701 所负责的任务范围：

① 与主板 MCU 的并行通信。

图 7-9 左上侧所示电路中，IC701 的 11 ～ 19 脚，42、48 脚等与上位（主板 MCU）交换数据信息，负责将各路故障检测信息、变频器相关信息（如故障、运行中等）"汇报"给主板 MCU。

② 对输入开关量的过载报警信号，U、V、W 输出状态检测信号等进行处理。

③ 在主板 MCU 的"授意"下，输出 6 路驱动电路所需的脉冲信号至驱动电路。

图 7-9 左下角所示电路：

① 驱动电路光耦合器输入侧 V_{CC} 供电的通、断控制。主板 MCU 给出"允许信号"时，晶体管 Q701 导通，驱动电路由此具备部分工作条件（请参见施耐德 ATV71-7.5kW 变频器驱动电路原理图解中的分析）。

② IC709 存储器电路。一般来说，主板 MCU 外挂存储器芯片，位于 MCU 主板上，本机电路将其放于电源 / 驱动板位置，意义如下：

a. 该存储器内部数据针对于该电源 / 驱动板的相关工作参数（如变频器容量、工作电压、相关性能等）。功率等级不同的电源 / 驱动板，IC709 内部数据是不同的。

b. 这从一个侧面说明了该系列变频器 MCU 主板的代换性好——因为机器的"运行数据"在电源 / 驱动板上，更换 MCU 主板不会对变频器工作模式造成影响。

图 7-9 右下角所示电路：本机电路的测试点均以"TP"字样标注，如 TP700 是 P5F（+5V 的 MCU 工作电源）测试点；TP701 则为开关电源、驱动电路供电电源、检测电路所需的 P16F 电压测试点。

由此可知，先是 TP 标注点，或为各种供电电源电压测试点，或为各种信号测试点，如 U+ 脉冲测试点、IU 输出电流检测点等。

TP 测试点为白亮的圆点，没有涂覆保护漆膜，便于搭接万用表笔进行测试。

系统时钟电路：IC701 的 3、4 脚为外接晶振和匹配电容的引脚。注意 OSC 是个"集成器件"，匹配电容和晶振集成一处。代换 40MHz 晶振时，若无同型号器件，须外接匹配电容完成故障修复。

IC701 无外设系统复位电路，系统复位信号由 MCU 主板经 S100 端子的 27 脚，将"复位命令"送入 IC701 的复位控制端 41 脚。

由此可见，主板 MCU 具有"工作优先权"。当主板 MCU 工作状态正常（即系统一切就绪）之后，才给处于等待之中的电源 / 驱动板 MCU，发送复位（即允许其开始工作）指令。

上电后 MCU 芯片处于工作失常时，供电电源、系统复位、系统时钟等工作三要素仍然是首要的检测内容。

第 8 章

施耐德ATV71-37kW
变频器整机电路原理图及图解

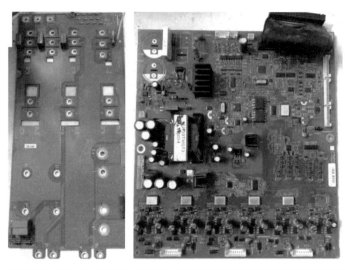

图 8-2　施耐德 ATV71-37kW 变频器主电路器件安装板和电源 / 驱动板实物图

图 8-1　施耐德 ATV71-37kW 变频器外观和产品铭牌图

图 8-3　施耐德 ATV71-37kW 变频器通信板、系统主板、端子板联结图

图 8-4　施耐德 ATV71-37kW 变频器通信板、系统主板、端子板 /
操作显示面板联结图

图 8-5　施耐德 ATV71-37kW 变频器系统主板正、反面实物图

施耐德 ATV71-37kW 变频器实物图说明

图 8-1 为整机外观和产品铭牌图，该产品隶属于施耐德品牌的 AVT71 系列的 30 ～ 75kW 中功率机型。在此范围内，电源 / 驱动板的电路结构、主电路配置比较接近，而 MCU 主板的一致性则远超此范围，比如在 5.5kW ～ 95kW 范围之内，MCU 主板都是一样的，具备较好的代换性。

图 8-2 左侧为整流功率模块、逆变功率模块、储能电容等主电路元器件的安装板。

图 8-2 右侧为电源 / 驱动板。图 8-6 所示的开关电源电路位于其右中侧，图 8-7、图 8-8 所示的驱动电路位于其下部，图 8-9 所示的直流制动电路位于其右中上侧，图 8-10 所示的晶闸管脉冲生成电路位于其中上侧，图 8-11 所示的输出电流检测电路位于其右上侧，图 8-12 所示的直流母线电压及输出状态检测电路位于其右中侧，图 8-13 所示的电源板 MCU 电路位于其右中上侧。

换言之，图 8-6 ～图 8-13 所示电路原理图都位于图 8-2 右侧所示的电路板上，包含了开关电源电路、6 路 IGBT 驱动电路、直流制动电路、输出电流检测电路、直流母线电压检测电路、输出状态检测电路、晶闸管脉冲生成电路、MCU 及外围电路等。

图 8-2 ～图 8-5 为 MCU 主板电路。注意，对于常规产品，MCU 主板为一块板，本机电路则含通信板、系统主板、端子板等 3 块板，若再包含操作显示面板，就形成了四块线路板联结的局面（见图 8-4）。

图 8-5 为系统主板，图 8-15、图 8-16 为对应电路原理图。

图 8-3 为系统主板、通信板、端子板联结图。上侧为通信板，图 8-14 为对应电路原理图；右下侧为端子板，图 8-17 为对应电路原理图。

在系统主板的上层，见图 8-4，是操作显示面板，图 8-18 为对应电路原理图。

换言之，图 8-14 ～图 8-18 所示电路原理图都位于图 8-4 所示的 4 块电路板位置上。包含了通信板电路、系统主板电路、端子板电路和操作显示面板电路等四大块内容。

本机电路中单元电路板较多，图 8-4 给出了通信板、系统主板、端子板 / 操作显示面板联结图，在对电路原理进行分析时，请读者注意信号流程的前后关联。

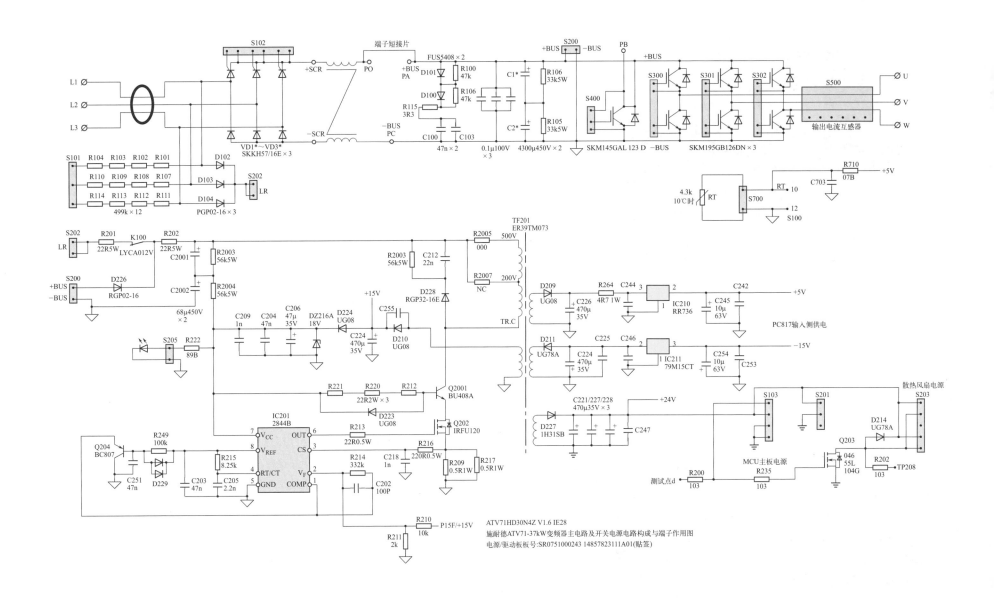

图 8-6 施耐德 ATV71-37kW 变频器主电路、开关电源原理图

施耐德ATV71-37kW变频器主电路和开关电源原理图解

图 8-6 所示的电路元器件所处位置见图 8-2 所示实物图：三相整流桥、IGBT 逆变电路、储能电容等主电路元器件均安装于一块面积特大的铜箔板上（图 8-2 左侧图）；开关电源位于图 8-2 右侧实物图的左、中、上侧部分，典型标志物为开关变压器。

三相输入电压整流电路采用了 3 块晶闸管半控桥（一只二极管与一只晶闸管的串联封装）组装而成。上电期间，由二极管 D102、D103、D104 和晶闸管半控桥内 3 只二极管构成三相桥式整流电路，经 S202 端子、R201 与 R202 防冲击电阻、继电器 K100 的常闭触点，"暂时"作为开关电源电路的供电。

开关电源工作后，图 8-10 所示晶闸管脉冲生成电路如果满足工作条件（如检测三相同步电压信号正常，得到主板 MCU 工作指令），即开始正常工作，VD1* ～ VD3*（带 * 元器件为作者自行标注）整流电路随时间推移由 S102 端子得到开通角逐渐增大的 3 路驱动脉冲，主电路储能电容上的电压则逐步建立至一定值后（如幅度达到 DC500V），VD1* ～ VD3* 得到最大开通角的脉冲信号，变频器从而进入待机工作状态。

因而常规变频器主电路经常见到的储能电容限流电阻，本机电路已经省掉。其他变频器，其主电路虽然也有可能采用晶闸管器件，但往往采取"粗暴简单"的控制方式——对晶闸管实施上电期间的全关断、电容充电完毕以后的全开通模式，故限流电阻无法省略。本机电路则在一定意义上实现了对晶闸管器件移相触发的控制，使储能电容上电压的建立有一个较为合理的"缓慢上升"过程。

VD1* ～ VD3* 的触发控制电路，请读者参阅图 8-10 所示晶闸管脉冲生成电路。

开关电源工作原理简述如下。

当主电路储能电容 C1*、C2* 充电过程基本完毕以后（图 8-10 所示电路 MCU 予以检测与确定），继电器 K100 得电动作，常闭触点断开，此时开关电源的供电切换至由 S200 端来的 +BUS、-BUS 直流母线电压。

电源振荡芯片型号为常见的印字为 2844B 的芯片，1、2 脚除接入稳压反馈信号的采样电路，还接入由 R249、D229、C251、Q204 组成的上电软启动电路。

因为稳压电路的采样点为与 N 共地的 +15V（图中标注为 P15F/+15V），所以省掉非隔离采样电路的基准电压源和光耦合器件，而经 R210、R211 直接分压取得电压反馈信号。

与国产变频器最大的不同是开关电源的主工作电流通路，其采用了绝缘栅场效应管 Q202 和晶体三极管 Q2001 的串联电路，以降低工作中的耐压和功率负担。工作中是由 Q202 "拖带着 Q2001"一起开通与关断的，Q2001 完全工作于"被动"模式。注意以上各路电源都为"热地"电源。

因为稳压采样为 P15F，所以控制板所需的 +5V、-15V 是由三端稳压器 IC210、IC211 处理后得到的；唯一一路与 N 不共地的 24V（冷地）电源，作为散热风扇的供电和送入控制端子板作为开关量输入、输出信号的工作电源，同时，再经开关逆变处理成主板 MCU 与检测电路所需的各路工作电源，请参阅图 8.16 中的右下侧电源电路。

IGBT 模块的工作温度检测信号由温度传感器 RT（由 S700 端子外接）和电阻 R710 对 +5V 分压取得，经 S100 端子送入 MCU 主板（请参阅图 8-14）。

主电路检修要点：上电或运行中报电源异常或欠电压故障，需结合图 8-10 所示晶闸管脉冲生成电路进行检测和判断，满足晶闸管开通的正常工作条件。

开关电源检测要点：单独给 IC201 芯片提供工作电源时，表现为百毫安级的工作电流并非异常——要给够 Q2001 的基极驱动电流，电路才能工作起来。

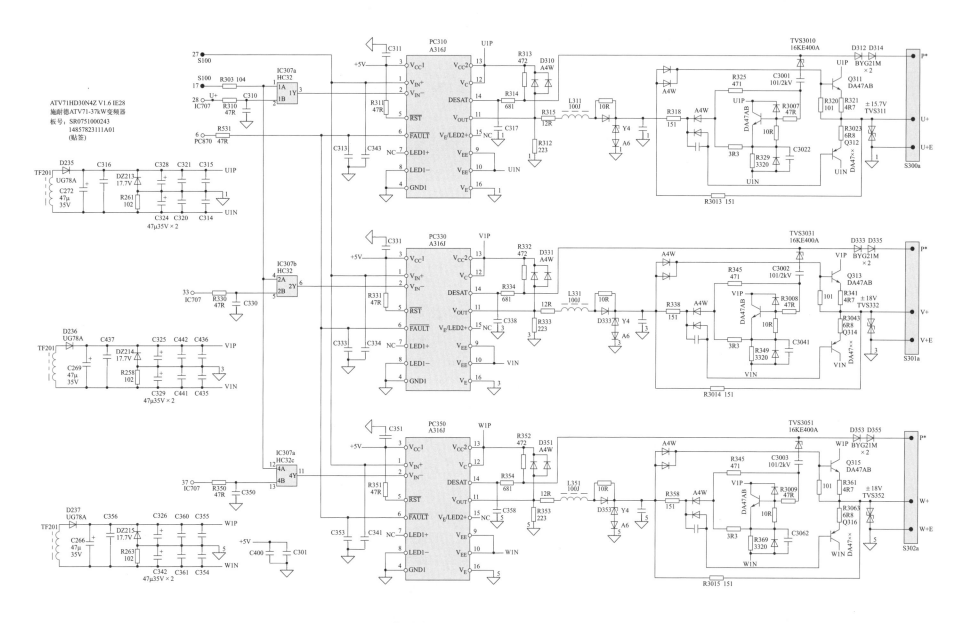

图 8-7　施耐德 ATV71-37kW 变频器驱动电路图 1

施耐德 ATV71-37kW 变频器驱动电路图 1 的图解

图 8-7 所示电路位于图 8-2 右侧线路板的下部，典型标志物为 16 脚黄色的驱动 IC 芯片，非常醒目。

驱动电路的 6 路独立供电由开关电源提供，开关变压器 TF201 次级绕组输出的交流电压经整流滤波，再经电阻和稳压二极管"裂变"为 +15V 和 −8V 左右的两路供电，以供驱动电路使用。

U、V、W 逆变上臂驱动芯片序号为 PC410、PC430、PC450，是升级版的驱动芯片，如图 8-7-1 所示。工作特点如下：

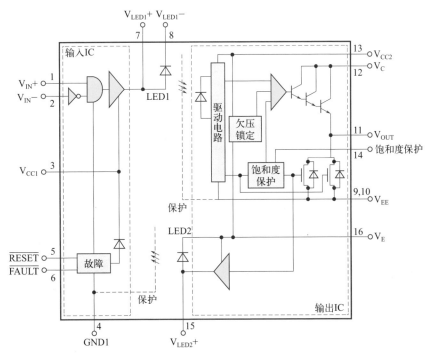

图 8-7-1　HCPL-316J（印字 A316J）芯片功能框图

① 将发光二极管的低电阻电流输入变为开关量信号的电压输入，1、2 脚为差分信号输入端，要求信号极性为 1+、2−，高电平（4V 以

上）为 IGBT 开通信号，低电平（1V 以下）为 IGBT 关断信号。

② 有故障锁存功能，6 脚为模块短路故障报警输出端（OC 门）。不须外设光耦合器，故障停机后会保持对地导通状态，同时内部脉冲电路处于封锁状态，直到由 5 脚（复位端）输入一个低电平的复位脉冲才解除故障封锁和报警状态。

③ 12、13 脚和 9、10 脚为供电电源引入端，若有必要，可在 12 脚串入限流电阻，以保护输出级电路的安全。11 脚为 IGBT 驱动脉冲输出端，驱动 50A 以上功率模块时，通常外设功率放大电路（电压互补开关电路，如 Q411、Q412）。

④ 外部检测电路简化。14、16 脚为 IGBT 导通管压降信号输入端，两脚经串联电阻和隔离二极管并联于所驱动 IGBT 的 C、E 极两端，脉冲生效时，检测 IGBT 的管压降高于 7V，即封锁脉冲输出，同时由 6 脚输出报警信号。

单独检修电源 / 驱动板时，因驱动电路的检测条件不能够满足，上电或启动即报模块故障，须解除报警动作后，才能实施正常的检修工作。因而检修驱动电路，屏蔽报警信号，是一个检修者必须要掌握的技术手段。

屏蔽方法如下（以 U 相上臂驱动电路为例）：

屏蔽报警的本质是：使芯片 14 脚流出的电流入地（16 脚，即供电 0V 端），将 14 脚电压拉低。

① 短接 S300 端子的 P*、U+E 端，口诀是：找到 U+ 端空起来，把剩下的端子短接起来。

② 若屏蔽无效，直接短接芯片的 14、16 脚。若有效，说明 14、16 脚外围电路异常。

③ 将 6 脚加热挑起，是笨办法和无用的办法：仍然不能解除芯片的内部封锁状态。不要这么干，而且容易损坏线路板和芯片。

其实会屏蔽了，也就会检修了。

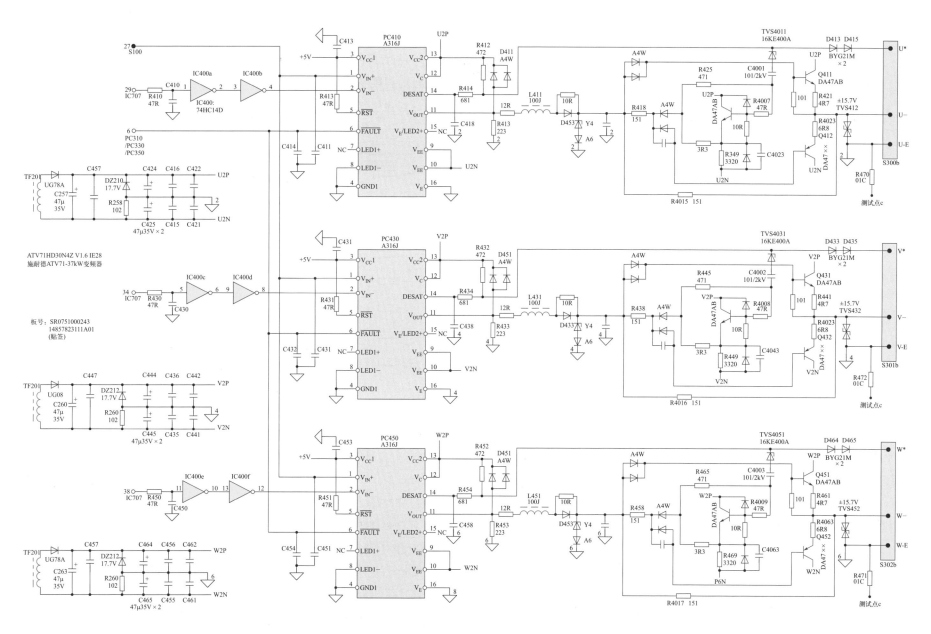

图 8-8　施耐德 ATV71-37kW 变频器驱动电路图 2

施耐德ATV71-37kW变频器驱动电路图2的图解

本电路所处实物电路板的位置如前所述。

六路驱动电路的供电形式和电路结构大致相同，区别在于输入侧数字电路略有不同，图 8-7 所示电路采用 IC307（型号为 74HC32，印字为 HC32，两输入端四或门）芯片，图 8-8 所示电路则采用了 IC400（型号 / 印字为 74HC14D 六反相器）芯片。

本机驱动电路除 C3001、C4001 等 2kV 高耐压电容外，均为贴片封装式元件，元器件引脚功能辨识的难点在于 2 引脚和 3 引脚器件，如贴片稳压二极管、晶体三极管等。

在此给出部分器件的引脚功能资料图片，如图 8-8-1 ～图 8-8-3 所示，以供故障检修参考。

印字 A4 元件：型号 BAV70W，高速开关二极管，耐压 75V，工作电流 75mA。印字 Y4 元件：型号 BAZ84C，稳压二极管，击穿电压 15V，工作电流 5mA，功率 0.35W。

图 8-8-1 HCPL-316J 芯片引脚图

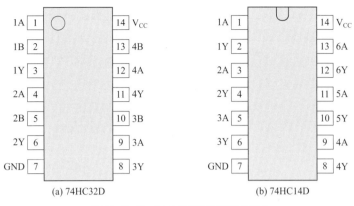

图 8-8-2 数字芯片引脚功能图

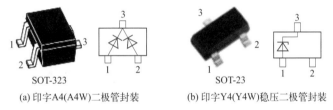

图 8-8-3 贴片二极管 / 稳压二极管封装形式图

IGBT 的脉冲信号输入端子通常还设有稳压二极管或 TVS 器件的过电压保护，电路板序号为 TVS311/332/352，印字为 ME，型号为 SMBJ15CA，双向击穿电压约 15.6V，功率耗散能力 600W。其比一般稳压二极管的保护速度更快，电流泄放能力更强，为两端贴片封装。

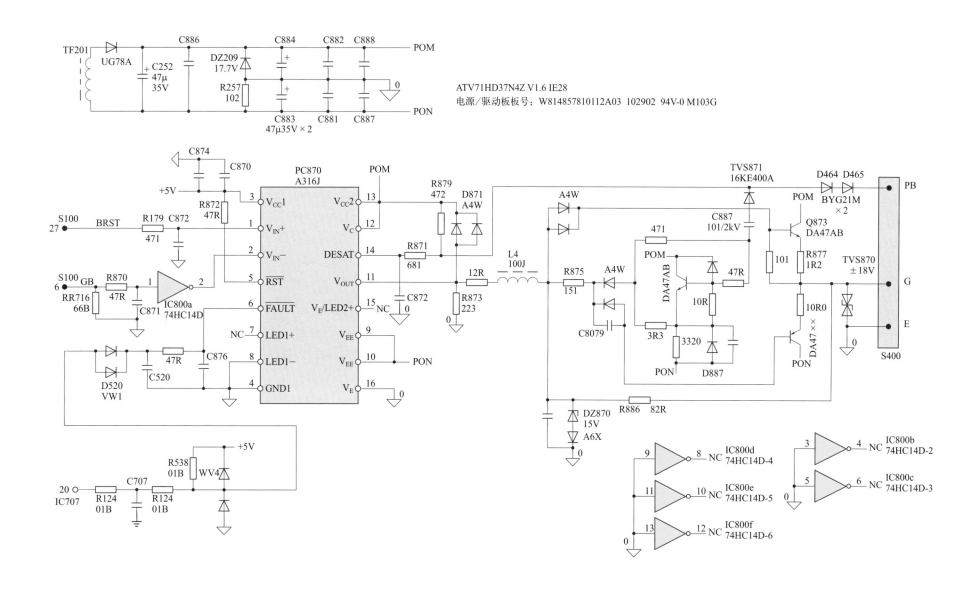

图 8-9　施耐德 ATV71-37kW 变频器直流制动电路图

施耐德 ATV71-37kW 变频器直流制动电路图解

变频器制动电路的电路结构同驱动电路是一样的，相对驱动电路来说，制动电路可认为是"第七路"脉冲传输通道。变频器制动电路的工作模式如下：

① 直流母线电压在正常范围（450 ～ 600V）以内时，制动电路是不投入工作的，处于"闲置"状态。

② 一般情况下，负载电机是在变频器输出频率的"束缚下"运行的，其转速等于或接近变频器的输出频率。

③ 因一些大惯性负载，在减速或停车过程中，电机转速有可能超过变频器的给定频率，处于超速运行状态，此时电机的转子速度超过定子磁场速度，产生容性电流（回路电流超前于电压），由"电动"进入"动电"（发电）状态。负载电机的发电能量经 IGBT 两端并联二极管构成的三相桥式整流电路馈回变频器的直流回路，可能导致直流电压的异常升高，危及储能电容和 IGBT 模块的安全。最常采用的方法是采用制动电路（或称刹车电路），将制动电路接入直流回路，将直流回路的电压增量转化为制动电阻的有功功耗（制动电流流经制动电阻）。变频器实施制动动作时，可以使电机的发电能量快速耗散，也起到加速停车的作用，因而制动电路又称为刹车电路。

一般中、大功率的制动单元（控制制动 / 刹车电阻的接入和断开）和制动电阻均需在变频器外部另行加装和连接。小功率变频器一般有内置制动单元和制动电阻，也有的仅有制动控制电路（如本机电路），制动电阻可从 PB、P（＋）/+BUS 端接入。

驱动芯片 A316J 的最大峰值输出电流为 2.5A，可直流驱动 150A 的 IGBT 模块。但在实际应用中，驱动 50A 或 100A 以上的 IGBT 模块时，往往需要在后续电路另加电压互补形式的功率开关电路，如图 8-9 中的 Q873（NPN 型三极管）和对应下管（PNP 型三极管）。需注意，该"对管"并非如模拟电路（比较音响设备）采用的"精准配对"，因为驱动末级的功率对管是工作于开关状态的，不像音响电路中对波形失真有极高的要求。

驱动对管的种类和封装形式不一而足，实际检修中时常面临器件代换问题，配件问题的最终解决方案：不管原电路用的是什么器件，知道用什么器件来代换它即可。驱动对管的主要工作参数：

① 工作电流 3 ～ 10A；

② 集电结反向击穿电压 60 ～ 90V。

满足以上两个基本条件，再加上（更重要的）封装形式和安装尺寸合适，一般情况下即可以直接代换。

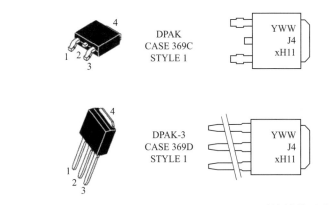

图 8-9-1　MJD44H11、MJD45H11 对管封装形式

印字 4H11G、5H11G 的对管（图 8-9-1），工作参数为 80V、8A、20W，是常见的"通用型"驱动对管备件之一。印字 D1899、B1261 对管也是常用对管。本电路用到的 DA47AB、DA47×× 对管的工作参数与 4H11G、5H11G 就非常接近，可以直接代换。

此外，印字 AL（BCX53-16，1A80V，PNP）、BL（BCX56-16，1A80V，NPN）对管因体小价廉，更多为中、小功率机型所采用。

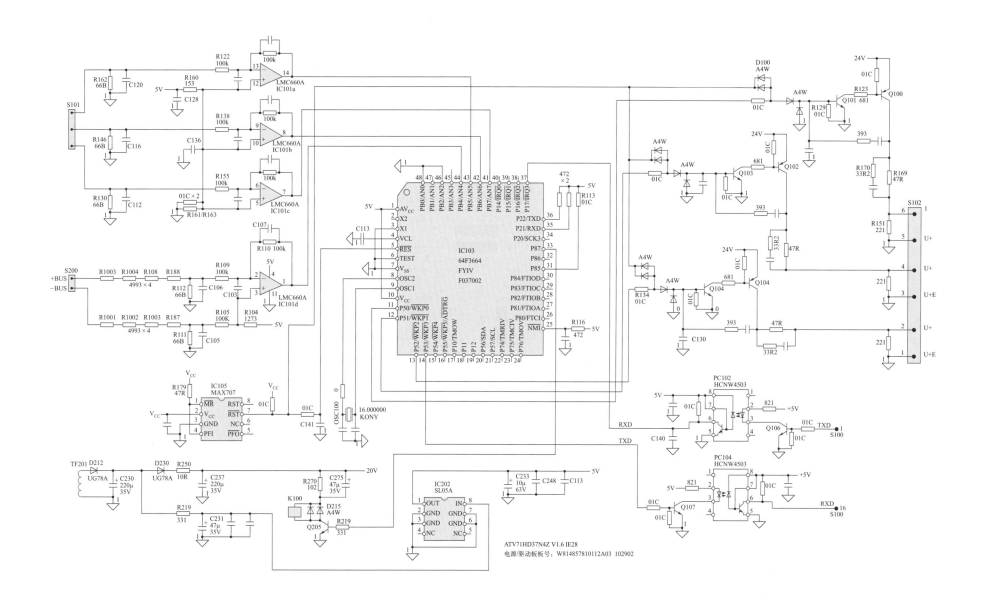

图 8-10　施耐德 ATV71-37kW 变频器晶闸管脉冲生成电路图

施耐德 ATV71-37kW 变频器晶闸管脉冲生成电路图解

相对于大部分国产变频器产品的单 MCU 或单 DSP 系统，进口产品则往往采用多片 MCU 或多片 DSP 芯片来构成控制系统，每片 MCU/DSP 各司其职，"统领"着外围器件构成一个个的"独立王国"，优点是提升了控制速度和强化了对信号的处理能力。那么采用多 MCU/DSP 构成系统，从检修角度看，是否难度增大了？由每片 MCU 形成的一个"小单位"，或称为电路单元，可以独立进行故障检修吗？

本机电路 / 驱动板上采用了两片 MCU 芯片，构成两个独立单元。图 8-10 所示电路（第一片 MCU 芯片构成的电路单元）的任务是生成主电路中 3 只晶闸管的控制脉冲信号；另一片 MCU 芯片构成的电路单元，其作用见图 8-11 及下文所述。

图 8-10 所示电路构成及工作原理的简要分析：

① 由开关变压器 TF201 次级绕组输出的交流电压，整流后在 C230 两端得到 20V 的继电器 K100 控制电源，用于脉冲输出电路；20V 再经稳压芯片 IC202 处理得到 5V 的 MCU 工作电源。

② IC103 的基本工作条件，即：1、7 脚得到 5V 电源；5 脚在上电瞬间得到一个低电平生效的复位脉冲；8、9 脚有正常的基准时钟信号。

③ 此外，作为系统正常工作所需的工作条件，电路正常工作还需以下两个条件：

a. IC103 的 41、42、43 脚输入的三相电网同步（电压过零点）基准信号由 S101 端子输入，经 IC101 电路整形后供给；

b. 由总部——主板 MCU 来的工作指令——光耦合器 PC102 传输而来的低电平信号，输入 IC103 的 37 脚。PC102、PC104 为电源 / 驱动板 MCU 和主板 MCU 的通信电路，完成"总部"和"分部"的信号交换任务。

④ 图 8-10 的右上部为脉冲功率输出级电路，由 IC103 的 11、12、13 脚输出的 3 路晶闸管移相脉冲信号，再经 Q100 ～ Q104 功率放大，得到幅度为 20V、占空比约为 10%、频率约为 5kHz 的 3 路脉冲信号，

由 S102 端子送到主电路 3 只晶闸管的 G、K 极上。

对于图 8-10 所示单元电路，其完全具备单独供电、独立检测的方便条件。维修任何工业控制电路板，都应遵循以下几条：

① 提供工作电源。检查相关供电电路是否正常。

在 C230 电容两端施加 20V（100mA 电流能力）的直流电源，测三端稳压器 IC202 的输出 5V 是否正常。观测电源供给的电流值应为十毫安级。5V 不正常或工作电流偏大时，检查 IC202、IC103 及负载电路。

② 满足检测条件——为了让电路"动起来说话"。

a. IC103 能够输出移相脉冲的前提，即首先能接收受电网同步基准信号。方法是将 S101 的 3 个端子短接，在端子和地之间施加 2V 左右的 50Hz 正弦信号电压（可由小功率变压器从市电取得，或由信号发生器取得）。

b. IC103 同时应该得到主板 MCU 的"工作许可"信号。方法是短接光耦合器 PC102 的 5、6 脚，以使"总部指令下达至本地分部"。

至此，让图 8-10 所示单元电路"投入到工作中来"的条件已经具备，验证图 8-10 所示单元电路的工作状态是否合格的时机已经成熟。

③ 示波表测试脉冲输出端子 S102 的 3 路脉冲，从波形形状、频率、电压幅度三方面验证电路的工作状态是否合格，会出现以下几种情况：

a. 3 路脉冲信号均正常，检修结束；

b. 有一路或两路脉冲是好的，另一路或两路状态不对。只要有了一路脉冲是好的，故障范围立马收缩至 Q100 ～ Q104 的末级功率电路上来；

c. 3 路脉冲信号都为零。检查 IC101 电网同步信号输入与整形处理电路；检查 IC101 的工作条件是否具备；检查 PC102 通信指令是否传输至 IC103。

至此，"机密"已经披露。

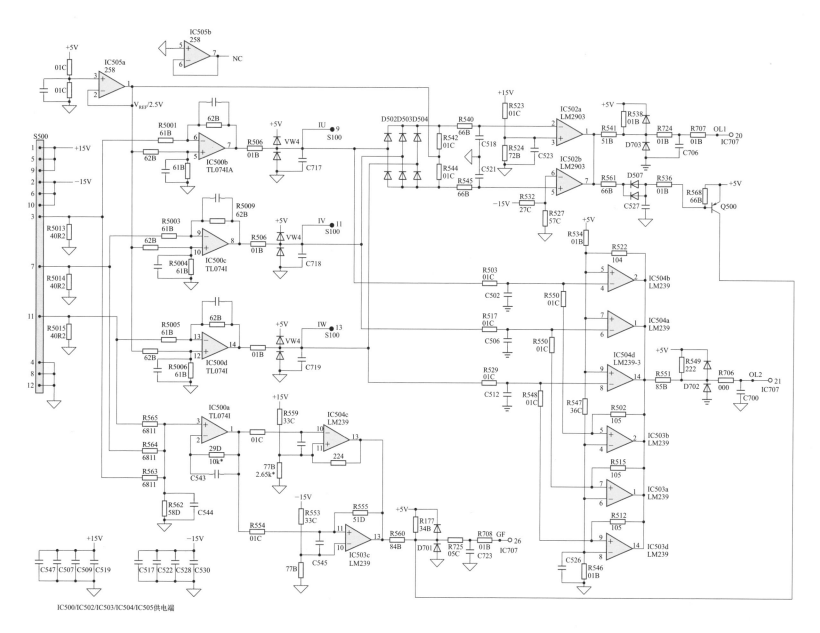

图 8-11　施耐德 ATV71-37kW 变频器输出电流检测电路图

施耐德 ATV71-37kW 变频器输出电流检测电路图解

电路检修方法如下。

（1）从电流传感器端子接线对电流传感器类型和信号性质的判断

S500 是输出电流传感器的接线端子，共 12 端子，细看为 6 线端子。电流线 3 根：+15V、−15V、电源信号地线；另外 3 线为 IU、IV、IW 电流检测的第一级输出信号。

传感器输出 3 路信号，分别经 R5013、R4014、R5015 等 3 只 40Ω 负载电阻，实现 I-U 转换后送到后级模拟量处理电路。

对每只电流传感器可做出结论：3 线端电流输出型。±15V 双电源供电模式，因而静态或动态直流电压应为 0V，产生负载电流时会有交流电压信号输出。上电测量 S500 的 3、7、11 端子，若有直流电压不为 0V 者，即传感器坏掉。

（2）模拟量信号传输通道

由 IC500b/c/d 构成的差分电路（也可看作为预加基准的反相器电路）、IC505a 基准电压产生电路等四级运放电路构成。其任务是将电流传感器输出的 3 路 0V 信号（实际在动态输出中包含了正和负的电压信号）"抬升"为 MCU 器件所要求的——0 ～ 5V 以内直流电压（不要负电压）、动 / 静态均为 2.5V 直流电压的信号电压，接入负载运行状态下的动态电流信号是以 2.5V 为零基准在 0 ～ 5V 的 MCU 供电电压范围以内变化的信号电压。

为实现此种传输要求，IC500b/c/d 信号传输电路首先需要输入一个预加基准至同相输入端，该基准电压的生成由 IC505a 来完成，可知 IC505a 输入的 V_{REF} 是 2.5V。

对 IC500b/c/d 等 3 路放大器电路来说，当以 0V 作为信号基准时，可看作为差分电路；当将同相输入端电压定义为"零信号"时，可将同相输入端视为"接地端"，此时宜将电路视为反相（放大）器电路。3 路放大器的输出：IU、IV、IW 电流检测的第二级输出信号电压经 R、D 钳位电路处理后，由 S100 的 9、11、13 端送入 MCU 主板后级电路，用于运行电流显示、输出控制。

换言之，上电测量 S100 的 9、11、13 端子电压均为 2.5V，则说明电流传感器（电流检测的第一级）、由 IC500b/c/d 构成的差分电路（电流检测的第二级），即处于电源 / 驱动板上的电流检测（处理模拟量部分的）电路是没有问题的。

（3）开关量报警电路之一：接地故障检测与报警电路

电流传感器输出的 3 路 "0V" 信号电压，同时也送入 IC500a 同相加法器电路，获得"不平衡接地故障电流"信号输出，再由 IC503c、IC504c 构成的窗口比较器进行电压幅度比较后，输出低电平的"接地故障报警"信号。

由图 8-11 右下侧电路可获得如下信息：

a. IC500a 的 3 路输入为 0V，输出应为 0V+0V+0V=0V；

b. IC503c、IC504c 的基准电压应分别为 −3.3V 和 +3.3V，否则，基准电压异常。

c. 因 +3.3V>0V>−3.3V，故 IC503c、IC504c 的输出端 13 脚应为高电平 +5V。

d. 因为 R725、R708 上的电压降为零，IC707 的 26 脚应为 +5V 高电平。

（4）开关量报警电路之二：短路故障检测与报警电路

如图 8-11 的右上侧电路所示，由 D502 等构成的整流桥电路、IC502a 与 IC502b 构成的窗口电压比较器电路完成这一任务。

（5）开关量报警电路之三：过载故障检测与报警电路

如图 8-11 的右中、下侧电路所示为由 IC503、IC504 等 6 路电压比较器电路构成的 3 梯级电压比较器、3 窗口电压比较器的混合比较器电路，取得正、负半波的轻过载、中过载、重过载等 3 路输出信号经过该电路后，"突然地"合并为一路过载报警信号，经钳位电路处理后，送到 MCU/IC707 的 21 脚。静态 / 常态 / 非报警态为 +5V 高电平，动态 / 故障态 / 报警态为 0V 低电平。

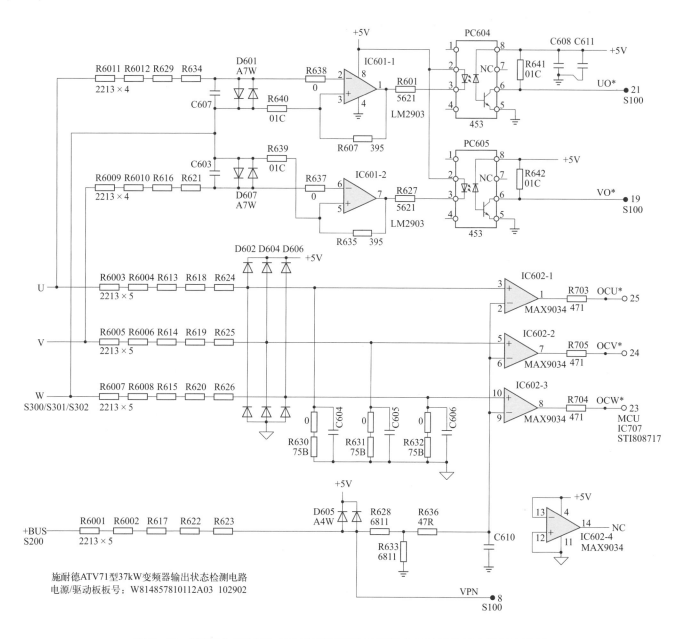

施耐德ATV71型37kW变频器输出状态检测电路
电源/驱动板板号：W814857810112A03 102902

图 8-12 施耐德 ATV71-37kW 变频器直流母线电压及输出状态检测电路图

施耐德 ATV71-37kW 变频器直流母线电压及输出状态检测电路图解

（1）直流母线电压检测电路

从直流母线电压 +BUS 正端，经 R6001、R6002、R617、R622、R623、R628、R633 分压，得到直流母线电压采样信号，由 S100 端子的 8 脚送入 DSP 主板。

通常，直流母线电压采样有以下 4 种方式：

① 从开关变压器的 ±15V、+5V 共地绕组中，以反激工作模式取得供电电源（电压幅度由稳压反馈信号决定），以正激工作模式取得（和直流母线电压成线性比例的电压检测信号。）

② 从直流母线的 P、N 端，经两串电阻降压电路，经差分放大（衰减）器电路处理，送入 MCU/DSP 主板。

③ 从直流母线的 P、N 端，经电阻分压、线性光耦合器（如 A7840）隔离传输后，再经差分电路处理，送入 MCU/DSP 主板。

④ 因后级电路与直流母线的 N 端共（信号）地，直接由串联电阻分压后取得，送入后级 MCU/DSP 主板。该方式是电压采样电路结构最为简单的一种。

（2）U、V、W 输出状态检测电路一

图 8-12 的中部电路中，U、V、W 输出电压由电阻串联电路进行采样，送入 IC602 电压比较器的同相输入端。直流电压检测信号经 R630 引入 IC602 的反相输入端，作为输入信号的比较基准。

而想看出该电路的工作过程及意义所在，须将 MCU、驱动电路、检测电路、IBGT 主电路等四个方面的因素结合起来进行分析，U 相的 U+ 脉冲传输与输出状态检测的简化电路如图 8-12-1 所示（N1 输入端电压值为 P、N 端电压为 500V 时测得）。

MCU 从 PWM 端口输出一个 U+ 脉冲，经驱动电路处理得到 U+1 脉冲；如果在脉冲作用下 Q1 能正常开通，则 N1 的同相输入端 6V 采样电压会高于反相输入端的 2.6V 基准比较电压，则在 N1 的输出端会

得到 U+2（与 U+ 在时间刻度上对齐的）脉冲信号，送入 MCU 引脚。

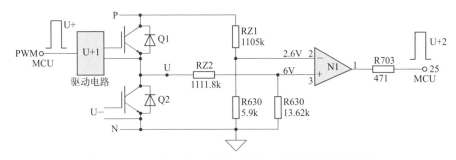

图 8-12-1　输出状态检测电路的信号处理流程示意图

简言之，当 MCU 发送一个 U+ 脉冲，同时能检测到一个返回的 U+1 时，MCU 达到确认目的：

　　a. 驱动电路正常；

　　b. IGBT 逆变电路正常；

　　c. N1 检测电路正常；

　　d. MCU 的 PWM 脚已经正常输出了 PWM 脉冲。

当上述条件有一个不能满足时，接收运行信号时，变频器往往给出功率模块损坏的故障示警。

检修的内容也是上述 4 项。一些机器须进行单板检测时，因驱动电路已经脱离 IGBT 模块，使检测条件被破坏，须要采取相应的屏蔽措施，解除报警以利检修，将 N1 输出端变为固定高电平（或低电平）的方法是无效的，因为 MCU 接收到脉冲信号才"认为"工作状态是正常的。这就需要正确选择屏蔽点。如图 8-12-1 所示，将电路的始端（MCU 的 PWM 信号输出端）信号由导线短接至比较器 N1 的同相输入端，可满足信号检测的要求。

（3）U、V、W 输出状态检测电路二

如图 8-12 的上部电路所示，由电压比较器 IC601 及光耦合器 PC604、PC605 构成，以完成 U、V、W 输出缺相与否的故障判断。

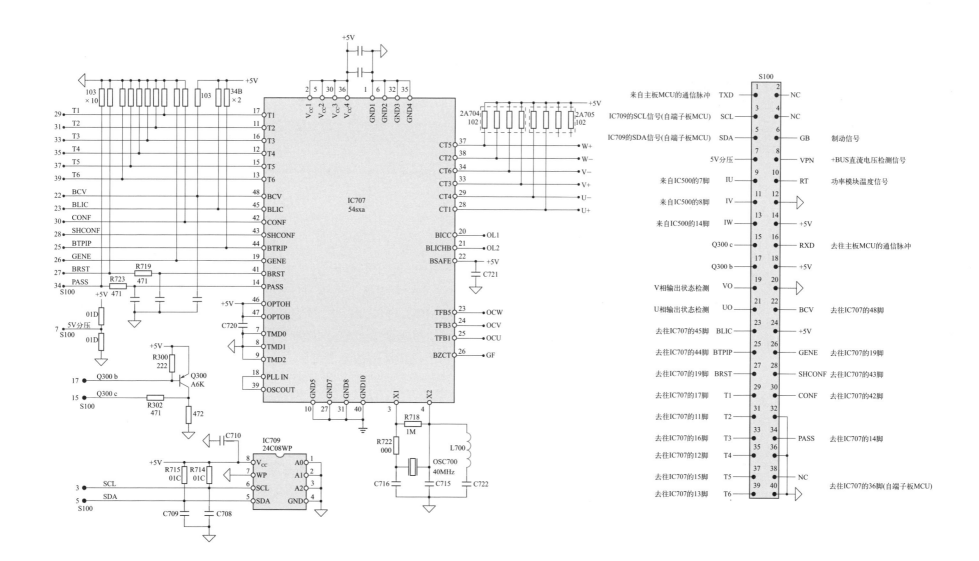

图 8-13　施耐德 ATV71-37kW 变频器电源板 MCU 电路图

施耐德ATV71-37kW变频器电源板MCU电路图解

电源驱动板上的第 1 片 MCU 用于生成主电路晶闸管所需的 3 路移相脉冲。第 2 片 MCU 任务是什么呢？

① 输入开关量的过载、短路报警信号；U、V、W 输出状态检测信号。

② 输出驱动电路所需的 U+、U−、V+、V−、W+、W− 等 6 路脉冲信号。

一般情况下，根据 MCU 的型号标注，可以查到相关的引脚功能资料，但对于本机电源板上的两片 MCU 器件，在笔者测绘电路已经完成的几年里，一直查不到相关的资料，后来偶尔得到参考资料，才将引脚功能得以标注。

MCU 为高度集成的多引脚器件，将所有引脚功能、作用都落实到位，有时候并不是必须的也不是必要的，遇到相对陌生的 MCU 或其他 IC 器件，找到关键的引脚并落实其工作状态，满足检修的检测要求即可。

关键引脚如下：

① 供电引脚和供电电压值。如 MCU，通常采取将内部模拟信号处理电路和数字信号处理电路独立供电的办法，以降低信号电路之间的串扰。因而 MCU 器件为多个供电脚的器件。若某部分供电电压丢失，则导致工作异常。另外，MCU 器件对供电质量是有要求的，要求正常供电在 4.8 ～ 5.2V 范围以内为宜。

针对 MCU 器件来说，电源、时钟和复位是 MCU 器件的基本工作条件，当系统工作异常时，首先检测这 3 项。

② 信号输入端。和主板 MCU 之间的通信信号，11 ～ 17 等引脚的"往来"信号；各路故障检测信号是否正常，重点是 21 ～ 26 脚输入的各路故障检测信号。以上信号正常是系统能够正常工作的前提。

③ 信号输出端。U+、U−、V+、V−、W+、W− 等 6 路脉冲信号的输出，或其他控制信号的输出（如工作继电器的动作信号、散热风扇的动作信号等，图 8-12 所示电路无此输出）。

S100 端子的信号去向（见图 8-13 右侧）如下。

快速区分故障是发生在电源 / 驱动板还是 MCU 主板，测量 S100 端子的相关引脚电压值，是个快捷高效的办法。

对于 S100 端子来说，作为联结电源 / 驱动板和 MCU 主板的排线端子，共有多少根线？有多少路出、入的信号？

① 去往 DSP 主板 +5V、GND 端，占 2 根线（实际上为了减小电源内阻，往往采用多线并联的方式）。

② 对于电源板 MCU 和主板 MCU，并行数据通信占用的线根数最多，达十几根线。

③ 电源 / 驱动板去往 MCU 的 3 路模拟量的输出电流检测信号，直流母线电压检测信号，输出状态（缺相）检测的脉冲信号。

④ 由 MCU 主板来的，去往电源 / 驱动板的制动 / 刹车脉冲信号。

其中，去往 MCU 主板的 3 路输出电流检测信号和直流母线电压检测信号为电源 / 驱动板所提供的关键信号，表征了故障检测电路的工作状态，是系统能否投入正常运行的关键测试信号，也是异常时产生上电故障报警动作的重要信号，位于 S100 的 8、9、11、13 脚。

一般来说，存储器芯片是 MCU 的"贴身下属"，安装位置一定是在离 MCU 器件比较近的物理区域，但本机电路却做了"另类安排"，其道理何在？

图中的 IC709 为存储器芯片，内含产品说明书中的大部分控制参数。是主板 MCU 的外挂器件，经 S100 端子和排线与主板 MCU 相连接。这样做的好处是，代换一定规格的电源 / 驱动板时，连带着将机器的相关运行和控制参数一并代换了，由电源 / 驱动板决定机器的功率值和运行数据等，是合理的。如果和主板 MCU 放于一处，反而会带来很多不便。

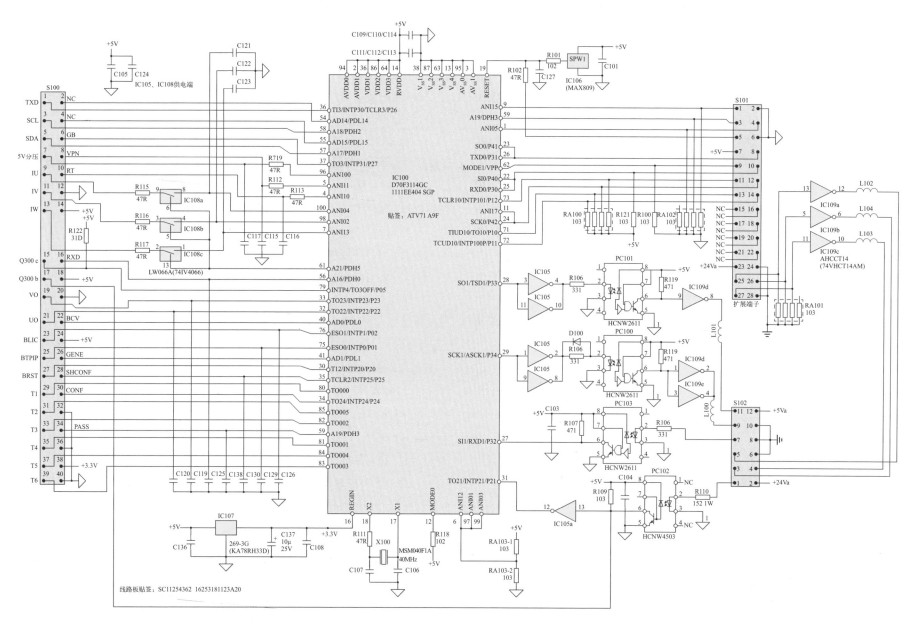

图 8-14　施耐德 ATV71-37kW 变频器通信板 MCU 电路图

施耐德ATV71-37kW变频器通信板MCU电路图解

　　整机信号处理和汇集的"双向信息中继站"如图 8-14-1 所示，核心器件为 IC100，型号为 D70F3114GC（全称为 Mpd70F4113），100 脚贴面封装，其引脚排列与功能标注图见图 8-14-2。

图 8-14-1　联结电源 / 驱动板与系统主板的通信板实物图

　　图 8-14-1 所示电路板位于电源 / 驱动板和"系统主板"之间，是双向信息传递的中继站。完成的工作任务如下：

　　① 担任和电源 / 驱动板 IC707（MCU）的信息交换任务（由 S100 端子进行），并将其上达"系统主板"的 IC100（由高速光耦合器、S102 端子进行）；也将系统主板的指令下达 IC707。

　　② 处理电源 / 驱动板直接经 S100 端子输入的模拟量电流、电压检测信号。处理后变成并行数据经 S102 端子送达系统主板。

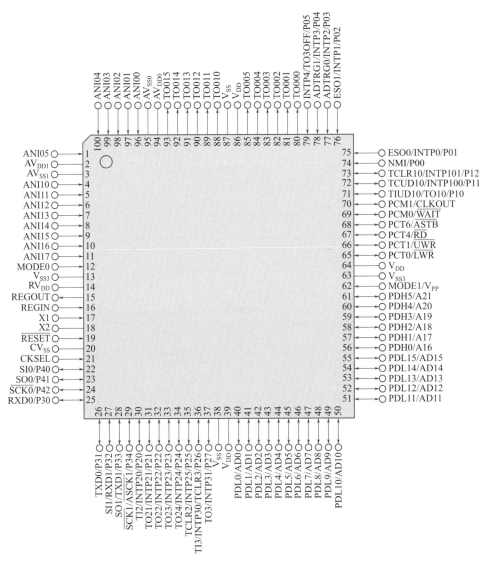

图 8-14-2　MCU：D70F3114GC 引脚排列与功能标注图

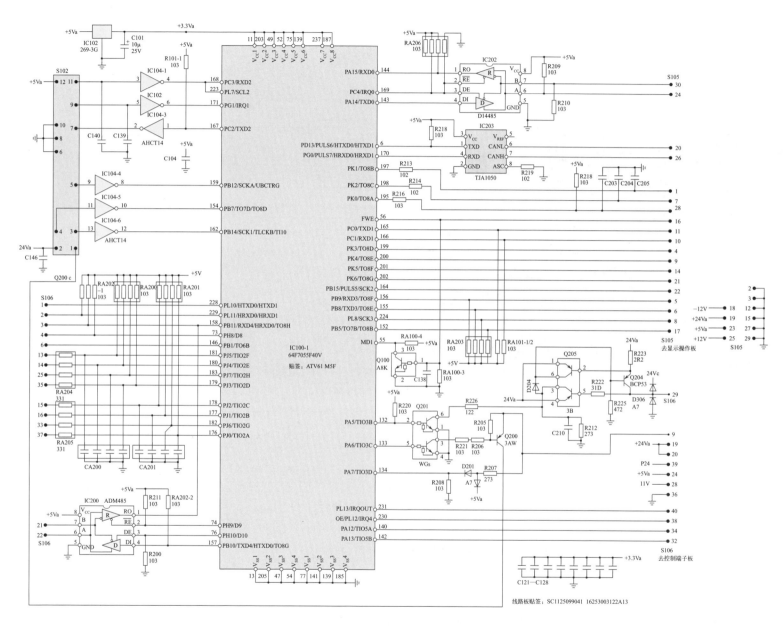

图 8-15　施耐德 ATV71-37kW 变频器系统主板电路的通信电路图

施耐德 ATV71-37kW 变频器系统主板电路的通信电路图解

图 8-15-1　系统主板正面实物图

施耐德 ATV71-37kW 变频器系统主板电路的通信电路图如图 8-15 所示，正面实物图如图 8-15-1 所示。系统主板由 S102 端子联结双向通信板，S106 端子联结端子板，S105 联结操作显示面板，为系统"总司令部"。功能如下：

① 负责接收处理由通信板"上达"的由电源 / 驱动板而来的电流、电压、温度等检测信息，并同时下传各种系统运行指令。

② 变频器运行需要的输入开关量信号（变频器启 / 停），象征着变

频器工作状态（如运行、故障等）的开关量信号；变频器所需的速度调整信号（模拟量输入），象征着电压、电流、运行速度等的输出信号（模拟量输出）。这四类由端子上传或下达信息。

③ 用户经操作显示面板所要传递的各种按键信息和变频器所要显示工作状态（如运行电流值）的信息，也为双向传输的信息。

MCU 和 MCU/DSP 之间，或者变频器电路中 MCU 和上位机 MCU 之间进行通信，除了并行数据（要求通信速度）通信，另外也经常采用差分总线（抗干扰要求）的串行数据的全双工或半双工通信模式，如采用 RS485 器件，IC200 和 IC202 芯片和采用 CAN 协议控制器和数据总线之间的接口电路，其内部原理方框图如图 8-15-2 所示。

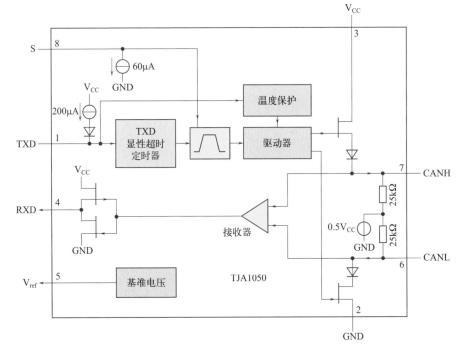

图 8-15-2　TJA1050 芯片内部原理方框图

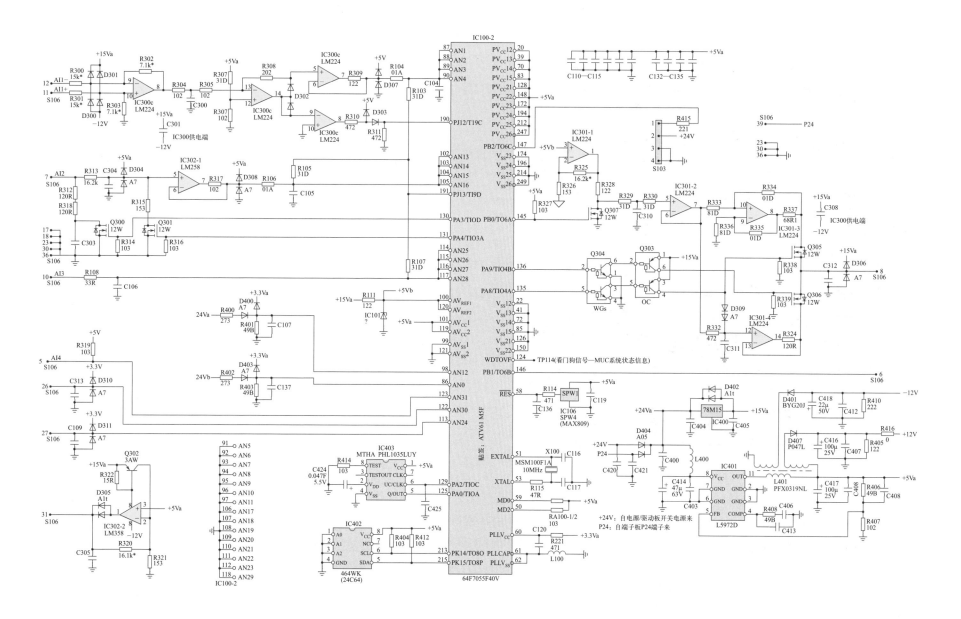

图 8-16　施耐德 ATV71-37kW 变频器系统主板去往端子板的电路图

施耐德 ATV71-37kW 变频器系统主板去往端子板的电路图解

系统主板的供电电源电路如图 8-16-1 所示。

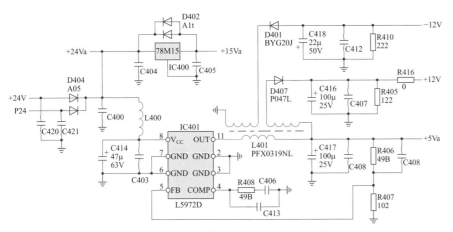

图 8-16-1　系统主板的供电电源电路

系统板需与端子板（端子板电源地必须为冷地）直接交换信息，因而开关电源板经 S100 端子来的 +24V 电源，是唯一合乎隔离要求的"安全电源"。

+24V 经过 IC401、L401 等逆变电路处理，得到 +12V、−12V、+5Va 等 3 路系统主板、端子板和操作显示面板电路所需的、用于模拟量信号处理和 MCU/DSP 芯片的供电电源。换言之，以上电路中凡 MCU/DSP、数字芯片供电，即取自 +5Va；凡运放（模拟）电路供电，即取自 +12V、−12V。

系统主板采用 DSP 器件（IC100）来处理"海量信息"，芯片型号为 64F70055F40V，256 引脚。为降低功耗，采用了 +5Va、+3.3Va 两个级别的供电电源（+5Va 经三端稳压器 IC102 处理得到 +3.3Va，参见图 8-15 左上侧）。注意 DSP 器件的多供电引脚、多供电级别的应用特点。+5Va 电源供电的电路用于模拟量和高速信号的处理，+3.3Va 用于

相对低速的开关量信号或直流信号的处理。

运放器件 IC300、IC302 用于输入 AI1、AI2 模拟信号的处理，AI2 为可编程器模拟量输入端子。IC100 的 130 脚为"1"时，Q300 导通，AI2 为 4 ～ 20mA 电流信号输入模式；IC100 的 131 脚为"1"时，Q301 导通，AI2 为 0 ～ 10V 电压信号输入模式。检修时，可直接在 AI1、AI2 端子输入电压 / 电流信号，测量信号传输点电压的变化，判断故障所在。对于运放电路，"虚短"和"虚断"是检修规则。

IC100 的 98、86 脚输入信号是对端子电源 +24Va、+24Vb 电源是否正常的检测，IC100 的 123 脚和 114 ～ 117 脚输入信号是对端子板 "COM 端是否接地正常"的检测。当系统主板与端子板相脱离时，S105 的 5、10 脚与地断开，也有两者是否连接正常的检测判断吧。

在端子板电路上设有相关电源供电正端、接地端连线是否正常、电源是否正常的检测，产生相关故障报警时，请注意这两脚外围的检测电路。这是检修者应该注意的地方。

模拟量端子需要的 10V 调速电源，由图 8-16 左下角 IC302-2 电路来生成，大家如果有兴趣，电路的构成模式也很新颖，有"画风突变"之感。

图 8-16 的右中上侧电路是端子板 AO1 的模拟量信号输出电路，电路构成较为复杂，须与软件（参数设置模式）相结合进行原理分析。该电路为可编程模拟量信号输出端，可根据参数修改，确定输出为电压或电流信号。各级电路功能简述如下。

IC301-1 为 10V 基准电压产生电路，IC301-2 为电压跟随器电路，IC301-2、IC301-3（差分放大器 / 恒流源电路）构成电流信号输出电路，IC301-2、IC302-4（电路跟随器）构成电压信号输出电路。晶体管集成器件形成电压输出、电流输出的切换控制电路。

请注意，对于 MCU 外围去往端子板的模拟量输入、输出电路，开关量输入、输出电路，应参阅图 8-17 所示端子板原理电路，才能明晰其信号走向的来龙去脉。

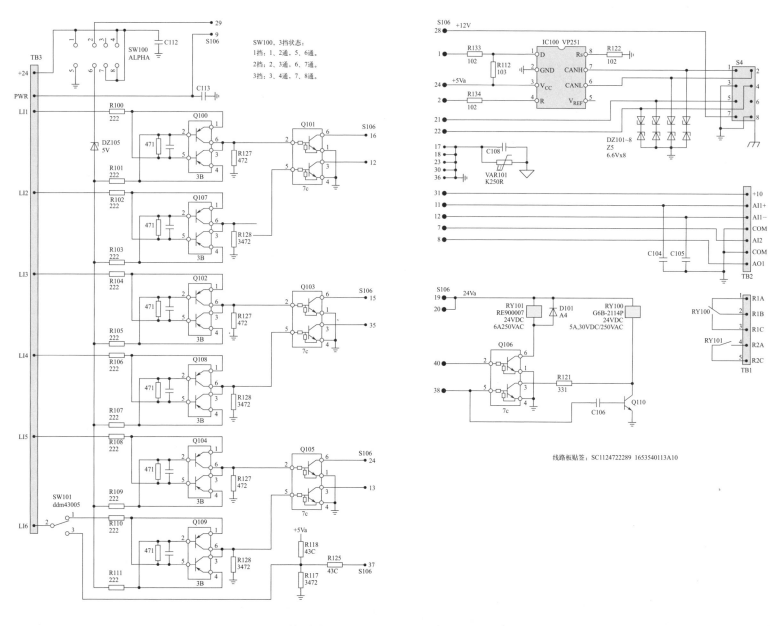

图 8-17 施耐德 ATV71-37kW 变频器端子板电路原理图

施耐德 ATV71-37kW 变频器端子板电路原理图解

IC100（64F7055F40V）芯片引脚功能标注图如图 8-17-1 所示。

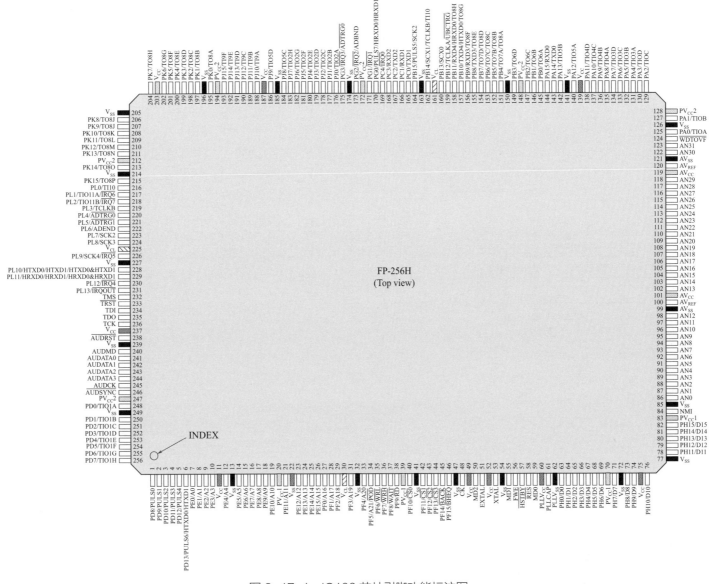

图 8-17-1　IC100 芯片引脚功能标注图

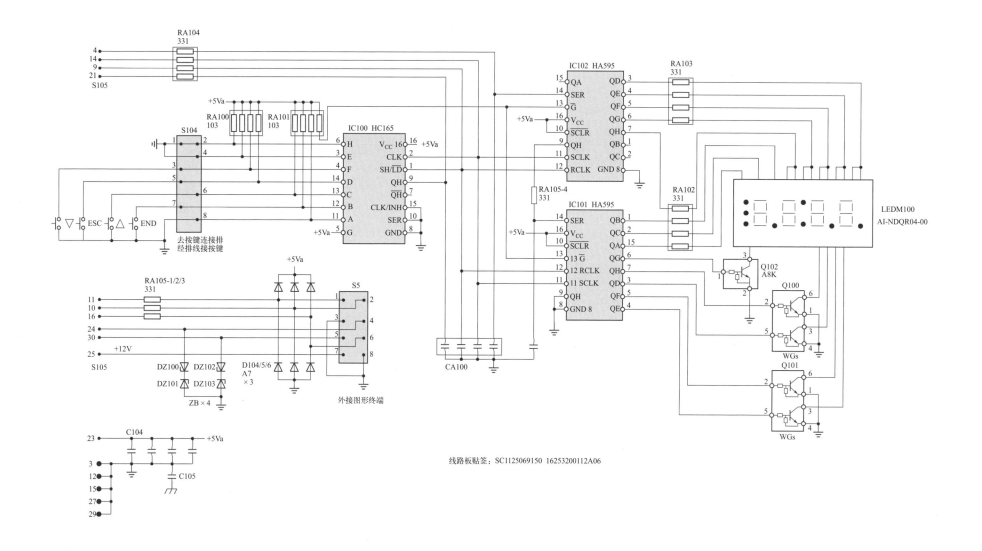

图 8-18　施耐德 ATV71-37kW 变频器操作显示面板电路图

施耐德ATV71-37kW变频器操作显示面板电路图解

这是一款 6 线端被动型操作显示面板。

何谓 6 线端？+5Va、地电路线 2 根；面板按键信息返回，1 根；移位信息、显示时钟、显示数据等 3 根信号线。传输方式为串行数据，示波表测量为矩形脉冲，频率为数百赫兹级或数千赫兹级。

IC100（印字 165，型号称 74HC165，8 位并入串出移位寄存器，见图 8-18-1）也称为按键信息编码器，工作模式可以想象成：8 个"人"以列队排列，从 8 个窗口跳入，在房间内排成纵队，从门口走出。

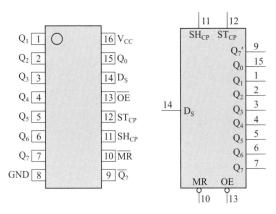

图 8-18-2　74AHC595 引脚功能标注图

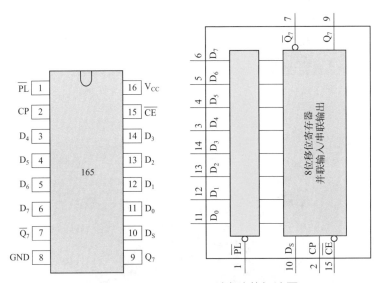

图 8-18-1　74HC165 引脚功能标注图

IC100 的检测方法：①供电正常，按键正常；② 1、19 脚的移位、时钟信号正常；③按下按键时，9 脚应有脉冲信号输出。

IC101/IC102（印字 HA595，型号全称 74AHC595，8 位串行输入、并行输出的缓冲寄存器，见图 8-18-2）也称为显示数据译码器。工作模式可以想象成：8 个"人"以纵队走进门口，变列队，一齐从 8 个窗口跳出。

IC101、IC102 的检测方法如下。

当供电电源及显示时钟（芯片 11 脚）、显示数据（芯片 14 脚）及移位数据（芯片 12 脚）都正常时，并行输出端应为 2.5V，否则即为故障。请注意该面板的"被动显示"特点，显示异常时，多为 MCU 主板因各种原因处于"罢工"状态。可由检测输入至 11、12、14 脚的脉冲来判断：3 路信号脉冲全无，则 MCU 主板没有正常工作；仅有一路脉冲信号，查脉冲信号传输通路。只要有一路脉冲信号至面板电路，说明 MCU 主板工作条件具备，已经处于工作中。因而移位数据、显示时钟、显示数据等 3 路信号都可以作为 MCU 主板已经正常工作的标志性信号，从而为判断显示异常时，问题出在 MCU 主板还是操作显示面板，提供了一个有效的检测与判断依据。

图 9-2　富士 P9S-7.5kW 变频器拆除盖板后的整机实物结构图

图 9-1　富士 P9S-7.5kW 变频器测试机外观和产品铭牌图

图 9-3　富士 P9S-7.5kW 变频器电源驱动板实物正面图
（对应图 9-6 ~图 9-8 所示电路图）

图 9-4　富士 P9S-7.5kW 变频器 MCU 主板实物正面图
（对应图 9-9 ~ 图 9-11 所示电路图）

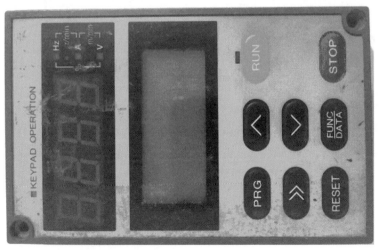

图 9-5　富士 P9S-7.5kW 变频器操作显示面板实物图（对应图 9-12 所示电路图）

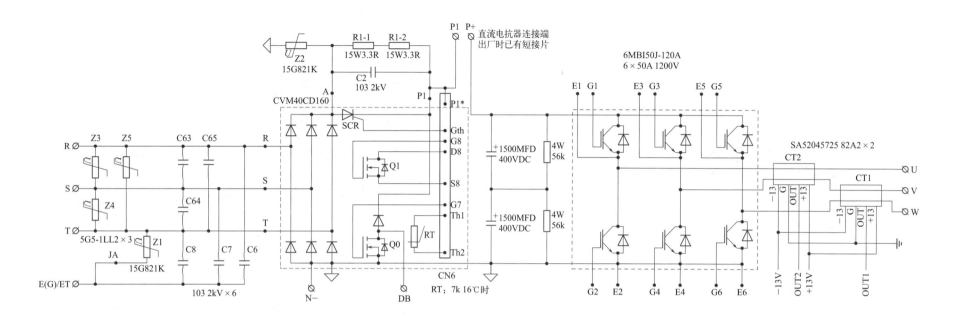

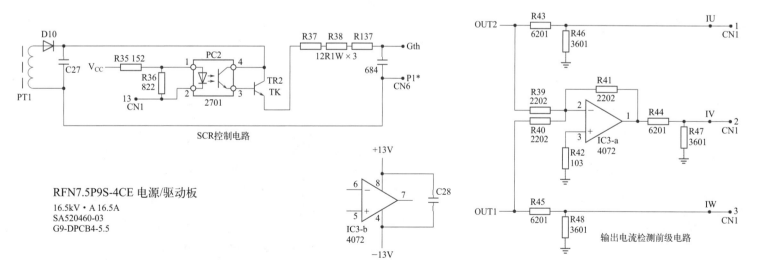

图 9-6 富士 P9S-7.5kW 变频器主电路、输出电流检测前级电路原理图

富士 P9S-7.5kW 变频器主电路、输出电流检测前级电路原理图解

输入频率固定（允许电压在较小范围内变化）的交流三相电源，输出频率 / 电压可调（简称 VVV/F 模式）的三相电源，说到底，变频器是个电源设备。

它的主电路结构一定是这样的：电源输入端为三相整流桥（将输入交流变为直流），随后是电容储能环节（平波），然后是桥式逆变电路，将直流电再变为受控的三相交流电输出至负载（电机）。不论是国产或进口的变频器，不可能有两种主电路配置。如果主电路的配置如上所述，即使不叫变频器，换个名称，即交流伺服驱动器，也起码说明二者的工作性能仍然是非常接近的——硬件基础决定了产品的性能。

设备的制造理念不同，制作人考虑的侧重点和相关思维的不同，具体到电路的细节上，必然又会存在差异。

交流电网的能量进入变频器，首先遇到输入侧 Z3 ～ Z5、C6 ～ C8 等保护元件构成的屏障，以保护后级电路免于电压尖峰的冲击。3 只压敏电阻加 3 只电容，算是标配。本机的 4 只压敏电阻和 6 只电容，算是"高配"了。

然而，异于"常机"的不在于这些，而是三相整流桥、晶闸管、制动开关管、电源开关管、温度传感器"混于一体"的模块结构模式（模块型号为 CVM40CD160，图 9-6 中虚线框内的是模块结构图，实物图见图 9-6-1），这算是之一，基本上就很难见到之二。其具体影响是：单独检修电源 / 驱动板时，想让开关电源工作时，电路板上就"少"了只开关管，需另外"补加"开关管 Q0，开关电源才能正常工作。

晶闸管 SCR 的控制电路比较简单，工作机理如下。

上电瞬间，先由限流电阻 R1-1、R1-2 为储能电容充电，当两只串联电容上建立起 400V 左右的电压时，开关电源开始起振工作，随后 MCU 检测到直流母线电压达到一定值后，输出一个 SCR 的开通信号。控制电路的光耦合器 PC2、TR2 同步导通，SCR 得以开通，变频器进

入待机工作状态。

变频器的三相输出电流信号由电流传感器 CT2、CT1 取得，得到表征运行电流大小的 OUT1、OUT2 信号，再经 R43、R46 与 R45、R48 分压形成 IU、IW 信号，经 CN1 排线端子送入 MCU 主板。

同时，从三相电流之和等于零、任两相电流之和等于第三相电流值的电工理论基础出发，将两路电流传感器的输出信号相加，即得到 IV 电流检测信号。

IC3-a 是运放器件及外围偏置电路组成的反相求和（加法器）电路，注意，此处的加法并非电压量的算术加法，而是电压矢量加法，这样才能取出 IV 信号。

图 9-6-1　"混于一体"的输入模块和逆变模块实物图

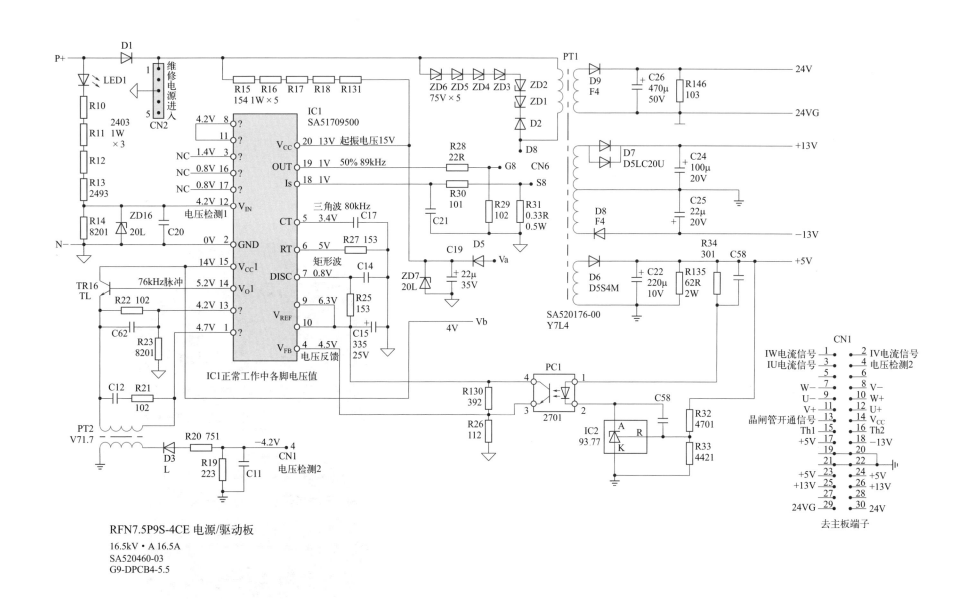

图 9-7　富士 P9S-7.5kW 变频器开关电源电路原理图

富士 P9S-7.5kW 变频器开关电源电路原理图解

相对于国产变频器，检修进口变频器的一个难点是一些元器件资料的查找相对困难。

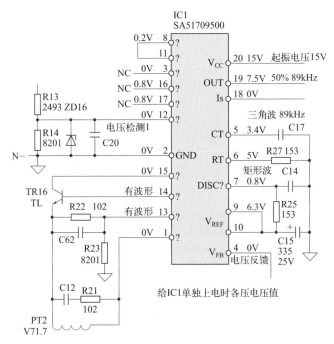

图 9-7-1　IC1 芯片单独上电时的检测与诊断示意图

不知芯片资料和引脚功能，可以采用最笨、最直接和最有效的方法，即先将芯片外围电路故障排除掉，不外乎：①开关管工作电流通路；②以 IC2、PC1 为核心的电压反馈通道；③芯片其他外围元件；④ 负载电路。

将这些电路细测一遍，也确实费不了多大工夫，半小时即可。若没有问题，再换芯片。一般检修者直接更换芯片一试，发现没有效果，由此陷入困顿。

其实在无芯片资料的情况下，仍可能通过上电检测、对比等手段

找到验证芯片好坏的方法。试简述（图 9-7-1 给出了 IC1 芯片单独上电时的各脚电压检测值）：①找一台好的机器，找出芯片供电引脚，即 20 脚和 2 脚，单独上电 DC16V（实测电路起振电压约 15V）；②确定 9、10 脚（两引脚其一肯定）为基准电压端，测得基准电压为 6.3V 左右；③用示波器或直流电压挡测得 5、6、7 脚振荡波形或电压，由此得知振频 89kHz；④ 测得脉冲输出端 19 脚波形及电压，由此判断最大输出占空比为 50%，振荡频率等于工作频率（输出频率），可知该芯片性能与原理接近 3844/45；⑤ 由图 9-7-1 可知，18 脚为电流反馈信号输入端，4 脚为电压反馈信号输入端，芯片单独上电时应该都为 0V，若为较高电压（不知具体动作阈值），即为过流或过压保护信号（外围电路可能存在故障）。其他各脚先不管它（一般也用不着管它）。

确定了以上内容，再验证坏板上的芯片好坏就准确无误了。

图 9-7 中 IC1 芯片的各脚电压值为工作正常时所测得，由此可得到更为"扎实"的检修参考数据。可知直流母线电压采样输入电压——输入 IC1 的 12 脚电压为 4.2V，经 1、13、14、15 脚内、外部逆变 / 隔离电路处理，送往 CN1 端子 4 脚的信号电压应为 −4.2V，否则为故障状态。

由以上内容可知，没有资料的 IC1 器件的各脚功能、工作状态已经近于"透明化"了，那么故障检修真的是无从下手吗？

注意，检修开关电源时，须在 CN6 端子 D8、G8、S8 端暂时接入型号为 K2225、K1317 或 3N120 的开关管，使开关电源能够正常工作。

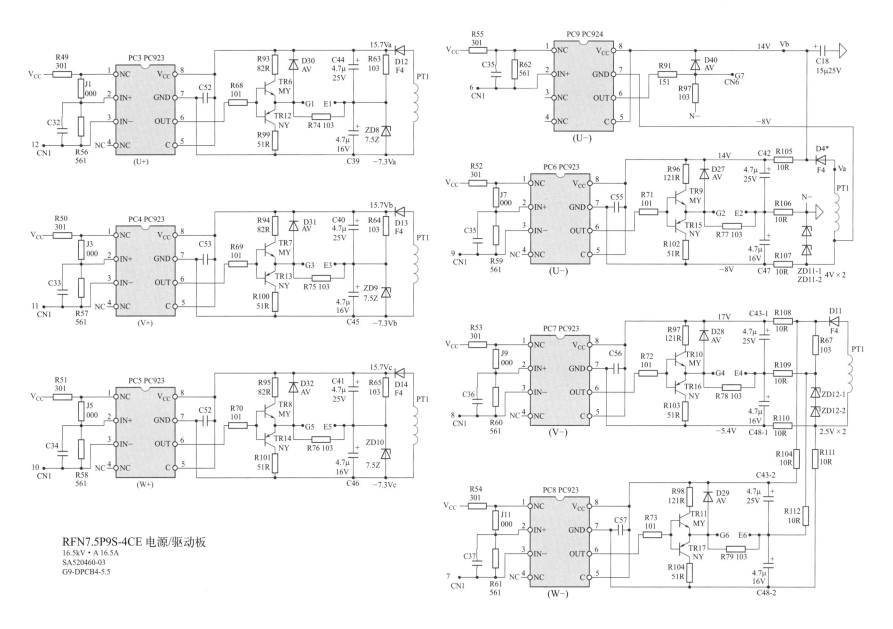

RFN7.5P9S-4CE 电源/驱动板
16.5kV · A 16.5A
SA520460-03
G9-DPCB4-5.5

图 9-8　富士 P9S-7.5kW 变频器驱动电路原理图

富士P9S-7.5kW变频器驱动电路原理图解

一般来说，驱动电路的六路脉冲信号输出，因选用的 IGBT 功率模块内部六只 IGBT 管子的参数是接近的，其驱动脉冲电路的相关参数也是越接近越好。如静态负向截止电压、动态正向脉冲电压和动静态信号电流值应该尽可能地保持相近或一致性。若差异过大，控制特性便会变差。真是这样吗？

如果六路脉冲驱动电路的静态电压、脉冲电压幅度有了显著的差异，那么它还能正常工作吗？答案是出人意料的。

粗看富士 5000G9 11kW 变频器的驱动电路，与国产机的驱动电路相比，其并无不同之处。其 U+、V+、W+ 脉冲驱动电路如图 9-8 所示，驱动芯片的供电电源为 22V。从驱动电流的回路看，负向截止电压为 -7V 左右，正向激励电压约为 +15V，三路脉冲信号的动、静态电压值是非常接近的。

但其 U-、V-、W- 脉冲驱动电路，检测时感觉有问题，但细查之下，还真是没有问题——原电路原设计就是这样的。PC6 的 7、8 脚供电电压约为 22V，IGBT 的截止与驱动回路电压分别为 -8V、+14V（负压取自两只串联 4V 稳压二极管），测静态负向电流，大于 U+、V+、W+ 脉冲驱动电路，而脉冲电流值小于 U+、V+、W+ 脉冲驱动电路。

V-、W- 驱动电路共用一路工作电源，PC923 的 7、8 脚供电电压约为 22V，IGBT 的截止与驱动回路电压分别为 -5V、+17V（负压取自两只串联 2.5V 稳压二极管），与 U+、V+、W+ 脉冲驱动电路的差异比较悬殊。测静态负向电流，远小于 U+、V+、W+ 脉冲驱动电路，而脉冲电流值远大于 U+、V+、W+ 脉冲驱动电路。

可总结如下：

① 六路脉冲驱动电路共用 5 路工作电源；

② 动、静态脉冲电压 / 电流值有三种差异，且差异幅度堪称巨大！

驱动芯片内部结构与原理如图 9-8-1 所示。

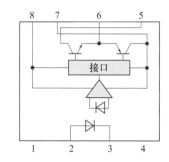

图 9-8-1　光耦合器 PC923 原理方框图

1—NC；2—Anode；3—Cathode；4—NC；5—O₁；6—O₂；7—GND；8—Vcc

PC923 的相关参数：输入 I_F 电流值 5 ~ 20mA，电源电压 15 ~ 35V，输出峰值电流 ±0.4A，隔离电压 5000V，开通 / 关断时间（t_{PLH}/t_{PHL}）0.5μs。PC923 可直接驱动 50A/1200V 以下的小功率 IGBT 模块。PC923 的电路结构同 TLP250 等相近，但输出引脚不太一样。5 脚为输出级集电极引出端，可串接限流电阻后接 8 脚供电端，以保护内部三极管。实际应用中常将 5、8 脚短接后接供电正端。

如果将输出侧引线改动一下，也可以与 TLP520、A3120 等光耦合器互为代换。

末级功率驱动对管 TR9、TR15 的相关资料：

TR9：印字 MY，原型号 2SC2873，I_C=2A，U_{CBO}=50V。

TR15：印字 NY，原型号 2SA1213，I_C=2A，U_{CBO}=50V。

请注意：因相同印字元件种类太多，该处对印字的"翻译"或有"对号入错座"的可能。作者无法保证对应原型号及工作参数是完全正确的。

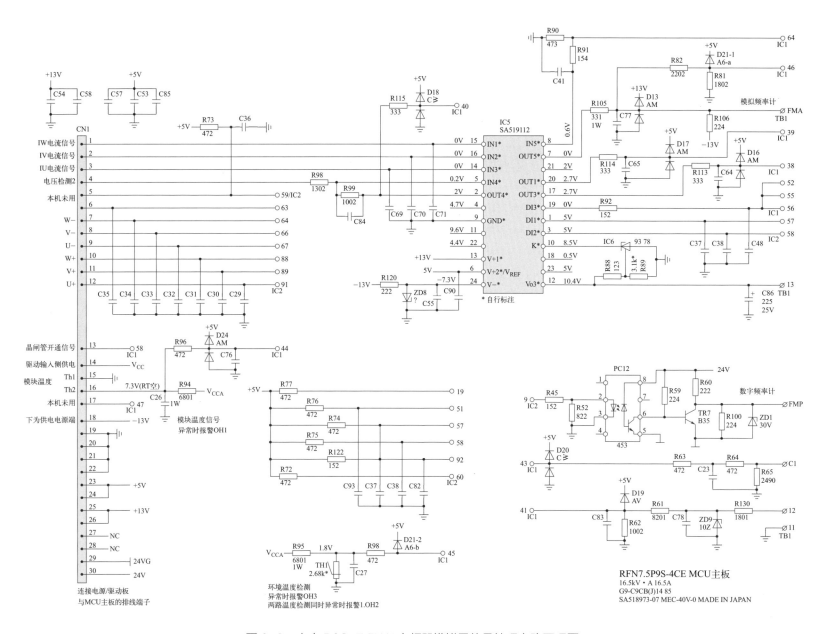

图 9-9 富士 P9S-7.5kW 变频器模拟量信号处理电路原理图

富士 P9S-7.5kW 变频器模拟量处理电路原理图解

本机可归于"小功率机型"，相关保护电路的处理方法上有"袖珍化"趋势。系统运行所需的全部模拟量信号都集中交给 IC5 芯片来处理。

IC5 芯片和开关电源电路的 IC1 芯片一样，始终无法查到它的相关资料。让我们根据检测结果，判断一下它到底是个什么角色吧。

① 控制端子的模拟量 / 模拟电压输出，标注为 FMA 的模拟量信号输出电路。

当输出频率在 0 ～ 50Hz 范围内变化时，IC1（MCU 芯片）的 64 脚输出随输出频率变化的电压信号，此时输入至 IC5 的 8 脚信号电压为 0.6 ～ 3.18V，IC5 的 9 脚输出电压值为 0 ～ 6.5V。

可知：IC5 的 8、9 脚之间是一级放大倍数约为 2 的同相放大器。8 脚为输入端，9 脚为输出端。

② 由 IC5 的 15 脚输入、20 脚输出的 WI（W 相电流检测信号）处理电路。

当 15 脚输入在 0 ～ 1.5V 范围内变化的信号电压时，从 20 脚输出 2.7 ～ 4.2V 的信号电压。可知 15、20 脚内部为一预加基准的放大器电路，目的是将输入 0V 变成 $0.5V_{CC}$，实现"电平抬升"，以适应 MCU 对模拟量输入信号的要求（不要负电压）。

可知：这是一级模拟量的"电平抬升"电路。

③ 由 IC5 的 14 脚输入、17 脚输出的 UI（U 相电流检测信号）处理电路。

同 IC5 的 15、20 脚内部电路一样，从略。

④ 由 IC5 的 5 脚输入、2 脚输出的电压检测信号处理电路。

由电源 / 驱动板前级电路来的电压检测 2，信号电压为 -4.2V，须经反相处理变为正的信号电压后，才符合送入 MCU 的条件。此时实测 5 脚电压为 0.2V，2 脚电压为 2V。

可知：

a. IC5 的 5、2 脚内部为一"虚地"的反相衰减器。

b. 衰减系数约为 0.5。

5 脚为反相衰减器输入端，2 脚为输出端。反相衰减器的同相输入端（内部）已经接地。

⑤ IC5 的供电端为 13 脚、24 脚和 9 脚。24 脚引入的是经过 ZD8 稳压处理的 -7.3V（可能是处理 5 脚输入负的电压所需，是否也可以理解为负的基准）。

⑥ IC5 的 1、3、19 脚输入 MCU 的高、低电平控制信号，具体处于什么状态，可能和处理 16 脚输入信号有关系，或由输入、输出的开关切换控制。

⑦ 12、10 脚外接 IC6 基准电压源器件：

a. 为了得到控制端子 13 的 10V 调速电源输出；

b. 此 10V 是否还会返回内部，以用作信号处理基准？

以上，除了⑥、⑦项，还有一定的疑问，其余 5 项已经说明了 IC5 芯片内部电路功能和完成的任务，这个芯片是采用一进一出的形式处理模拟量的电路。

IC5 是一款多路模拟量处理芯片。

以上是从输入端施加直流可变电压时，测各输出端电压变化得出的判断。

与某输入端对应的输出端是哪个脚，内部电路大致是什么形式，大部分已经有了确切的答案。IC5 各引脚的功能如图 9-9 所示。

对于器件无资料情况下的检修，虽然不太容易，但也不是想象中的那么艰难。

在线、上电是最佳的检测条件。

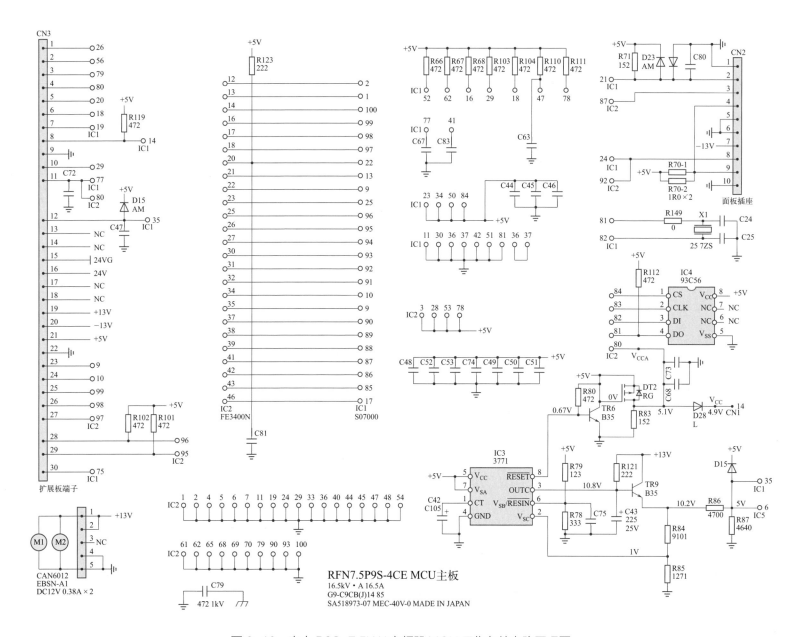

图 9-10　富士 P9S-7.5kW 变频器 MCU 工作条件电路原理图

富士P9S-7.5kW变频器MCU工作条件电路原理图解

本机主板 MCU 器件为 IC1 和 IC2。

IC1：印字 S07000，100 脚，供电 +5V。

IC2：印字 FE3400N，100 脚，供电 +5V。

两片 MCU 的分工情况如下。

IC1 的工作任务：

① 处理电压、电流、温度等输入模拟量信号；

② 模拟量控制端子的输入、输出信号的处理；

③ 开关量控制端子的输入、输出信号的处理；

④ 接收操作显示面板输入的按键信息和输出所需的显示数据；

⑤ 复位电路和系统时钟电路及相应功能（系统复位、提供系统运行时钟）由 IC1 担任。

IC2 的工作任务：

① 6 路逆变电路所需的脉冲信号形成与输出；

② 主电路晶闸管控制信号的输出；

③ 用户 / 产品控制参数的存储，外挂存储器 IC4 电路，执行用户控制参数的读、写操作。

二者分工操作所负责的区域已经清晰，IC1 偏重处理事件，IC2 偏重处理数据。

IC3，印字 3771，原型号 MB3771，如图 9-10-1 所示，是集成了电源电压监视与系统复位功能于一体的专用芯片。MCU 的供电电源电压瞬停、瞬低时发出系统复位信号，避免 MCU 运行在"失常"状态。

IC4，印字 93C56，型号 AT93C56A，串行总线电可擦、写EEROM，容量为 2kbit。通常，用户控制参数和产品参数数据有两套：其一，在 MCU 内部不可改写数据的存储器内部（称"内存"，为"固定版本"的出厂数据），其数据内部为初始化数据；其二，即存放于 IC4 内部（产品说明书的全部参数值）的数据，称"外存"，用户可根据控制要求调用说明书中的参数项进行修改。

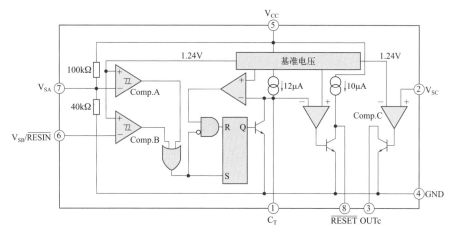

图 9-10-1　电源监视 / 复位芯片 MB3771 原理方框图

参数项中所谓的"执行初始经操作"，即调用"内存"数据，写入"外存"，使产品说明书中的全部数据恢复为出厂（有时称"缺省值"）值。当然也可以根据要求，实现控制参数的"全部恢复"或"局部恢复"。

IC4 内部数据可由编程器读出，为代码位 16 位数据。检修者一般会读取机器的正常数据保存好，遇有异常（执行初始化无效）时，或换用空白芯片后，调用预先保存好的数据，写入芯片后，进行代换。

其实，变频器故障检修并非纯硬件电路的检修，有时候得靠软件方面的"数据修复"来解决问题。

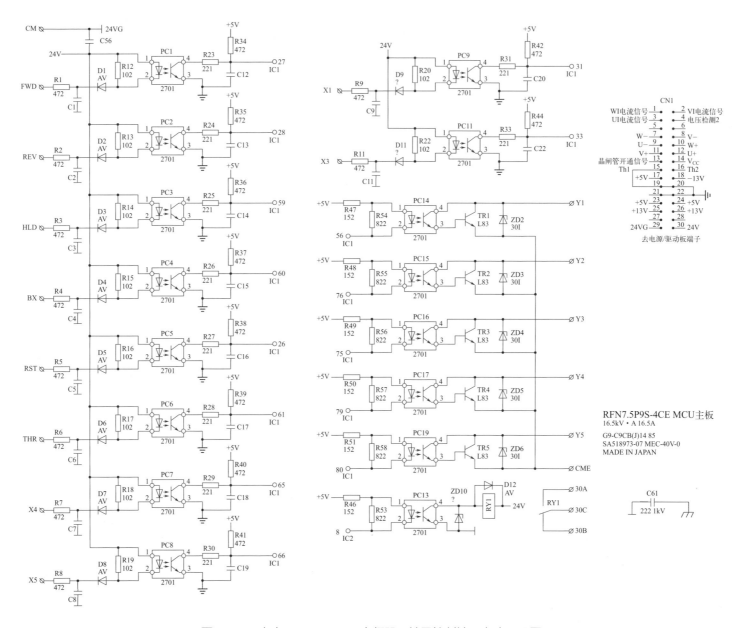

图 9-11　富士 P9S-7.5kW 变频器开关量控制端子电路原理图

富士 P9S-7.5kW 变频器开关量控制端子电路原理图解

变频器的控制端子电路在物理空间上约占三分之一，信号路数有一二十路之多，但细看起来，只有一两种电路形式，是看起来一大片，修起来很简单的代表性电路。

数字（开关量）信号的输入、输出端子电路一般采用光耦合器电路，兼作电气隔离和提升抗干扰水平的双重作用，工作电源多取用由开关电源输出的 24V（少数有用 12V 电源的）。

以 FWD 信号输入电路为例：当 FWD 与 COM（24V 电源负极）短接时，形成了经由 24V 电源正极、光耦合器 PC1 的输入侧、隔离二极管 D1、限流电阻 R1 的信号电流回路。

该输入电流约为 $24V-(1.3V+0.7V)/4.7k\Omega \approx 5mA$。

其中，光耦合器与二极管的串联电压降约为 2V。

以 Y 开关量输出信号电路为例：IC1 的 56 脚变为低电平时，形成了由 +5V 经限流电阻 R47 流入光耦输入侧的信号电流。

该信号电流约为 $(5V-1.3V)/1.5k\Omega \approx 2.5mA$。

说明 --

光耦合器是电 – 光 – 电转换器件，典型工作电流为 5 ~ 10mA，新型器件则允许工作电流更小一些，极限工作电流为 20mA 左右；输入电压降在 1.1 ~ 1.7V 以内。元件制作厂家（材料和工艺）的不同，电压参数差异较大。应该关注的是输入电流值，其为电 – 光转换的能量基础。

下面介绍图 9-11 所示开关量控制端子电路的故障检修。

正常应用中，端子电路的损坏率并不高。导致损坏的原因如下：

① 将输入端子误作输出端子，引入危险的高电压，如 AC220V；

② 从控制线路上引入雷击。

输入端子电路的检修方法如下。

可以单独为 MCU 主板提供 24V 电源（无须整机上电），即能检查

数字端子电路的工作状态。方法是：

① 万用表的电流挡跨接于 FWD 和 CM 端，正常电流值应为 5mA 左右。若电流为 0，光耦合器 PC1、限流电阻 R1、隔离二极管有断路故障。

② 同时监测 PC1 的输出侧 3、4 脚，输入电流形成时，3、4 脚之间的电阻由百千欧级，降为百欧级，说明开关量输入电路是好的。

输入电流形成时，输出端电阻值无变化，PC1 坏掉。

③ MCU 主板与电源 / 驱动板连接状态下，当短接 PC1 的 3、4 脚时，变频器仍不能进入启动运行状态。

a. 检测控制参数的设置，FWD 端子功能是否为"正转运行"；

b. MCU 的 21 脚内部电路坏掉。可设置其他输入端子作为运行指令输入端。

输出端子的检修方法：以 30A、30B、30C 无源触点信号输出电路为例。

用恒压 / 恒流电源，给定电流为 3mA，给定电压为 2V，直接加到 PC13 的 1、2 脚：

① 听到 RY1 继电器的动作声，测 30A、30B、30C 端子动作状态都正常，端子电路正常；

② 短接 PC13 的 3、4 脚才听到 RY1 的动作声，PC13 损坏；

③ 仍然听不到 RY1 的动作声，RY1 损坏。

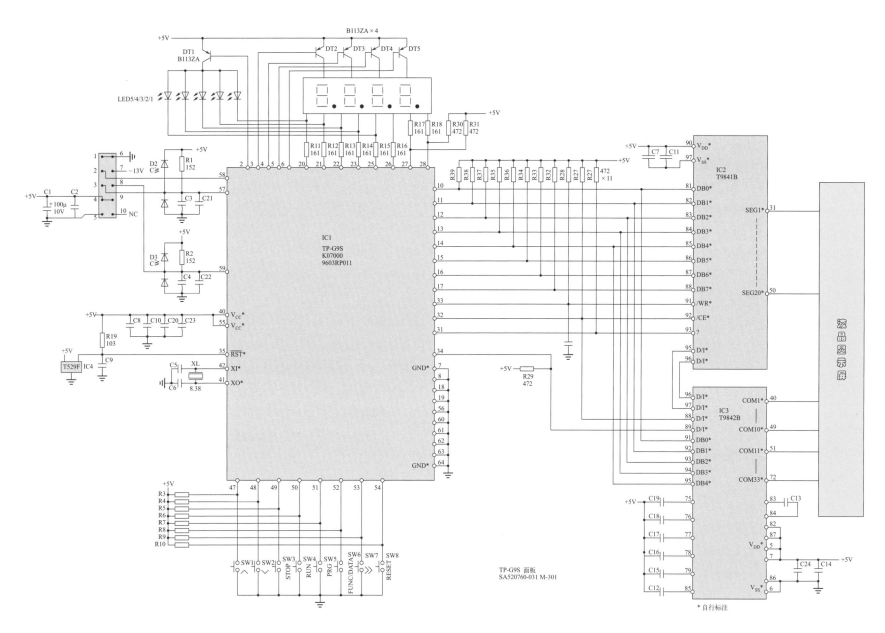

图 9-12　富士 P9S-7.5kW 变频器操作显示面板电路原理图

富士 P9S-7.5kW 变频器操作显示面板电路原理图解

遗憾的是：IC1、IC2、IC3 的相关资料都没有查到。

IC1（MCU 器件）的 57、58 脚为串行数据通信端，57 脚为主板 MCU 来的输入串行数据，58 脚为返回 MCU 主板的串行数据，两片 MCU 之间（两位"司令员"）直接握手交流，省掉了其他通信工具。

两个串行数据为矩形波脉冲信号，频率变化数值多少，不用管它——只管信号的有无，不管信号的内容（想管也管不到）。

显示异常时，57 脚有信号，MCU 主板已经工作，面板工作异常；58 脚有去往 MCU 的联络信号，但 MCU 主板未做出回应（57 脚无矩形波信号），说明 MCU 主板"已经罢工"。

操作显示面板采用发光数码管与液晶显示器的双显示窗结构。

IC1 独立承担发光管数码显示器的驱动任务，如果加上分离的发光二极管，可看作为 5 位显示系统。IC1 的 2、3、4、5、6 脚输出的 5 路"位驱动"信号，经 DT1 ～ DT5 等 5 只晶体三极管进行电流放大，提供 4 位数码管及分离发光二极管的总电流；IC1 的 20 ～ 28 脚提供发光单位每一个显示段的"段驱动"信号电流。二者配合，完成数值显示任务。

IC1 的 47 ～ 54 等 8 个引脚（内为 8 位存储器的电路结构）处理 8 只按键输入的"按键信息"，再由 IC1 的 58 脚将此信号送入 MCU 主板的 IC2，进行参数设置的读、写操作。

IC1、IC2、IC3 则共同完成对液晶显示器的驱动任务。其中 IC2、IC3 为专用驱动芯片，提供液晶屏中每一段笔画显示的"驱动力"。由于未能查到相关资料，IC2、IC3 的相关功能脚标注仅仅是参考意义上的"猜测性标注"，而非实际资料中的"实际标注"！虽然查不到资料，作者也尽可能地给出"一点引导"，但此引导有可能是错误的，不确切的。

在《显示器件应用分析精粹》（龙虎著）一书中，恰好看到了芯片型号为 ILI9341 的功能框图（图 9-12-1），与 IC2、IC3 的功能应该是相近的吧，放在此处以资参考。

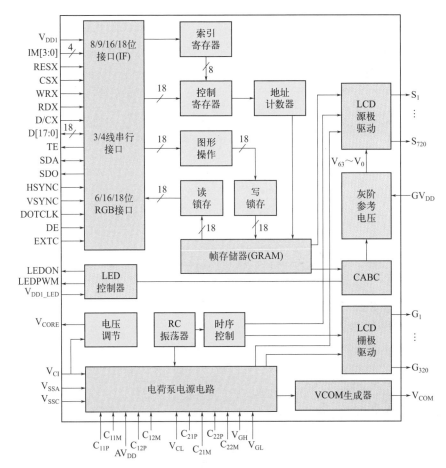

图 9-12-1　液晶驱动芯片 ILI9341 功能框图

第 10 章

富士 P11S-200kW 变频器整机电路原理图及图解

图 10-1 富士 P11S-200kW 变频器整机外观和铭牌图

图 10-2 富士 P11S-200kW 变频器电源 / 驱动板实物图
（对应图 10-5 中的部分电路，图 10-6、图 10-7、图 10-9、图 10-10 所示电路图）

图 10-3　富士 P11S-200kW 变频器 MCU 主板实物图

（对应图 10-5 中的部分电路，图 10-11 ~ 图 10-13 所示电路图）

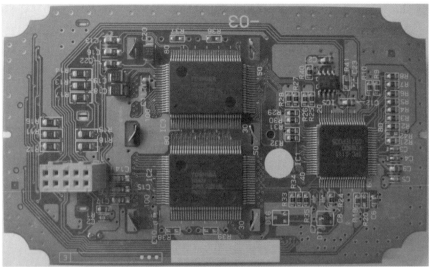

图 10-4　富士 P11S-200kW 变频器操作显示面板正、反面实物图

（对应图 10-14 所示电路图）

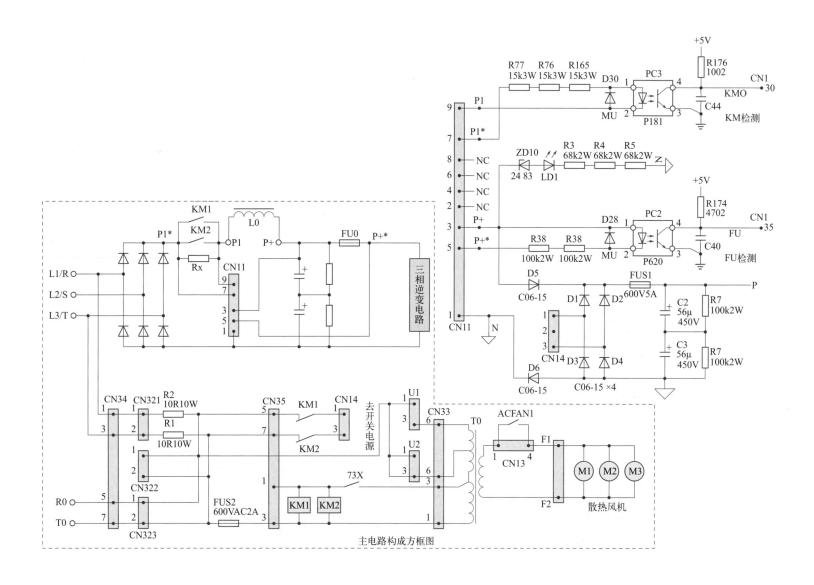

图 10-5　富士 P11S-200kW 变频器主电路示意图及部分检测电路图

富士 P11S-200kW 变频器主电路示意图及部分检测电路图解

本章电路测绘之初，手头仅有电源 / 驱动板、DSP 主板、面板等 3 张电路板，测绘完毕要进行分析时，发现如果少了主电路图，尤其是少了 CN11、CN14 等与主电路有密切联系的端子去向图，对相关检测电路与开关电源的图解则无法进行。对于开关电源的供电来源、检测信号的采样点，如果仅仅依靠读者的想象能力来"补全电路"几乎是很难做到的。

参考曾经测试过的同类型机器（虽然功率级别有差异），其主电路结构是相同的，增补了图 10-5 中虚线框内的主电路图（只是省略了逆变电路而已）。知道了相关端子在主电路中的位置和连接点，也就不用再想象检测电路是如何工作的了。

日系机器对输入电源端子的标注为 L1/R、L2/S、L3/S。输入三相交流电源电压，经三相整流桥电路、充电限流电阻 Rx（暂时不知具体数值大小，故标以 Rx），为储能电容 C1、C2（将实际的全部储能电容等效为 C1、C2）充电。随后 MCU 主板发出工作接触器动作指令后，工作接触器 KM1、KM2（大功率变频器，两只接触器的主触点并联，起到扩流作用）动作，变频器进入待机状态。直流母线电压经熔断器 FU0，送入由 IGBT 功率模块组成的三相逆变电路（逆变电路省略未画）。

故障检修中需要解决几个重点问题：

① 开关电源电路的供电来源。

a. 上电期间，工作接触器 KM1、KM2 未动作之前。

从端子 CN34、CN21、R1、R2、CN35 端子引入的 380V 交流电源，经 KM1、KM2 的辅助常闭触点至 CN14 端子，然后经过由二极管 D1 ～ D4 组成的桥式整流电路、熔断器 FUS1、滤波电容 C2 与 C3，得到约为 500V 的直流电压，由 P 点引入开关电源电路。

b. KM1、KM2 动作之后。

KM1、KM2 的常闭辅助触点断开，此时开关电源的供电，改由 CN11 的 3、1 脚引入的直流母线电压，经隔离二极管 D5、D6 引入开关电源。

上电期间，开关电源的供电来源经历了一个交流切换直流的动作控制过程。可以看到，若 KM1、KM2 的辅助常闭触点产生接触不良故障，则开关电源即不能得到工作电源。

② 由光耦合器 PC3 等元件组成的 KM1、KM2 主触点状态检测电路。

若 MCU 主板发送 KM1、KM2 动作信号之后，KM1、KM2 因某种故障原因未能正常动作，则变频器的启动动作必然造成 Rx 两端之间的巨大电压降，此点电压降检测信号经由 CN11 端子的 7、9 脚馈入 KM 状态检测电路，光耦合器 PC3 由此具备导通条件，4 脚电压变为 0V 低电平，经 CN1 端子的 30 脚送入 MCU 主板，变频器因而会报警"KM 状态异常"而停机。

当电源 / 驱动板与主电路相脱离时，因检测条件被破坏，检修中导致上电即产生报警信号，屏蔽方法是将 PC3 的 3、4 脚暂时短接。

③ 从 CN11 的 3、5 脚引入的是主电路熔断器 FU0 的状态检测信号，当 FU0 熔断时，P+ 与 P+* 之间的电压差即为直流母线电压值（一个闭合回路中，断点即为供电电压值），此时光电耦合器 PC2 具备导通条件，4 脚电压变为 0V，将"熔断器已断"的故障信号经 CN1 排线端子的 35 脚送入 MCU 主板。变频器处于故障报警与停机保护状态。

整机正常连接情况下，上电即报熔断器故障，可以暂时短接 PC2 的 1、2 脚，若报警信号消失，其原因为熔断器已坏。再测 PC2 的 3、4 脚电压为 0V，查 +5V 和 R174 正常，故障为 PC2 损坏。

拆掉 PC2，仍报警熔断器故障，查 CN1 的 35 脚后续电路（至 MCU 主板），是否将熔断器正常的检测信号电压送入了 MCU 引脚。

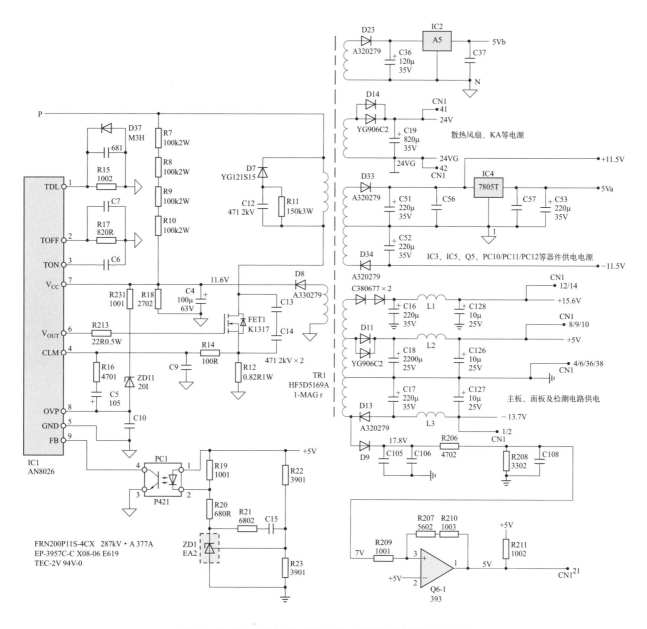

图 10-6　富士 P11S-200kW 变频器开关电源电路图

富士 P11S-200kW 变频器开关电源电路图解

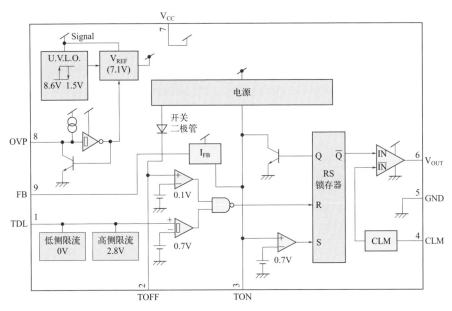

图 10-6-1　IC1（印字 AN8026）PWM 电源芯片内部功能框图

对于习惯了采用 3844B 芯片的开关电源维修的人来说，突然遇到采用 AN8026 芯片的开关电源，不禁愣了一下：这种开关电源好修吗，能修好吗？

AN8026 为 9 脚单列直插式专用 PWM 电源芯片，内部功能框图如图 10-6-1 所示。先了解一下引脚功能。

1 脚：标注 TDL，为脉冲变压器磁通复位检测端，开关管截止期间为高电平，脉冲变压器内部能量开始释放，释放完毕时变为低电平，开关管才具备开通条件。

2 脚：标注 TOFF，开关管最小关断时间设置端，外接 RC 电路，其时间常数决定关断时间。

3 脚：标注 TON，开关管最小开通时间设置端。电容量的大小与开关管的导通时间成正比。

4 脚：标注 CLM，开关管电流采样信号输入端。

5、7 脚：芯片供电端。

9 脚：标注 FB，反馈电压信号输入端，该脚电压升高 / 对地电阻增大时，输出脉冲占空比增大，否则减小。

6 脚：标注 V_{OUT}，PWM 脉冲输出端，控制开关管开通 / 关断时间比例，实现稳压控制。

宏观上看，开关电源的工作原理大致是相同的或相近的，因而无论采用何种芯片的开关电源，检修思路和方法上一定是大同小异。AN8026 和 UC3844B 可以做一个引脚功能上的比较，如下所述。

二者的 5、6、7 脚功能相同；AN8026 的 4 脚即为 UC3844B 的 3 脚，为电流检测信号输入端；AN8026 的 9 脚即为 UC3844B 的 1 脚，为误差放大器输出端，控制 6 脚脉冲占空比的大小；AN8026 的 2、3 脚相当于 UC3844B 的 4 脚，形成芯片工作的基准频率，在 2、3 脚上也必然能测到振荡脉冲。所不同的是 UC3844B 的最大占空比由内部电路结构所决定，而 AN8026 芯片则给予设计者更大的自由空间，开关管的最小关断时间与最小开通时间可独立设置。

此外，最大的不同之处是：AN8026 的 1 脚有一个脉冲变压器磁通复位检测端，UC3844B 芯片无此功能。但本机电路恰恰取消了此功能。

分析的结果是，AN8026 与 UC3844B 的引脚功能、工作模式并无不同，适合 UC3844B 的检修思路和检修方法完全可以照搬过来，对 AN8026 芯片的工作状态进行检查。

直流母线欠电压采样信号：取自 −13.7V 的供电绕组，经整流、积分处理得到 7V 检测电压，再由 Q6-1 比较器处理，送往端子 CN1 的 21 脚。

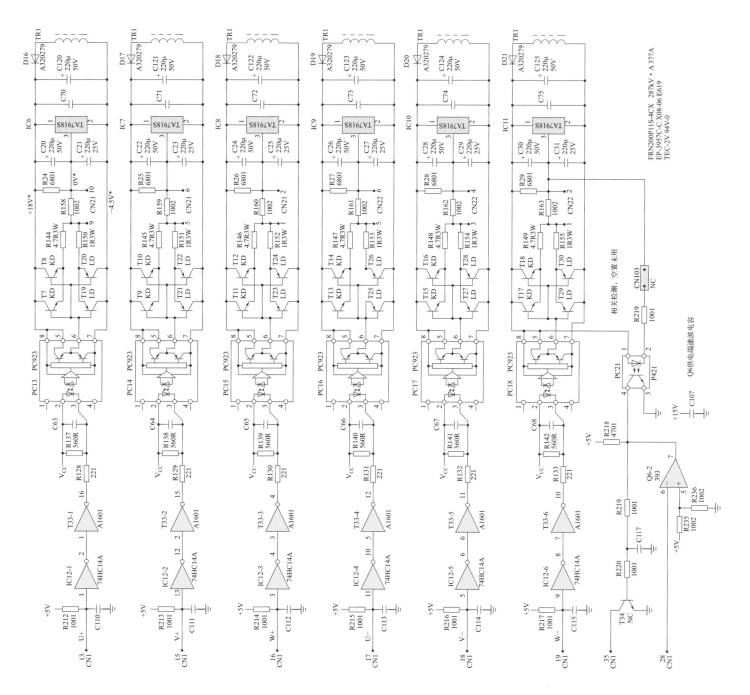

图 10-7 富士 P11S-200kW 变频器驱动电路图

富士 P11S-200kW 变频器驱动电路图解

驱动电路的供电电源有多种电路形式。本机驱动电路的工作电源如图 10-7-1 所示，C122 两端的"总电压"再经三端负输出稳压器 TA7918S 稳压 / 分压变为 V+（+18V）和 V− 电压（总电压减去 18V 剩下的电压值）。

此外，采用三端正输出稳压器，也可以得到 V+、V− 供电，如图 10-7-2 所示。可知 0V 和 −8V 是稳压的 8V，V+ 与 0V 则是非稳压的"剩余电压"。

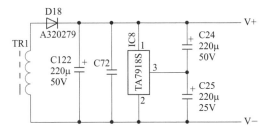

图 10-7-1　本机驱动电路的工作电源

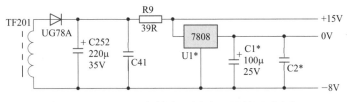

图 10-7-2　采用负输出三端稳压器的驱动电源

三端稳压器的此种应用，可能会表现得比较"新奇"。

作为单供电绕组输出电压的处理，图 10-7-3 和图 10-7-4 所示电路也是经常碰到的，系采用电阻 R 和稳压二极管 Z，将"总电压"进行"裂变"，而得到 V+、V− 两路正负供电电压。其"总电压"范围一般为 22 ～ 28V，V+ 电压范围为 +12 ～ +18V，V− 电压范围为 −5 ～ −12V。Z1 两端为稳定电压，R1 两端则是"剩余电压"。R1、Z1、C1、

C2 的取值范围在图 10-7-3 中已有标示。图 10-7-4（a）所示电路与图 10-7-3 所示电路仅仅是 R1、Z1 互换了位置；图 10-7-4（b）所示电路中，V+、V− 则来自同一抽头，D1 工作于反激模式，D2 则工作于正激模式，输出电流小、电压高，故经 R1 降压、Z1 稳压后取得 V− 供电。

图 10-7-5 为最佳供电方案，电路的稳压和带载能力最佳。

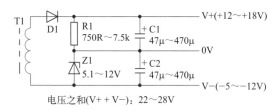

电压之和(V+ + V−)：22～28V

图 10-7-3　采用 R、Z 分压的驱动电源

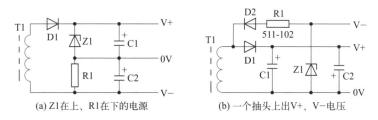

(a) Z1 在上、R1 在下的电源　　(b) 一个抽头上出 V+、V−电压

图 10-7-4　单绕组电源另两种电路形式

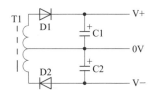

图 10-7-5　质量"最佳"的供电电源

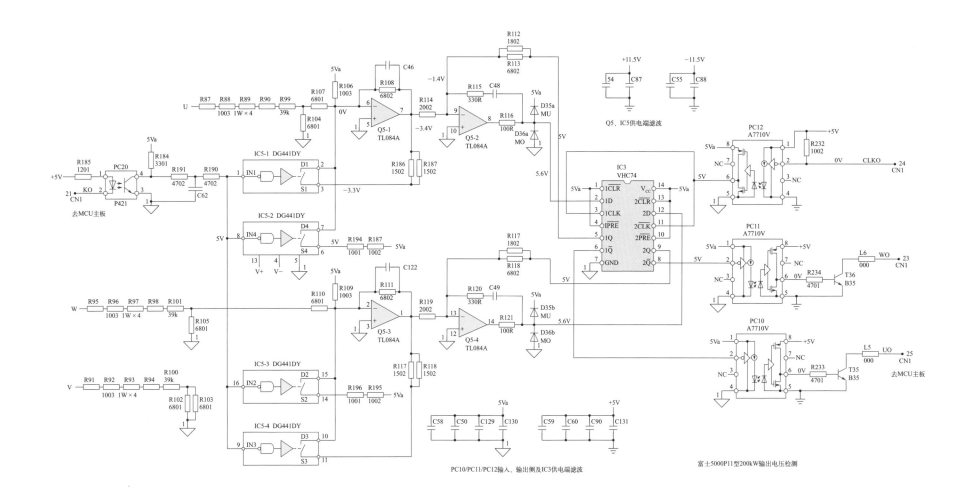

图 10-8　富士 P11S-200kW 变频器输出电压检测电路图

富士 P11S-200kW 变频器输出电压检测电路图解

图 10-8-1 中仅画了 U 相输出状态检测电路，W 相输出状态检测电路的形式完全一样，可以相互参考。图中各点标注值为停机或待机状态中的数据。对此略作分析如下。

（1）光耦合器 PC20 及模拟开关 IC5 的状态

显然模拟开关 IC5-1、IC5-2 处于"关"的状态，由此推知，光耦合器 PC20 处于非导通状态，4 脚为高电平。

（2）反相衰减器 Q5-1 的状态

此时在停机状态，U 相输入电压为 0V。Q5-1 反相衰减器处于对输入 5Va 进行 68/100 的放大倍数，故得到输入 5V、输出 −3.4V 的结果。不为此结果，Q5-1、PC20 电路的工作状态为故障状态。

（3）积分电路 Q5-2 的状态

此时，Q5-2 因不能具备积分的工作条件而工作于电压比较器区域，反相输入端输入 −1.4V 与同相输入端 0V 相比较，在输出端 8 脚得到最大输出电压，由 D35a 钳位，形成 5.6V 的高电平电压，输入至 D 触发器的数据输入端。

（4）IC3-1 的状态

IC3-1 此时其实处于"停滞状态"。自 MCU 主板来的 CLKO 信号经光耦合器 PC12 将同步时钟信号（此时非同步时钟，仅为一个高电平直流电压）输入至 IC3-1 的 1CLK 端。1Q 输出端为 5V 高电平，反相输出端 $\overline{1Q}$ 为 0V 低电平。

一般而言，各级电路的待机状态是对的，也就奠定了动态工作正常的基础。但对于本机电路来说，尚有由软件程序决定的控制信号能否正常参与的因素。

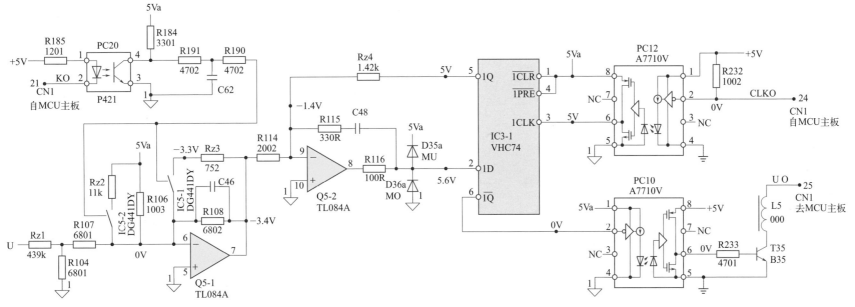

图 10-8-1　U 相输出状态检测电路

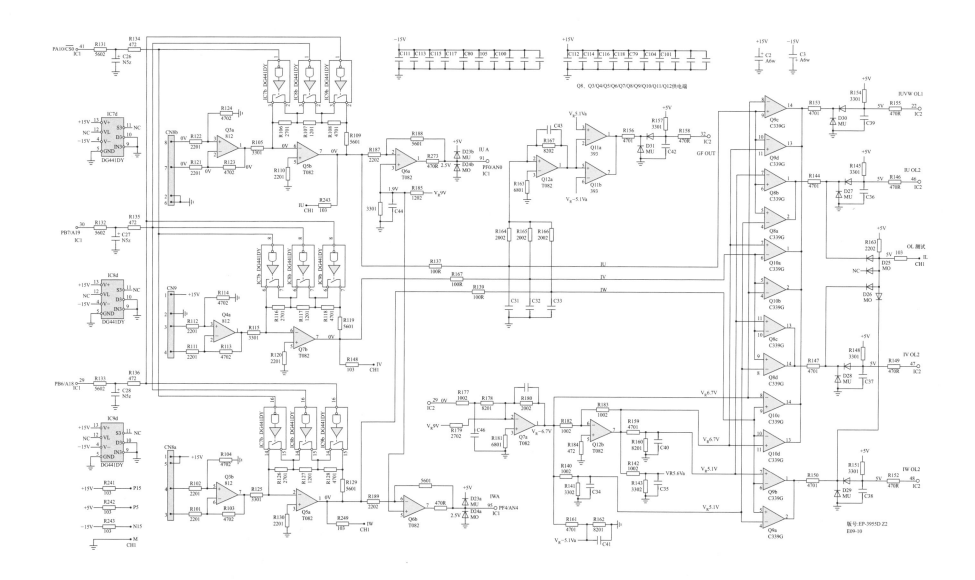

图 10-9　富士 P11S-200kW 变频器输出电流检测电路图

富士 P11S-200kW 变频器输出电流检测电路图解

本机检测电路的特点更多体现在"软件程序的参与"上，放大器电路是 MCU 参与的"可编程放大器"。另外，输入电流检测电路的复杂程度在进口品牌的产品中也是罕有其匹的。图 10-9 所示电路的检修思路：

（1）首重两端，忽略中间

3 只电流传感器的插线端子为 CN8a、CN8b、CN9，此为图 10-9 所示信号电路的首端。Q3a、Q3b、Q4a 的前置级电路采用电压放大倍数约为 2 倍的差分放大器，从电路结构看，电流传感器的空置与否不会影响检测结果：

① 电流传感器处于连接状态，只要电流传感器是好的，其输出信号之差必然为零，差分放大器输出电压为 0V；

② 电流传感器处于脱离状态，因 Q3a、Q3b、Q4a 等 3 路差分放大器同相输入端有接地电阻的存在，3 路放大器输出端仍为 0V。

中间的大片电路先不管它，MCU 附近的 D23a、D24a 与 D23b、D24b 二极管电压钳位点是模拟信号处理的末端，其正常电压值为 2.5V（MCU 的电源电压的 1/2）左右。

Q8、Q9、Q10 构成了开关量（过载故障报警处理）输出电路的末端，3 片比较器的输出端应为高电平状态。

（2）光看静态，不管动态

检修过程中，线路板多处于与主电路相脱离的状态，无论对线路板发布停机或运行指令，事实上，图 10-9 所示的检测电路都处于"零电流信号"的处理模式——处于工作的静态，有时作者称之为"休闲态"或"休闲期"，为施加直流电压信号进行检测带来方便。

以 Q5、Q6、Q7 等中间级电路为例，电路结构为反相放大器（同相输入端接地符合"虚地规则"），因输入信号为 0V，各路输出端电压都为 0V，是正常状态。

我们先来假定线路板处于整机正常连接状态下，变频器输出端已接入电动机，且运行于带载状态下，那么我们所测各点的 0V 电压是否有所变化？

从惯于用直流电压挡测量各点电压的角度看，电路的动、静态直流电压值是一样的才是正常状态。静态工作点对了，动态大致上也是对的。但注意会有例外：如放大器的反馈电阻值，因静态输入为 0V 的缘故不会表现为故障，动态时会因电压放大 / 衰减倍数偏离设计值，输出错误的故障信号。

（3）庖丁解牛，不见全体

Q5、Q6、Q7 等中间级电路为可编程反相放大器电路。根据 MCU 的 3 个二进制信号，可形成"000～111"的 8 种组合控制模式，故可知 Q5b 电路可有 8 种受控放大器倍数。当 MCU 控制信号电平为"000"时，IC7b、IC8b、IC9b 等 3 路模拟开关全部闭合，反馈回路的 R106、R107、R108 被短路，电路的电压放大倍数不足 2 倍；当控制信号为"111"时，IC7b、IC8b、IC9b 等 3 路模拟开关全部关断，反馈回路的 R106、R107、R108 被串入反馈回路，电路的电压放大倍数增大为 4 倍左右。Q5b、Q7b、Q5a 等 3 路放大器的输出端，在静态检测时都为 0V。

电路在什么情况下工作于何种电压放大倍数之下，是由设计者（软件编程者）的意图来决定的。应该是根据启动过程、运行过程、加速过程、减速过程等不同的工作状态"随机匹配"其电路的工作参数的。

第三级或末级电路：Q6a 及外围电路构成预加 1.9V 基准电压的反相放大器。该级电路的任务是将前级电路送来的 0V 抬升为 MCU 输入端所需的 2.5V。

Q12a、Q11a、Q11b 构成接地故障检测与报警电路，Q8、Q9、Q10 等比较器电路构成 OL1、OL2 过载故障检测与报警电路，Q7a、Q12b 则提供 Q8、Q9、Q10 等比较器的两组正、负比较基准。

上电产生 EF（接地）、OL1、OL2（过载）报警，各路电压比较器的输出端是测试关键点。

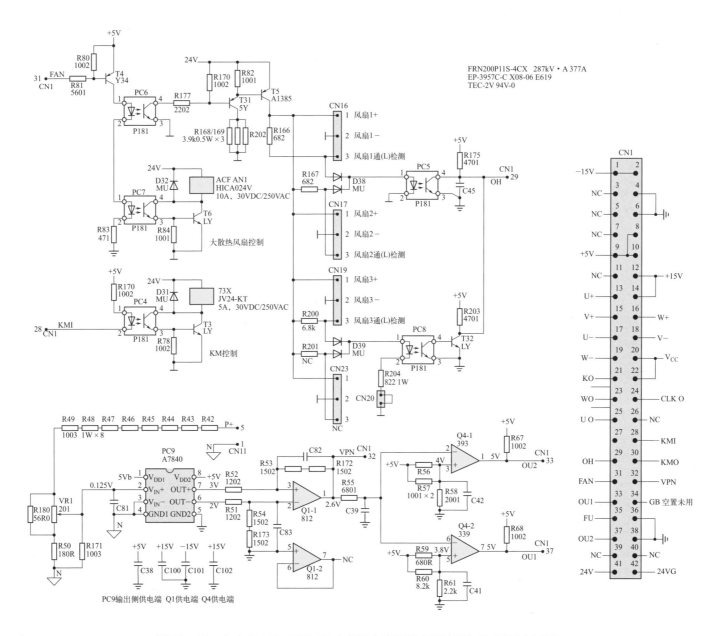

图 10-10　富士 P11S-200kW 变频器直流母线电压检测与风扇控制电路图

富士 P11S-200kW 变频器直流母线电压检测与风扇控制电路图解

（1）直流母线电压检测电路（图 10-10 下部电路）

变频器的直流母线电压检测电路是一个相对重要的检测内容。本机电路中，串联电阻分压电路直接采样 P、N 端电压，由线性光耦合器 PC9（印字 A7840，型号 HCPL-7840，8 脚双列直插陶瓷封装器件，双端差分输入、双端差分输出，8 倍电压放大倍数）进行电气隔离和线性放大后，送入后级双端输入单端输出的差分放大器电路，处理所得模拟量信号经 CN1 端子的 32 脚送入 MCU 主板；差分放大器 Q1-1 的输出信号电压，同时还送入由 Q4-1、Q4-2 组成的梯级电压比较器，得到 OU1、OU2 的故障报警信号，经 CN1 端的 37 和 33 脚输入 MCU 主板。

由偏置电路的参数可看出，PC9 与 Q1-1 的总电压放大倍数约为 20 倍，故得到 0.125V 分压采样信号，放大处理后得到约为 2.6V 的检测信号送入 MCU 主板。

Q1-2 为"闲置放大器"，将同相输入端接地，电路接成电压跟随器模式，以使其处于稳定的闲置状态。若输入端悬空，容易在输入侧感应电路的电磁噪声，而导致输出级电路的电流、电压无规则波动，严重时甚至损坏运放芯片。这是使一个"社会闲散人员"不至于成为一个"无业游民"的技术措施。

（2）散热风扇控制与检测电路和 KM 控制电路（图 10-10 上部电路）

① 工作接触器 KM 控制电路　MCU 检测主电路储能电容两端已经建立正常电压，预示着充电过程已经结束，从 CN1 端子的 28 脚输入 KM 动作信号，光耦合器 PC4、驱动管 T3 导通，继电器动作，继而接通工作接触器线圈电源，主电路 KM1、KM2（二者并联，目的是扩流）同时产生闭合动作。

② 散热风扇控制电路　从 CN1 的 31 脚输入风扇 MCU 主板，由 MCU 发送"风扇运转"指令，输入侧电路串联连接的 PC6、PC7 光耦合器一起导通：

PC7、T6 驱动继电器，再由继电器驱动 3 只功率较大的散热风扇，为工作中的 IGBT 逆变电路提供散热条件。

PC6、T31、T5 则经 CN16、CN19 端子（风扇供电端子）驱动两只专门为电路板散热的小功率风扇。

PC5、PC8 及外围元件组成两只风扇工作状态的检测电路，确认两只风扇状态异常时，经 CN1 的 29 脚向 MCU 主板返回 OH（风扇异常）故障。

风扇为三线式器件，其中两线为 24V 工作电源引入，第三线为风扇状态检测信号线，内置开路集电极输出式晶体管。风扇运转中，内置晶体管导通，该端子信号电压相对于 24V 电源负端为低电平。若风扇得到工作电源后未能正常运转，则内置晶体管处于关断状态，此时由上拉电阻 R167、隔离二极管 D38 提供 PC5 的输入侧电流，PC5 输出端变为低电平，将风扇故障信号"汇报"给主板 MCU。

三线式风扇是个能输出状态信号的器件。输出信号有 3 种模式：

① 开关量信号。如本机电路，后续检测电路也相对简单，代换二线端风扇时，可将检测信号线与供电负端短接进行报警屏蔽。

② 矩形脉冲。风扇运转中发送脉冲，此脉冲频率还有可能与风扇转速呈比例关系。检测电路往往采用单稳态触发器，构成类似看门狗功能的电路。后续电路复杂性提高，在风扇端子上也无法直接进行报警屏蔽（须在后级电路想办法）。

③ PWM 脉冲。风扇运转中信号检测线同时输出脉冲信号，脉冲占空比与风扇转速成比例，检测电路可获得风扇的转速信息，故后续检测电路与故障屏蔽方法也较为复杂。

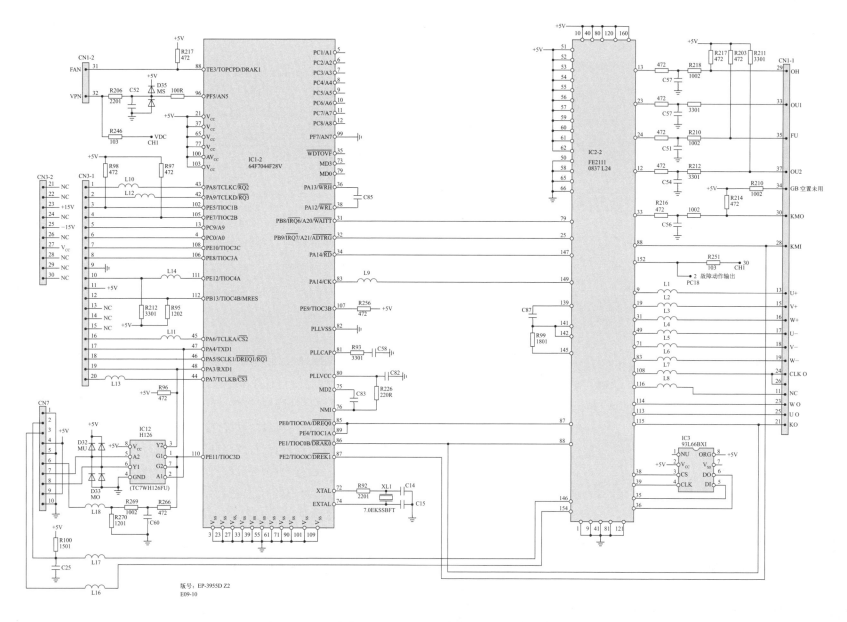

图 10-11　富士 P11S-200kW 变频器 MCU 外围电路图

富士 P11S-200kW 变频器 MCU 外围电路图解

IC1（印字 64F7044F28V，MCU 芯片，112 脚器件）的引脚功能标注见图 10-11-1。未能查到 IC2（专用芯片）的相关资料。

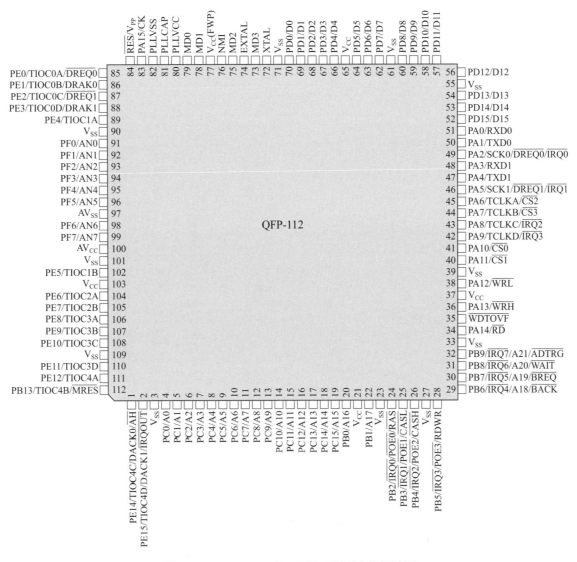

图 10-11-1　64F7044F28V 引脚功能标注图

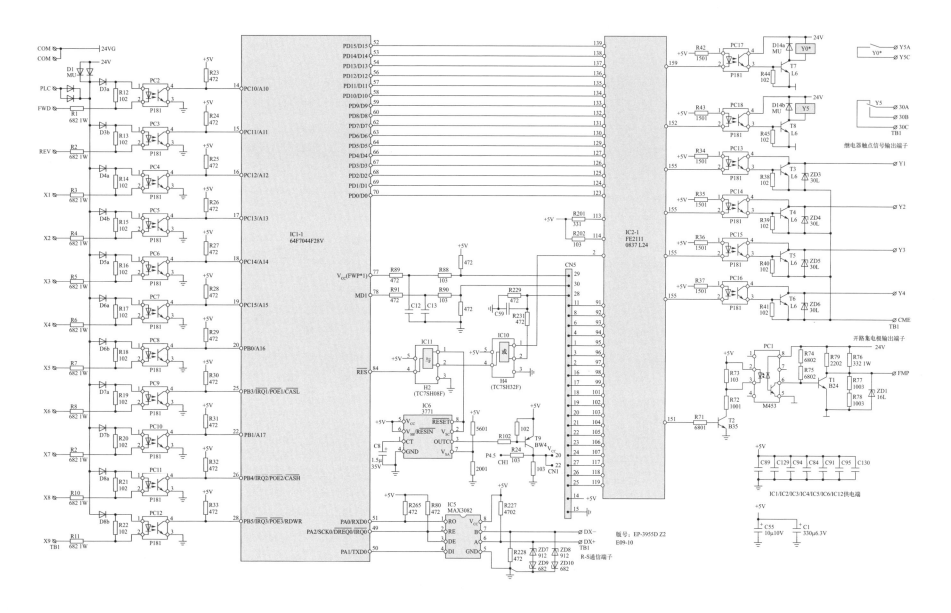

图 10-12　富士 P11S-200kW 变频器开关量控制端子电路图

富士 P11S-200kW 变频器开关量控制端子电路图解

（1）数字（开关量）信号控制电路

包含数字（开关量）信号输入电路和信号输出电路，通常采用光耦合器电路实现安全隔离与噪声滤波的功能。

本机的输入信号控制电路中，用户还具有选择共源输入、共漏输入的权利。当 PLC 端子与 COM 供电端连接时，FWD、X1 等输入端为"输入高电平有效"的工作模式；当 PLC 端子与 24V 相连接时，FWD、X1 等输入端为"输入低电平有效"的工作模式。

这是为了配合 PLC（输出触点）工作时，适应 PLC 输出特性而设置的。

有些机器设有"高速脉冲"输入端子，如输入编码器脉冲等，从光耦合器输入侧电阻的配置可以看出，光耦合器输入电流大者为高速端口。

数字（开关量）信号输出电路（见图 10-12 右侧）具有两路继电器触点输出信号电路和 4 路开路集电极信号输出电路。后者因为没有机械动作限制，允许高速信号输出，也可以灵活驳接电阻、LED、继电器等直流负载。

本机电路中，IC1 为 MCU 器件，用于系统协调和对各种事件的处理；IC2 则貌似更专注于数据的处理。因器件引脚过多，将 IC1 与 IC2 拆分为 IC1-1、IC1-2 两个部分来"罗列"引脚信号去向，对 IC2 的处理也是如此。IC2 的器件资料未能查得，是否可定义为"本产品专用芯片"？其实该类芯片，"通用"仅仅具有"硬件基础"上的意义，其芯片内部运行的"软件数据"，则具有"专机专用"的特点。一般来说，检修者很难将 IC1 内部数据取出，更难也无必要改变其内部数据。

而一个产品的技术核心，往往也体现在芯片内部软件数据的价值上。

（2）IC1、IC2 的任务分工

也许检修者只需 IC1、IC2 的工作状态，正常工作中还是罢工？这由其工作要素（如电源、时钟、复位、通信等）是否具备，以及输入、输出端口的工作状态来判定。

明了二者的分工，给划定故障范围带来判断依据。

① IC1 的"职责所在"

a. 处理数字（开关量）输入信号，由控制端子输入；

b. 处理与上位的 RS485 通信信号；

c. 设有系统硬件复位端，但 IC2 也参与 IC1 复位信号的生成；

d. 负责系统时钟信号的产生；

e. U、V、W 输出电流检测（模拟量）信号的输入处理；

f. 直流母线电压检测（模拟量）信号的输入处理；

g. IGBT 功率模块温度检测（模拟量）信号的处理。

② IC2 的"职责所在"

a. 处理数字（开关量）输出信号，由控制端子输出；

b. 控制端子模拟量输入、输出信号的处理（处理方式为开关量模式）；

c. 处理外挂存储器的读、写操作，并内置"出厂数据"；

d. 与操作控制面板产生信息往来；

e. U、V、W 输出状态检测信号（开关量）的输入处理；

f. OH 过热报警，FU 熔断器报警，OU1、OU2 过电压报警（3 种信号均为开关量）的输入处理；

g. U+ ～ W- 等 6 路逆变脉冲信号的生成；

h. 制动脉冲 GB 信号的生成。

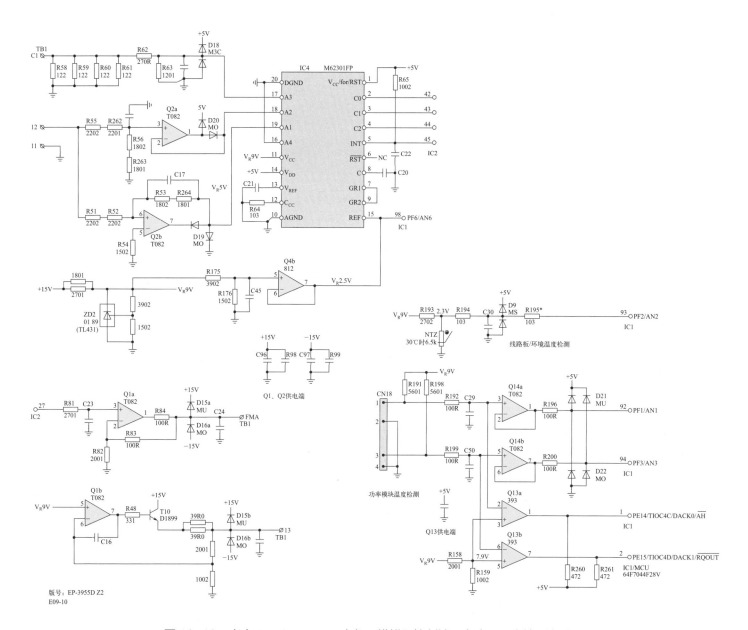

图 10-13　富士 P11S-200kW 变频器模拟量控制端子电路及温度检测电路图

富士 P11S-200kW 变频器模拟量控制端子电路及温度检测电路图解

（1）10.8V 调速电源生成电路

+15V 经降压电阻、2.5V 基准电压源器件 ZD2，得到 VR9V 基准电压，再经电阻分压和电压跟随器 Q4b 处理得到 VR2.5V 基准电压，输入 IC1 的 98 脚和 IC4 的 15 脚，作为二者进行 A-D 转换的参考基准。

同时，VR9V 经 Q1b、T10 进行扩流和电压放大，得到 10.8V 端子调速电源，从 TB1 控制端子的 13 脚输出。

（2）0/4 ～ 20mA 电流信号输入电路

TB1 的 C1 端子为 0/4 ～ 20mA 电流信号输入电路，输入电流信号通过 R58 ～ R63 等电阻，实现了 *I-U* 转换，得到 0 ～ 5V 的电压输入，经二极管钳位电路送入 IC4 的输入端 17 脚。

（3）0 ～ 10V 电压信号输入电路

TB1 的 11、12、13 端子为外接电位调速端子，0 ～ 10.8V 的调速电压信号由 12 脚输入，先由 R55、R262、R56、R263 分压处理，再经 Q2a 有选择地电压跟随（放行正的电压，挡住负的输入）后送入 IC4 的输入端 18 脚。二极管 D20 起到选择信号输出方向和 5V 电压钳位的作用。

TB1 的 12 脚输入调速电压，同时经反相衰减器 Q2b 处理得到 VR-5V 的基准电压，送入 IC4 的 19 脚。

（4）简说 IC4（印字 M62301FP，12 位 4 通道 AD 转换器，20 引脚器件）

10、11 脚为模拟量输入信号处理电路供电端。14、20 脚为输出侧数字信号输出电路供电端。15 脚为 A-D 转换基准电压输出端。ZD2（2.5V 基准电压源器件）和 Q4b（电压跟随器电路）取得 V_R2.5V，同时输入 IC4 的 15 脚和 IC1 的 98 脚（IC1 同时检测 V_R2.5V 的正常与否）。13 脚为 1.22V 基准电压形成，外接滤波电容。12 脚为恒流控制端，外接电阻决定和取得电流基准。6、5 脚分别为 $\overline{RST}$ 和 INT 控制信号输出端，本电路 6 脚空置。1 脚为 V_{CC} 复位端。

以上引脚电路内、外部电路的正常是 IC4 进行 A-D 转换所需的工作条件。

16 ～ 19 脚为 A1 ～ A4 等 4 路模拟量信号输入端。2、3、4 脚为 C0、C1、C2 等 3 路数据输出端。

笔者习惯采用的检测方法是，让 A 输入端电压产生变化，C 输出端电压或频率若产生同步（正向的或反向的比例）变化，则芯片及外围电路即是好的，否则为芯片问题或芯片工作条件不具备（比如丢失基准电压，需要检测外围电路来确认）。

（5）环境温度检测电路

R193、NTZ、C30、D9 等电路构成环境温度检测电路，检测信号输入 IC1 的 93 脚。

（6）功率模块温度检测电路

电压比较器 Q13a、Q13b 构成温度传感器"断线检测"电路，CN18 端子脱离温度传感器或温度传感器断线故障发生时，Q13a、Q13b 输出端变为低电平的故障报警信号，送入 IC1 的 1、2 脚。

电压跟随器电路 Q14a、Q14b 将两路温度检测信号电压经 D21、D22 钳位后送入 IC1 的 92、94 脚。

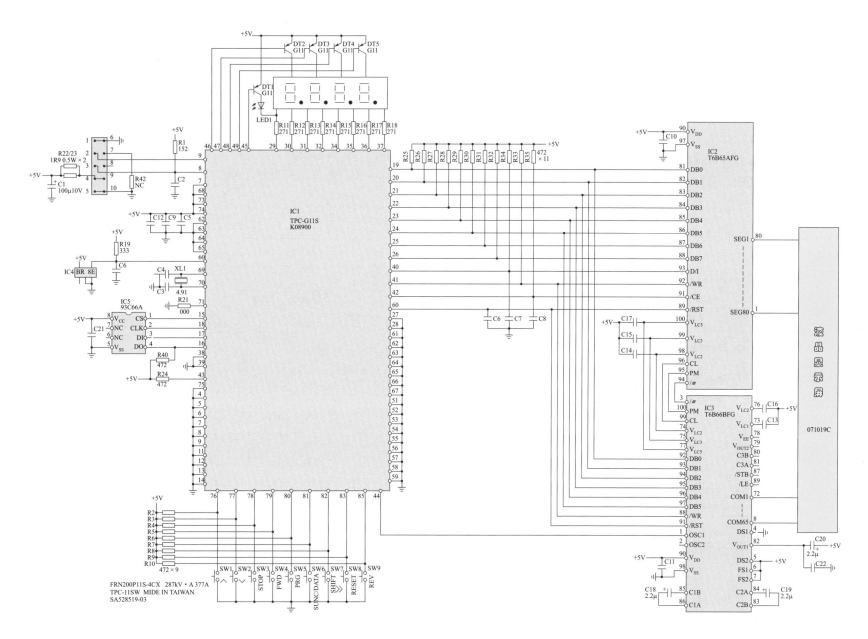

图 10-14　富士 P11S-200kW 变频器操作显示面板电路图

富士 P11S-200kW 变频器操作显示面板电路图解

操作显示面板（以下或简称面板）作为变频器产品的第 3 块电路板（其余两块电路板为电源 / 驱动板和 MCU 主板），理所当然地成为故障检修内容之一。

从显示配置上看，操作显示面板有 LED 数码管显示、液晶屏显示和 LED 数码管显示 + 液晶屏显示等 3 种形式，当然后者的显示内容丰富和界面更加友好。

同时操作显示面板的电路构成也分为：

① MCU 系统的面板，具有主板 MCU 工作监控、相关通信故障报警功能；

②"被动型面板"，未采用 MCU 器件，接收 MCU 的显示数据。当 MCU 主板工作异常时，只能显示 -----、88888 或者黑屏。

面板与 MCU 的通信模式共计 5 种。关于"几线"，是指面板通信端子线有几根。

（1）四线式串行数据通信面板

其中两线为 +5V 和 GND 供电线，另两线为 RXD、TXD 通信线。MCU 主板与面板 MCU "直接握手谈话"，由 RXD、TXD 数据线交换串行数据的信息。

（2）四线式 RS485 单向差分总线通信面板

其中两线为 +5V 和 GND 供电线，另两线为 A、B 差分数据总线，数据为单向传输，传输方向由 MCU 控制。MCU 侧为 RXD、TXD 串行数据；电缆侧为差分脉冲，抗干扰性能优于串行数据通信面板。

（3）六线端双向差分总线通信面板

其中两线为 +5V 和 GND 供电线，两线为去往对方 MCU 的差分总线，另两线为对方 MCU 返回的差分总线。比四线式单向差分总线通信速度更快。

（4）六线端被动型面板

如上所述，采用数字芯片处理显示数据和将按键操作信息返回 MCU 主板。如何显示完全"听命于"MCU 主板。

从通信模式上看，本机电路为四线式串行数据通信方式。面板与 MCU 主板的信息往来是面板 IC1 与主板 IC2 的串行数据通信所为。从显示配置上看，本机电路属于 LED 数码管显示 + 液晶屏显示的工作模式；从电路构成上看，为 MCU 系统构成的面板电路，具备系统时钟信号生成、系统复位信号生成电路，并且外挂存储器 IC5，可以实现用户控制参数的上传和下载，多台变频器有相关性应用时，一定程度上减小了参数重复修改的劳动量。

由 IC1 的 76 ～ 85 脚输入 8 个按键的 8 位操作信息，经 IC1 内部判断和处理后变为串行数据，由 IC1 的 9 脚经由端子的 2 脚去往 MCU 主板 IC2 的 146 脚。

由通信电缆 / 端子 3 脚输入的 MCU 主板 IC2 的 154 脚输出的比如"运行电流大小、输出频率高低"等的"显示数据"，输入 IC1 的 8 脚，经内部处理后送入：

① 4 位 LED 数据显示管　如果加上分立 LED 发光管的显示驱动，可称为 5 位数码显示器。

IC1 的 29、37 等 8 引脚为 4 位数据显示器的"段驱动信号"输出端，负责每位数码显示的"段电源支路的通、断控制"。例如当电阻 R17 断掉，4 位数据显示管中的相同位置的同一段不能点亮，8888 因而会变成 0000，为"缺段显示故障"。IC1 的 46 ～ 49 脚为"位驱动信号输出端"，由晶体管 DT1 ～ DT5 实现功率放大，作为每一位数码显示器的电源公共端的通、断控制。例如当 DT2 发生集电结断路故障时，左第一位 LED 数据管因失去电源供应而熄灭。

② IC1 输出的"显示数据"还由 19 脚、60 脚等 12 引脚输出至 IC2（印字 T6B65AFG，列驱动器）、IC3（印字 T6B66BFG，行驱动器）输入端，二者密切联系协作，将相关控制信息以字母或文字的形式显示出来，以利于设备用户观察变频器的工作状态，或调取控制参数进行修改。

第 11 章

三菱 A700-15kW 变频器
整机电路原理图及图解

图 11-1　三菱 A700-15kW 变频器外观和产品铭牌图

图 11-2　三菱 A700-15kW 变频器主电路、电流传感器实物图
（对应图 11-8、图 11-11 所示电路图）

图 11-3　三菱 A700-15kW 变频器电源 / 驱动板正面实物图
（对应图 11-9、图 11-10 所示电路图，图 11-12 ～图 11-14 所示电路图）

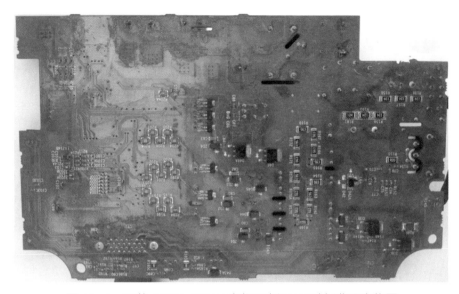

图 11-4　三菱 A700-15kW 变频器电源 / 驱动板背面实物图
（对应图 11-9、图 11-10 所示电路图，图 11-12 ~ 图 11-14 所示电路图）

图 11-6　三菱 A700-15kW 变频器 MCU 主板实物反面图
（请参阅第 12 章相关内容）

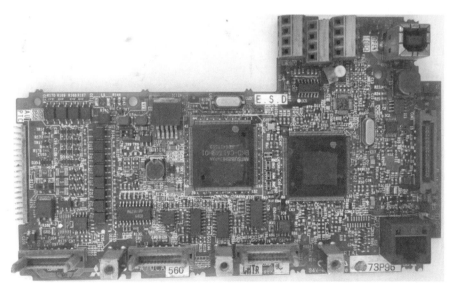

图 11-5　三菱 A700-15kW 变频器 MCU 主板实物正面图
（请参阅第 12 章相关内容）

图 11-7　三菱 A700-15kW 变频器操作显示面板正、反面图
（请参阅第 12 章相关内容）

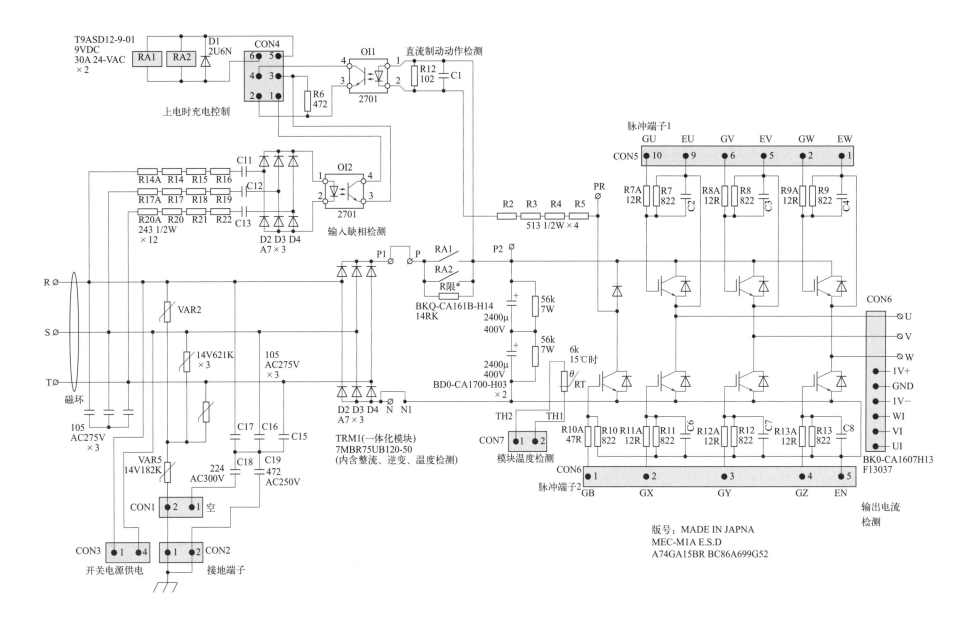

图 11-8　三菱 A700-15kW 变频器主电路原理图

三菱 A700-15kW 变频器主电路图解

进口变频器电路板的测绘难度：一是施耐德 ATV71 型机器，表面涂覆一层烤漆，一般的手段无法清除，最后是用刀状烙铁头加热后一点点地刮除，露出铜箔走向、铜箔与元器件的连接，使测绘得以完成；二是三菱 A700、F700 型的机器，尤其是 MCU 主板，用灯光照去，哪里能见到电路板，只见到一张"渔网"（满眼全是密集的过孔）。测绘完这两款机器的 MCU 主板，对以后测绘元件密集型电路板很有帮助。

进口变频器更愿意在电源输入侧下更多的工夫：更密集的消噪、抑制电压尖峰的电路和元件。另外，开关电源供电，也有取自 R、S 交流电压输入端和取自直流母线电压的两种选择（参见图 11-9）。

三相交流输入经整流后变为 300Hz、幅度约为 500V 的直流脉动电压，先经 R 限 * 电阻限流，为直流母线的储能电容充电，当电容端电压建立后，工作继电器 RA1、RA2（二者主触点并联以扩流）得电动作，短接掉 R 限 *，逆变电路的工作条件之一得以建立。

工作继电器 RA1、RA2 的控制电路 / 控制信号由 CON4 端子接入，请参阅图 11-8 和图 11-10 中与 CON4、CON8 端相联系的电路图。

变频器的中、小功率机型多习惯采用一体化功率模块（近年来国产变频器出于降低成本的需求，也有采用单管 IGBT 器件的），功率模块除内含三相桥式整流和三相逆变电路以外，还内含制动（或称为刹车）开关管和模块温度传感器（负温度系数的热敏电阻）。

因而也往往有设有制动（刹车）开关管的工作状态检测电路，在制动期间，若检测制动开关管的管压降过大，即由光耦合器 OI1 向 MCU 输送一个"制动（刹车）异常"的故障报警信号。

变频器的输入电源缺相检测电路，由 R14A、R22 等电阻限流，电容 C11、C12、C13 传输，二极管 D2、D3、D4 组成的桥式整流电路整流后输出电流驱动光耦器 OI2。若不存在缺相故障，OI2 在一个电网电压周期内近于全导通，将此检测信号经 CON4 端子送入 MCU 引脚。

主电路容易发生的故障简说几种。

① 空载或轻载运行正常，达到一定的负载率（如负载率大于 50%）后报欠电压故障。排除外部因素后的故障原因：

a. 直流母线储能电容的容量下降，失容；

b. 工作继电器 RA1、RA2 触点烧蚀、虚接等。

电容可用电容表、直流电桥等测试判断。工作继电器的触点情况，因处于密封状态，不易直接观测。单靠万用表的电阻挡或蜂鸣挡判断触点情况是不够的，建议在单独供给继电器线圈电压的情况下，为触点施加直流额定电流（用恒流电流）来测验其好坏，这是一步到位的好办法，而且无须拆下，支持在线检测。

② 空载正常，带载后使三相电源侧电压升高，变频器突然变成了发电机，导致同一供电支路上的用电器，如灯泡、电脑、冰箱等电器连续烧毁。原因竟是变频器直流母线储能电容的 ESR 值过大。此点需予警惕！

③ 空载或轻载正常，达到一定的负载率（如负载率大于 50%）后报过流或短路故障。大部分检修人员仅仅依赖于万用表和示波器来测试功率模块，对于其在大电流下的开、关特性的检测则无能为力。而过流 / 短路故障报警牵扯到逆变电路、驱动电路、输出电流检测电路或输出状态检测电路等比较广泛的区域，因而用电流检测法快速排除功率模块的"嫌疑"具有现实意义。

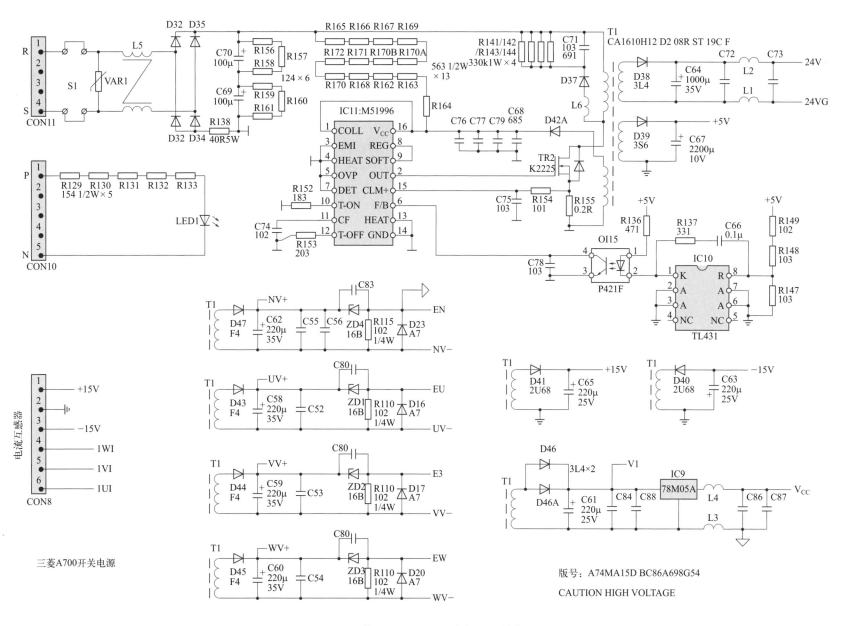

图 11-9　三菱 A700-15kW 变频器开关电源图

三菱 A700-15kW 变频器开关电源电路图解

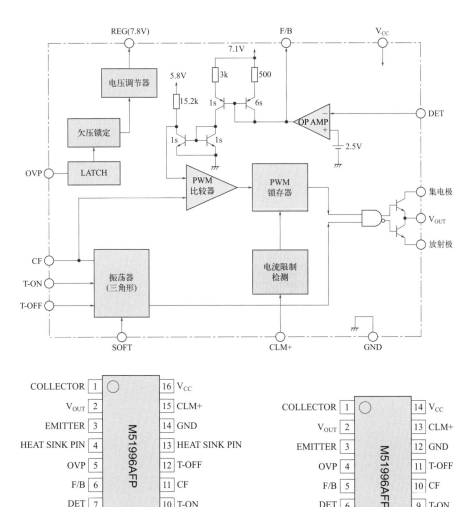

图 11-9-1　M51996 芯片内部方框图和封装形式

M51996 芯片内部方框图和封装形式如图 11-9-1 所示。当 S1 端子

短接片处于连接状态时，交流供电电压从 CON11 端子引入，经桥式整流、电容滤波以后的 DC500V，作为开关电源电路的供电电源。

启动电压/电流经 R165 等串联电阻引入 IC11 的供电/启动端 16 脚，电源起振成功之后，则由 D42A、C79 等整流滤波处理为约 15V 的工作电压，提供芯片及开关管所需的工作能量。

R155 为开关管/输入绕组工作电流的采样电阻，在过载保护动作阈值之下，由采样反馈电压决定 IC11 的脉冲输出端 2 脚的脉冲占空比，从而决定开关变压器次级绕组输出电压的高低来实现稳压控制。当采样工作电流达到起控阈值以上时，3 脚信号限制 2 脚输出脉冲占空比的作用，起到过载保护的目的。

稳压反馈电路（电压误差放大器）由 IC10（印字 TL431，8 脚双列贴片封装，2.5V 基准电压源器件）、光耦合器 OI15 及 IC11 的 6 脚内外部电路所构成。IC10 的 K、R 端接有 R、C 负反馈电路，从而使电压误差放大器纳入积分放大的线性区域。

IC11 的 10、11、12 脚内外部元件为振荡信号生成电路，作为输出端 2 脚的频率基准。可由设计者根据定时电阻、定时电容的容量决定振荡频率的高低，同时 R152、R153 可独立决定振荡脉冲的高、低时间比例。在 11 脚可测得锯齿波脉冲。

驱动电路的正、负供电电源由 D43、D44、D45、D46 等 4 路整流、滤波电路取出（R、Z 电路形成正、负分压）。

+5V、24V 为独立隔离电源，去往操作控制端子电路，以保障安全隔离的性能。

5V 电源提供电源/驱动板 MCU 及外围数字芯片的供电。

+15V、-15V 则提供主板操作控制端子模拟量处理电路所需的工作电源。

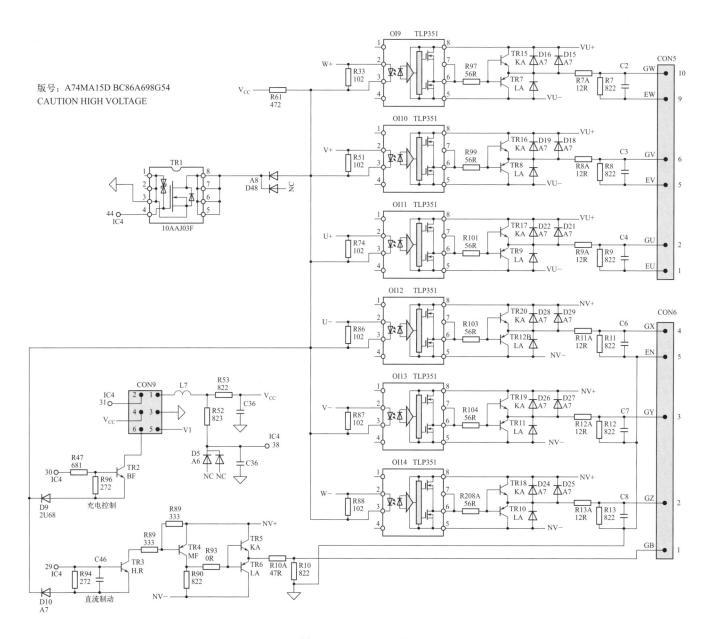

图 11-10　三菱 A700-15kW 变频器驱动电路图

三菱 A700-15kW 变频器驱动电路图解

驱动电路得到输入脉冲所需的工作条件：

① MCU 的 44 脚为高电平，MOS 管 TR1（8 脚贴片封装，单管器件）导通，所有驱动 IC 芯片的 3 脚有了经 D48 和 TR1 产生入地的电流回路的可能。

注意，TR1 的开通也是主电路工作继电器 RA1、RA2 的工作条件之一（工作条件之二是 MCU 的 30 脚变为高电平）。同时，TR1 的开通还是制动/刹车电路工作的条件之一（条件之二是 MCU 的 29 脚变为高电平）。

这形成了"两把钥匙开一把锁"的控制局面。

② MCU 芯片能正常输出 U+ ～ W- 等 6 个脉冲信号，并输送到 OI9 ～ OI14 驱动芯片的 2 脚。

OI9 ～ OI14 驱动芯片的输入脉冲信号：

① MCU 输送的 U+ ～ W- 等 6 个脉冲信号。变频器满足运行条件后，驱动板才能接收到此脉冲信号。测试直流电压约为 0.7V，说明 MCU 发送的脉冲电压已到达驱动芯片输入端。

② 检修中可在驱动芯片输入侧（2、3 脚之间）施加 5 ～ 10mA 的电流信号，来测验驱动芯片及外围电路的好坏。输入电流产生，驱动芯片随之开通（表现为 GU、EU 脉冲端子由负电压变为正电压）。输入电流信号为零，驱动芯片随之关断（表现为 GU、EU 脉冲端子恢复静态负电压）。

施加信号应由恒流电源供给。如给定电压值为 2V，给定电流为 8mA。当给定信号电压/电流加至 OI9 的 2、3 脚时，显示电压值为 1.3V 左右，显示电流值为 8mA，此时 GU、EU 端子由负电压变为正电压。

若给定电压不变，电流小于设定值，说明 OI9 的 2、3 脚内部发光二极管有断路故障。若给定电压变为 0V，显示电流值等于给定值 8mA，说明 OI9 的输入侧有短路故障，或 2、3 脚并联电容、电阻等有损坏现象。二者都说明驱动电路异常。

请思考这个问题：此处施加的电流测试信号与 MCU 发送的脉冲信号，本质上是一样的吗？

③ 有人购得 6 路脉冲发生器，用于测试驱动电路的好坏。但根据驱动输入侧电路的不同，可能有以下几种情况：

a. 需要七根连接线，与驱动电路的 2、3 脚连接进行测试；

b. 可能需要 12 根线连接进行测试，即每路需要独立的引线连接；

c. 可能无法直接用脉冲线进行连接，测试失败。

这样做其实是把简单的事情搞得复杂了。这犹如有人用六块指针表头，来判断 U、V、W 输出偏相的问题出在哪里一样，其实用一块万用表就能办到。

对于 GU、EU 脉冲端子测量方法：

① 直流电压法　确定 EU 点为 0V，VU+ 为 +16V，VU- 为 -8V。

停机状态约为 -8V；脉冲到来时，测试直流电压值约为（16V-8V）/2.3≈3.5V。

② 脉冲波形法　脉冲到来时，脉冲端子应能测到双峰值电压约为 16V+8V 的电压幅度，波形为矩形波，频率为设定的载波频率。

当 OI9 开通不良、栅极电阻变值时，以上测试电压与波形、可能仍然是正常的，以至于造成测试失败，导致返修。

③ 输出电流测试法　在 OI9 输入侧交替输入 0mA 和 8mA 电流信号时，测试电流分别为 $-8V/（56\Omega+12\Omega）\approx-110mA$；$24V/（1000\Omega+56\Omega+12\Omega）\approx+22mA$。

如果测试负电流、正电流值都正确，可以确定驱动芯片及外围电路是好的，但仍不可忽略对供电电源中电解电容的测量。

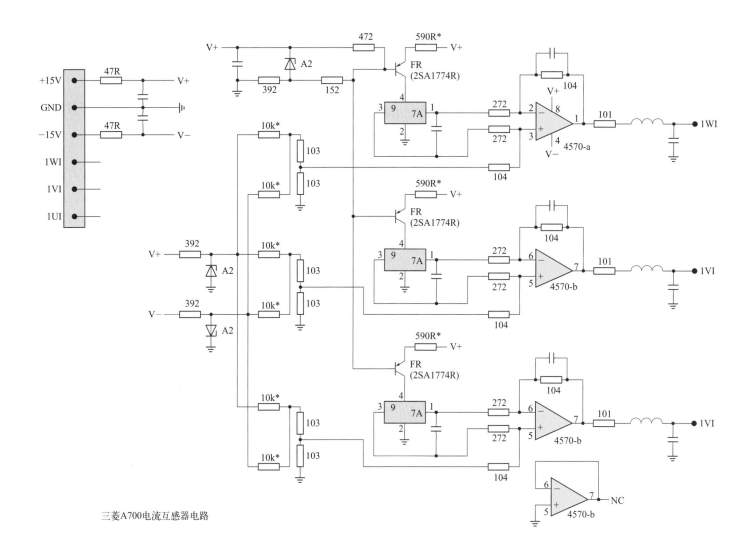

三菱A700电流互感器电路

图 11-11　三菱 A700-15kW 变频器电流传感器电路图

三菱 A700-15kW 变频器电流传感器电路图解

3 只电流传感器由一个端子提供工作电源和信号输出。其实，3 套电流检测都设计在了一块电路板上。

从每路传感器电路来看，可定义为四线端电压输出型电流传感器电路：采用 ±15V 供电电源，动、静态输出直流电压均为 0V，否则即是坏掉。

图 10-11 中电阻的阻值标注，加"*"者为在线测试值，非实际标称值。其实，本机电路的电流传感器电路采用的是一些无印字无标注的电阻元件，在线测试值因受外围电路电阻的影响，可能会远离实际值。

霍尔器件为四线端器件，两个恒流源供电端（一般工作电流约为 5mA），另两端为差分电压信号输出端。霍尔器件是磁 - 电转换器，形状为扁平封装，镶嵌于方形或环形铁芯缺口内部，其端面为磁力线收集区。变频器输出电缆穿过铁芯，交变电流变化转变为铁芯内部磁力线的疏密变化（电流的大小转变为磁力线根数的多少，二者呈正比例变化）。此时磁力线穿越霍尔端面，内部电路将磁力线根线的多少转变为差分输出电压的高低。

FR 晶体管及外围电路组成霍尔器件的恒流电源。其工作原理为：稳压二极管 A2 两端电压是稳定的，因而流经 FR 集电极的电流（即流过霍尔器件的工作电流）约为 $(U_{A2}-0.7V)/560\Omega$，也就是固定值的恒定电流。

霍尔器件输出的差分信号电压输入后级差分放大器（电压放大倍数约为 4），转换为单端电压信号输出到后级电流检测电路。

差分放大器正、负双电源供电情况下，（输出端）静态工作点为 0V 是最合理的工作点。在基准决定输出的规则下，差分放大器的同相输入端需要预置一个 0V 基准，以保障输出为 0V。该"基准地"并非由地直接取得，而是由 V+（+15V）、V-（-15V）经二次电阻、稳压二极管稳压，再从两只 10kΩ 电阻的中点取出针对地为 0V 的基准电压，

送入差分放大器的同相输入端。

此时只要满足霍尔器件的输出端 1、3 脚电压差为零（具体电压值不用去管它）即可，差分放大器偏置电路的取值如图 11-11 所示，只要同相输入端输入了 0V 的基准，输出端也就自然形成 0V 的输出。

测 1WI、1VI、1UI 等 3 个端子的电压都为 0V，说明传感器大致是好的。有一个不为 0V，则该路检测电路有故障。

上电变频器产生过载或短路故障报警，当拔掉传感器端子时，报警信号消失，说明传感器电路板有故障。

若报警信号仍旧存在，说明后级电流检测电路有故障。

如此可快速准确地区分故障在前级（电流传感器电路板）电路，还是在后级电流检测电路。

电流传感器有一定的故障率，作为电路板的结构存在时，可以进行修复，如本机电路就具备较好的可修复性。

但作为单一器件，且做了密封胶封固（拆解非常困难，容易拆坏）的，可以整体代换。

对于电流传感器电路板的修复，针对进口变频器而言，是有其经济价值的。把内部电路研究一下，也是电子电路爱好者乐意做的事情。

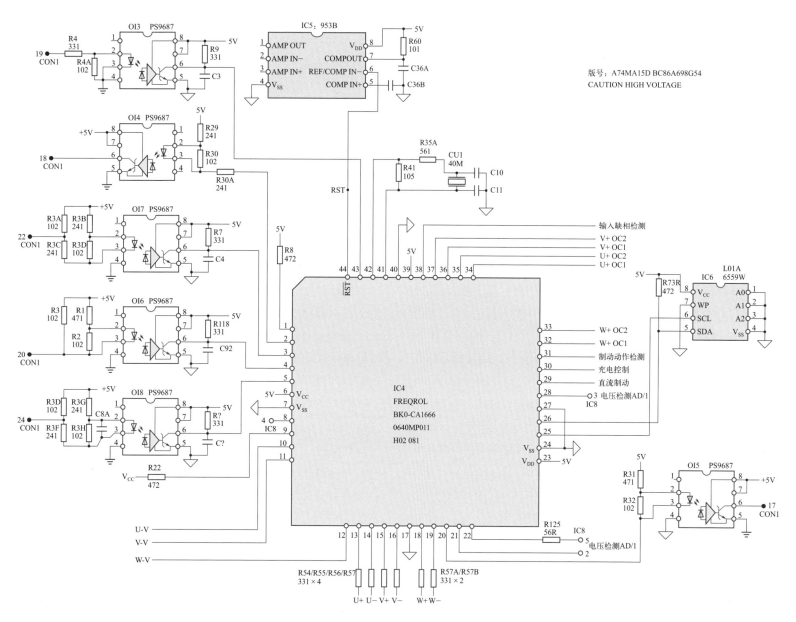

图 11-12　三菱 A700-15kW 变频器电源板 MCU 外围电路图

三菱A700-15kW变频器电源板MCU外围电路图解

三菱 A700 系列变频器也是多 MCU 芯片的系统构成。在电源 / 驱动板上采用 IC4（印字 BK0-CA1666，44 引脚环列贴片封装芯片，未查到该芯片的相关资料，只是标注了部分引脚的功能）处理以下信号：

① 输入并处理直流母线电压检测信号。不仅仅处理直流母线电压检测信号，而且本机电路还具有其他 3 路供电电源电压的检测输入，由外部电路进行 A-D 转换后，输入 MCU 的 8、21、28 脚（参见图 11-12），相关电压检测电路故障时，会产生欠电压、工作电源异常等的故障报警。

② U、V、W 输出状态检测电路输出的开关量报警信号，输入 MCU 的 32 ～ 37 脚。在检测电路故障时，变频器会产生模块故障、电机短路等的故障报警。

此外，U、V、W 状态检测信号不经相关检测电路处理，还直接输入 MCU 的 10、11、12 脚。

共占用 MCU 的 9 个引脚，可见这是非常重要（对 IGBT 功率模块工作状态）的检测信号，起到运行异常时及时保护停机的作用。

③ 输入制动 / 刹车状态检测信号，至 MCU 的 31 脚，检测电路本身异常时，会产生"制动或刹车异常"的报警动作。

④ 由 MCU 的 13 ～ 16 脚及 18、19 脚输出 U+ ～ W− 等 6 个脉冲信号，去驱动电路。此 6 个脉冲的正常输出标志着变频器所有控制电路（包括 MCU 工作条件、故障检测电路部分、其他控制电路部分）的正常化，以及故障检修过程的结束。

⑤ MCU 的 30 脚输出工作继电器动作信号，是变频器进入待机工作状态的一个标志性动作。

⑥ MCU 的 29 脚输出制动 / 刹车动作信号。该信号生成时，说明直流母线电压因某种原因（如减速停车过程中负载电机超速）升高到了一个危险的程度。

此外，让 MCU 投入大量精力来处理的，与主板 MCU 的"信息往来"数据，是由高速光耦合器隔离和传输的，见图 11-12 的左侧电路，是系统得以正常运行的重要信号。

由 OI3 ～ OI8 数量可知，其输入、输出信号共有 6 路。其中，OI3、OI5、OI6、OI8 传输的是"输入联络信号"，OI4、OI7 传输的是"返回的联络信号"。

这些信号也分为两类：

① 状态确认，开关量"0 或 1"直流电平信号。如主板向 MCU 发送的"允许工作"或"故障停机"指令，本地 MCU 向主板 MCU 发送的"状态正常"或"故障发生"等信息。

② 串行数据，以矩形脉冲串的形式进行传输。从主板 MCU 来的应为多路，去往 MCU 主板的可能仅有一路。用于通信联络，实时交换信息。

传输电路故障发生时，可能示以"通信中断（主板 MCU 不能接收到本地 MCU 的相关信息）""欠电压（因检测信号不能上传主板 MCU）"等故障示警。可用示波器或示波表监测串行数据的脉冲信号，来判断问题出在本地 MCU 及外围电路，还是主板 MCU 已经停止了工作。

光耦合器件除发生输入端断路、输出侧开路的"硬故障"以外，还有可能随时间的推移，因光效率变低发生器件老化、衰变等故障，可以通过在输入侧施加 8mA 左右的发光电流，测试输出端电阻变化的办法来确认。合格的光耦合器在光电流输入时，输出侧电阻值应为数百欧姆，大于千欧姆，可认为已经失效。

此处，MCU 工作的电源、时钟、复位等 3 个基本条件，当然是首要的检测内容。本电路采用专用复位芯片（印字 953B，型号为 MAX953，8 脚双列贴片封装）实施系统复位控制。

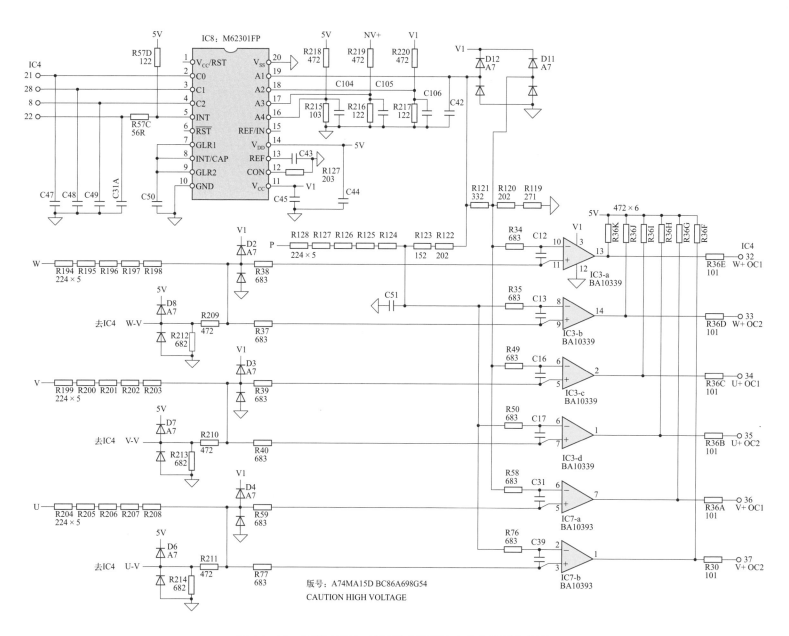

图 11-13　三菱 A700-15kW 变频器输出状态检测电路图

三菱 A700-15kW 变频器输出状态检测电路图解

变频器进口设备，对于诸如电流、电压检测信号的处理，更愿意在 MCU 外部进行 A-D 转换后，再输入 MCU 进行处理。换言之，以较复杂的硬件电路完成对检测信号的处理，为 MCU 腾出空间，以加快其信号处理速度。国产设备则有简化 MCU 外部电路的趋势，A-D 转换则发生于 MCU 内部，MCU 的工作量比较大。

对于检测项目来说，进口设备的检测项比较多（和由此产生的报警项目比较多），有时候会给习惯国产设备的检修者带来困扰。进口设备的检测难度大于国产设备，这是毋庸置疑的。对于新接手的进口设备的故障检修，"跑电路"具有一定的挑战性。当习惯了进口设备的"电路套路"，对于进口设备的畏难情绪，也会在不知不觉中消解无痕了。

（1）电压检测电路

包括了直流母线电压检测、5V 的 MCU 供电电压检测（主板 MCU 供电则标注为 +5V，以便于区别）、V1 供电电压检测（U、V、W 状态检测电路中电路比较器的电源检测）、NV+（V 相上桥臂驱动电路的供电电源）电源电压检测等，共 4 路的电压检测信号处理。

直流母线电压检测，由 R128、R119 等电阻串联分压电路直接采样直流母线 P、N 端电压，经 D12 钳位电路送入 IC8（印字 M62301FP，双列贴片封装 20 引脚，AD 转换器件）的模拟量输入端 19 脚。

5V、NV+、V1 等 3 路电压检测信号则分别送入 IC8 的模拟量输入端 16、17、18 脚。

IC8 将 4 路输入电压检测信号经内部 A-D 转换后，由 C0 ~ C2 数据输出端将信号输入 MCU 的 8、21、28 脚，再由本地 MCU 上传至主板 MCU，主板 MCU 再通过操作显示面板显示直流母线电压值，或给出故障代码的报警显示。

（2）U、V、W 输出状态检测电路

自变频器的 U、V、W 输出端，经串联电阻 R194、R212 等分压处理，钳位二极管 D6、D7、D8 等（异常时）限幅后送入 MCU 的 10、11、12 脚（参见图 11-12）。

3 路输出状态检测信号，同时 R38、R37、R39、R40、R59、R77 分 6 路，分别送入由 IC3、IC7 组成的 3 路梯级电压比较器电路，取得 U+OC1（轻度过载信号）、U+OC2（重度过载或短路）的故障报警信号送入 MCU 的 32 ~ 37 脚。

检修当中，当驱动电路与 IGBT 模块脱离后，U、V、W 状态检测电路的检测条件被破坏，变频器接收启动指令后，会因检测 IGBT 的工作状态异常而产生故障报警动作，封锁 U+ ~ W- 等 6 路脉冲信号的输出。采取何种技术措施，屏蔽 OC 报警，是检修者必须掌握的维修技能之一。

检测原理：MCU 发送一个 U+ 脉冲信号，须在比较器输出端检测到一个返回的脉冲信号。若无脉冲信号返回，即说明脉冲传输电路异常、IGBT 模块异常、检测电路异常。

屏蔽的方法是想办法满足此检测条件：从 MCU 的 13 脚（U+ 脉冲发送端）引一根导线，到钳位二极管 D6 的中心点，从 MCU 的 15 脚（V+ 脉冲发送端）引一根导线，到钳位二极管 D7 的中心点，从 MCU 的 18 脚（W+ 脉冲发送端）引一根导线，到钳位二极管 D8 的中心点，即达到屏蔽报警信号的目的。若引线有错，则屏蔽失败。

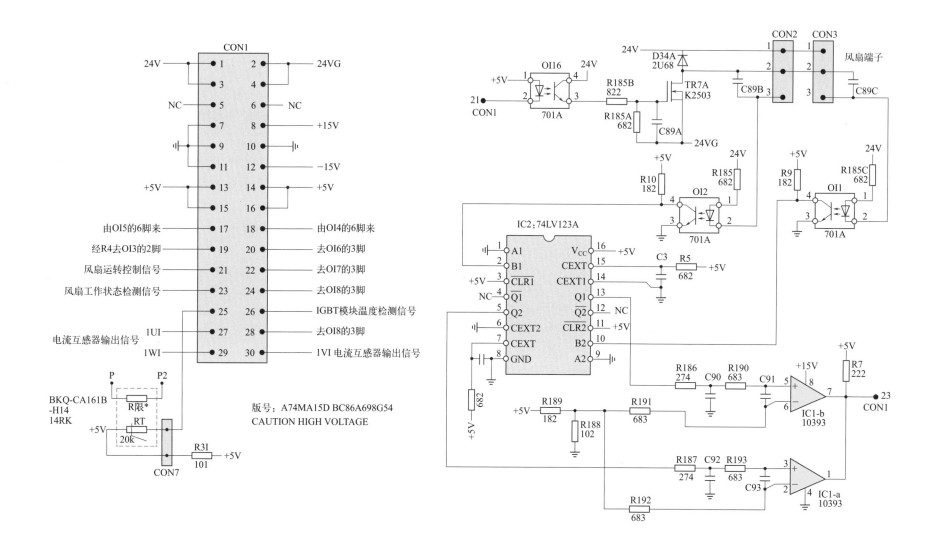

图 11-14　三菱 A700-15kW 变频器风扇控制电路及端子信号标注电路图

三菱 A700-15kW 变频器风扇控制电路及端子信号标注电路图解

图 11-14 所示电路图给出了电源 / 驱动与 MCU 主板的连接排线端子（CON1）图，并注明了供电端和信号往来的内容，可以作为故障检修中的重要参考，达到快速确定故障范围的目的。

可以看出，电源 / 驱动板上的输出电流检测信号、模块温度检测信号、风扇运行控制信号，都是经 CON1 端子进入 MCU 主板，由后续电路处理后进入 MCU 引脚的。

本机电路的主电路储能电容限流充电电阻，内含 RT 温度传感器（常温下电阻值约为 20kΩ），如图 11-14 左下侧所示（并请参见图 11-8），检测信号送入 CON1 的 25 脚。

U、V、W 输出电流信号（由电流传感器输出的）1UI、1VI、1WI 直接由端子 CON1 的 27、30、29 脚送入 MCU 主板。

IGBT 功率模块内部温度传感器信号则由 CON1 的 26 脚输入 MCU 主板。

其他重要信号，则是由电源 / 驱动板 MCU 外围的 OI3 ～ OI8 等 6 只高速光耦合器传输的两只 MCU 芯片之间的通信信号。

本机的散热风扇控制与检测电路比较有特点。有维修界同行曾说过，三菱机器的风扇检测无法屏蔽，而且换用风扇也必须采用原型号的，换其他的会产生 OH 报警信号。是否如此，我们根据图 11-14 右侧电路来进行分析。

（1）风扇运行控制电路

CON1 端子的 21 脚信号生效时，光耦合器 OI16 开通，TR7A 风扇控制开关管同步开通，连接于 CON2、CON3 端子的外接风扇开始得电运转。

（2）风扇工作状态检测电路

该电路由光耦合器 OI1、OI2，单稳态触发器 IC2（印字 74LV123A）、电压比较器 IC1（印字 10393）等电路组成。工作原理简述如下。

风扇正常运行后，状态检测信号（为一定频率的方波脉冲）由 CON2、CON3 端子的 3 脚输出，经光耦合器 OI1、OI2 隔离传输，分别输入 IC2 的 2 脚和 10 脚。

IC2 为两路单稳态触发器结构的器件，R5、C3 组成内部定时器的定时电路，决定动作时间常数。2 脚和 10 脚输入信号，则可看作为定时器复位信号。风扇运行期间发送脉冲的时间周期，远小于 R3×C3 的时间常数，故内部定时器处于非动作状态（总是在定时时间未到时被复位），故输出端 5、13 脚为高电平状态。

电压比较器 IC1 的反相输入端为 R189 和 R188 分压后输入的基准电压，同相输入端则为 IC2 输入的 5V 高电平，故 IC1 的输出端在风扇正常运行中，保持高电平的"风扇正常"信号输出。

当 CON2 端子外接风扇损坏，或未得到运转信号时，IC2 的 2 脚复位信号消失，7 脚内部定时器件定时时间到，5 脚变为低电平 0V 信号，输入 IC1 的 3 脚。此时 IC1 的 2 脚电压高于 3 脚，输出端 1 脚变为低电平的"风扇工作异常"信号，送入 CON 的 23 脚，主板 MCU 因而做出风扇工作异常的判断，在操作显示面板上示以 OH 报警。

当原型号风扇坏掉，换用（没有脉冲检测信号输出的）普通两线风扇时，因检测条件被破坏，上电后变频器即给出 OH 故障报警。一些维修人员"靠经验"短接光耦合器 OI1、OI2 的 3、4 脚，试图屏蔽故障，结果是仍然无法满足检测条件，报警状态不能消除。

解除报警的要点在于，使 IC1 的输出端保持高电平状态，即可消除 OH 报警信号。方法是：

① 在 C90、C92 上端引入 +5V 高电平；

② 干脆拆掉 IC1，使其输出端保持高电平状态。

问题：可以去掉风扇检测功能吗？有备用温度检测电路吗？

这个问题暂时留给读者朋友来思考和解答吧。

本机操作显示面板电路与三菱 F700 系列变频器完全一样，请参阅后文。

本机 MCU 主板电路与三菱 F700 电路相接近，请参阅后文。

第 12 章

三菱 F700–75kW 变频器
整机电路原理图及图解

图 12-2　三菱 F700-75kW 变频器电源 / 驱动板正面图
（对应图 12-8 ~ 图 12-11、图 12-13、图 12-4 所示电路图）

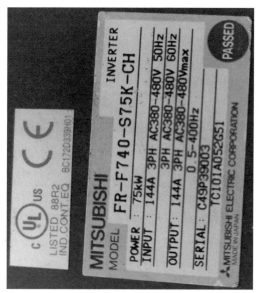

图 12-1　三菱 F700-75kW 变频器整机外观和产品铭牌图

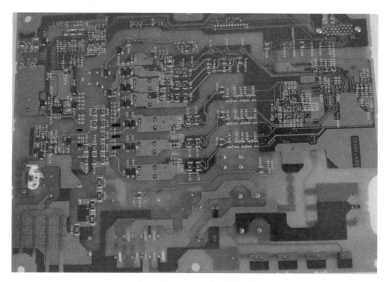

图 12-3　三菱 F700-75kW 变频器电源 / 驱动板背面图
（对应图 12-8 ~ 图 12-11、图 12-13、图 12-4 所示电路图）

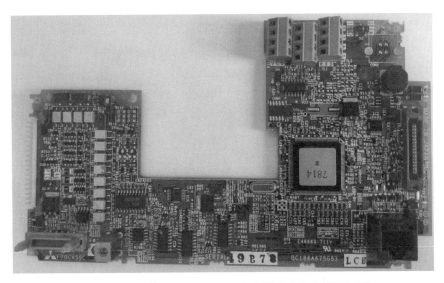

图 12-4　三菱 F700-75kW 变频器 DSP 主板正面图
（对应图 12-15 ~图 12-19 所示电路图）

图 12-6　三菱 F700-75kW 变频器操作显示面板正、反面图
（对应图 12-20 所示电路图）

图 12-5　三菱 F700-75kW 变频器 DSP 主板反面图
（对应图 12-15 ~图 12-19 所示电路图）

图 12-7　三菱 F700-75kW 变频器控制端子图和电流传感器实物图
（对应图 12-12 所示电路图）

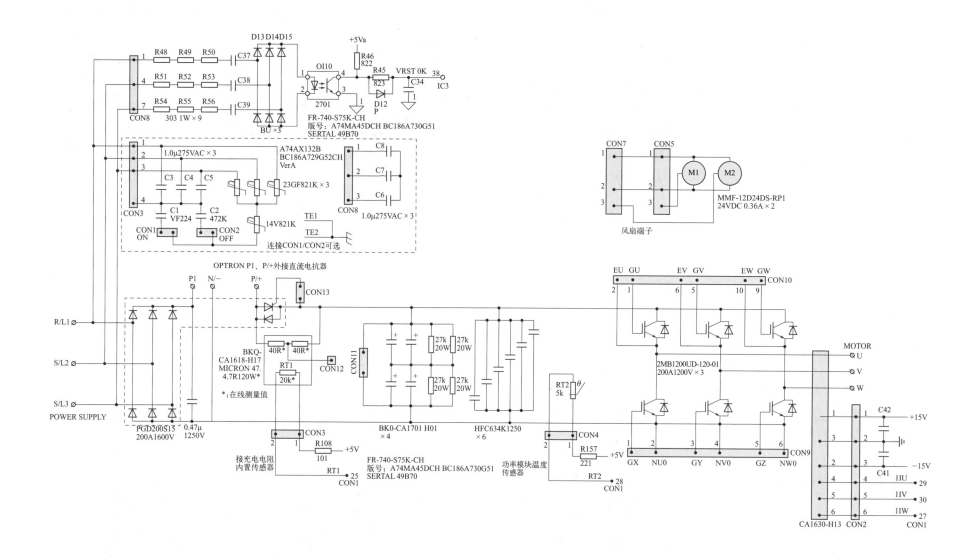

图 12-8　三菱 F700-75kW 变频器主电路原理图

三菱 F700–75kW 变频器主电路原理图解

分析一下电路的工作过程：

为了行文方便，图 12-8-1 中电路元件加 * 者为作者自行标注，是在线测量值（可能与实际值有偏差）。R1* 为 5 端元件，内部 R11* 为储能电容充电限流电阻；R12*、R13* 提供晶闸管 SCR* 的开通电流；RT1 为 R1* 电阻模块的温度检测传感器，经 CON3 端子输出至 MCU 主板，异常时产生 OH 报警信号。

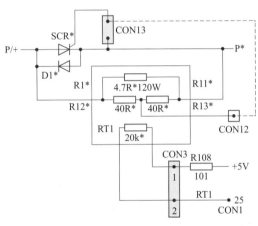

图 12-8-1　主电路中的限流充电控制电路

上电瞬间，主电路储能电容近似短路，此时 P/+ 电压经 R11* 为储能电容限流充电，R11* 端电压达到一定值后，R12*、R13* 分压点流出电流经 CON12、连接线（图中虚线所示）至 CON13，形成 SCR* 的开通电流回路，SCR* 得以开通。

此时，对储能电容的充电任务改由 SCR* 来担任，这是因为 SCR* 的开通，相当于短接了 R1*，故其限流充电任务暂告结束。当储能电容两端电压建立至 P* 电压约等于 P/+ 电压时，SCR* 因端电压过低（或流通电流不足以维持其导通）进入关断状态，此时又改由 R1* 为待机中的变频器开关电源提供工作能量。

此后，变频器每执行一次启、停操作，都必须经历 R1* 流通较大电流，R1* 端电压增大形成 SCR* 的开通条件的过程。变频器带载运行中，流过 SCR* 的电流足以维持其导通，故 SCR* 会一直处于良好的开通状态。停机信号到来时，SCR* 仅仅为开关电源提供工作电流，若开关电源的工作电流小于 SCR* 的开通维持电流，则 SCR* 又处于自然关断状态。直到下一个变频器启动信号到来，SCR* 才又重新获得开通条件。

在 U、V、W 输出端对直流母线 P、N 端用直流电压挡进行测试，可落实输出缺相故障的电路区域。正常状态下，(以 U 相为例)U 端对 P、N 端都为 P、N 电压的一半（说明 U 相上、下桥臂开通良好）。若测得 U、P 端电压等于 P、N 端电压，说明 U 相上桥臂 IGBT 没有导通，故障在 U 相上桥臂驱动电路，或上桥臂 IGBT 损坏，或该驱动电路的前置级（U+ 脉冲传输级）有问题。

因为 R1* 频繁在短时间内承受启动电流的原因，故障检修中会见到 R1* 电阻体开裂、R1* 断路等故障。R1* 内含温度传感元件 RT1*，代换时需予注意。

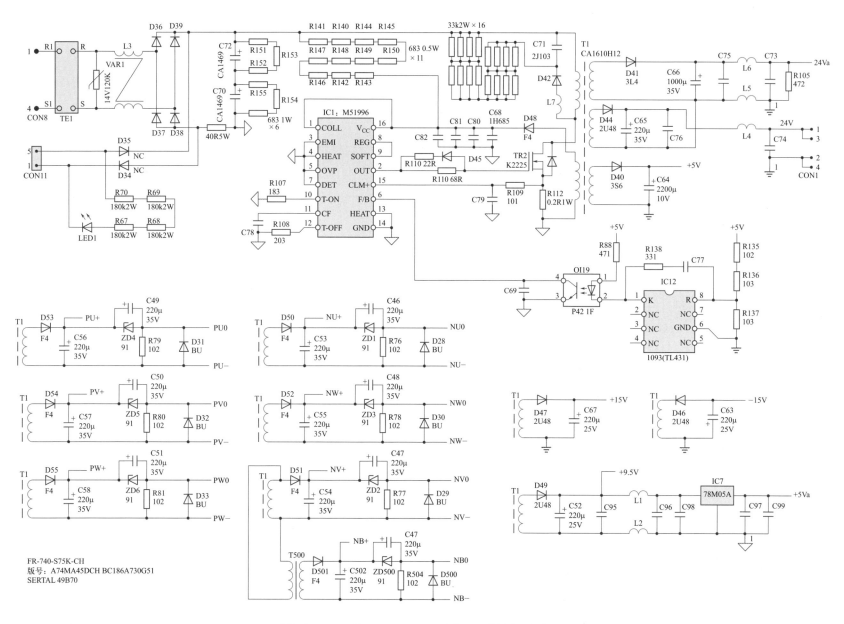

FR-740-S75K-CH
版号：A74MA45DCH BC186A730G51
SERTAL 49B70

图 12-9 三菱 F700-75kW 变频器开关电源电路图

三菱 F700-75kW 变频器开关电源电路图解

开关电源电路的供电来源：

① TE1 端子由短接片连接时，D34、D35 两只二极管空置。开关电源的供电取自 R、S 的三相交流供电端的 AC380V 电源电压，经 VAR1 压敏电阻吸收电网电压尖峰，L3 滤除差模干扰，由 D36 ～ D39 组成的桥式整流电路，C72、C70 滤波处理，得到 DC500V 左右的供电电压。

② TE1 端子连接片断开，由 CON11 引入约 530V 的直流母线电压，作为开关电源的供电来源。D34、D35 为"禁止电源极性反接"二极管，本机电路两只二极管空置，说明开关电源"默认"交流电源的输入，中止了直流电源的输入。

R67 ～ R70 为发光二极管 LED1 的限流降压电阻，LED1 用作直流母线的放电指示。LED1 点亮中，说明直流母线还有电压，储能电容还存有电荷，变频器内部电路不可触碰。起到安全警示作用。

开关电源的故障检修可分为四个部分：

（1）主电路通路的检查

开关 / 脉冲变压器初级绕组的通、断；开关管 TR2 是否良好；电流采样电阻 R112 的状态如何。

对于开关管的在线检测，用万用表的二极管挡或电阻挡，仅仅是检测了开关管 D、S 极间并联的二极管的正、反向电阻，此种检测方法尚有不到位之处。可以采用在直流供电端施加 0.2A、10V 的测试条件（由恒流源供给），在开关管的 G、S 极给予 10mA、10V 的开通信号（仍由恒流源供给）。施加开通信号时，主电路应显示 0.2A 电流值和 2V 左右的电压降，说明主电路是通畅的。而信号源显示电流应小于 10mA，说明 IC1 芯片输出端电路也大致是好的。

（2）IC1 芯片及外围元件组成的脉冲信号形成电路

单独在芯片的供电端 14、16 脚上电 16V，测 11 脚应有三角波振荡信号。测输出端应有矩形脉冲输出，幅度为供电电压，频率约为 40kHz。

若 2 脚无脉冲电压输出：

① 查采样电流信号输入端 13 脚，应为 0V。若不为 0V，查 R109、R112 有无断路；若 R109、R112 正常，则 IC1 芯片损坏。

② 查电压反馈信号输入端 6 脚应为较高电压值，若电压值为 0V，查光耦合器 OI19 的 3、4 脚无短路故障，则 IC1 芯片损坏。

③ 以上检查结果均正常，则 IC1 芯片坏掉。

④ 2 脚输出脉冲幅度低，查 TR2 的 G、S 极无漏电现象，则 IC1 芯片损坏。正常时，测 G、S 端电压应约等于 2 脚输出电压。严重偏低时，还须检查栅极电阻 R110 是否阻值变大。

（3）2.5V 基准电压源 IC12、光耦合器组成的外部电压误差放大器

由 R135、R136、R137 分压电阻值落实采样电压值，估算 +5V 电压实际应为 5.2V 左右。在 C64 两端施加 0 ～ 5.5V 的试验电压（恒流源供给，限制最大电流 50mA 左右）。当外加电压达到 5.2V 以上时，光耦合器 OI19 的 3、4 脚电阻值由数千欧姆变为数百欧姆，说明 IC12、OI19 等电路是好的。

① 采样电压达到 5.2V 以上时，测 OI19 的 1、2 脚电压值达 1.2V 左右，但 3、4 脚电阻值无变化，说明 OI19 光耦合器坏掉。

② 采样电压上升至 1.5V 左右时，OI19 光耦合器的 3、4 脚开通，故障为 IC12 的 K、GND 端发生短路故障。

③ 采样电压上升到 3V 左右，OI19 光耦合器的 3、4 脚开通，故障为 R137 断路。

④ 当采样电压上升至 5.5V 以上，OI19 的 1、2 脚之间电压仍为 0V，故障为 R88、R135、R136 有断路故障存在。

注意：电路中各点电压，各点的工作状态都是可预知的，在线上电是最佳检测条件，这是故障检测与判断成立与实现的前提。

（4）开关变压器次级输出电压及负载侧电路的故障检测

此处不作具体介绍。

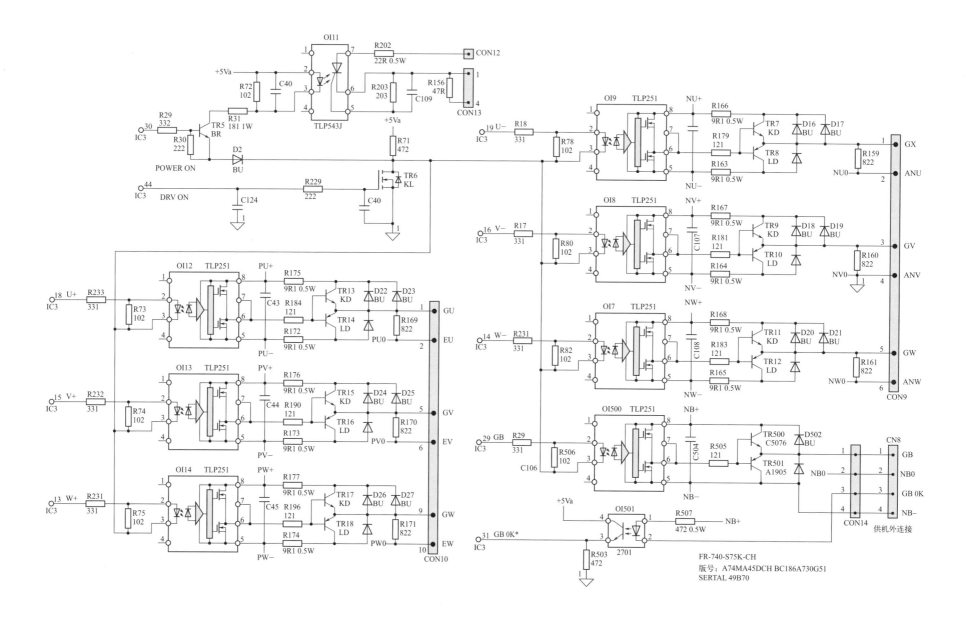

图 12-10   三菱 F700-75kW 变频器驱动电路图

三菱 F700-75kW 变频器驱动电路图解

（1）SCR* 动作指令电路

在三菱 F700-75kW 变频器主电路原理图解中，对储能电容上电限流充电控制电路作了分析，并且在图 12-8-1 中，用虚线的连接代替了 SCR* 的动作指令，其实图 12-10 左上部电路，才是 SCR* 的动作指令传输电路。

由 MCU 器件的 30 脚来的 SCR* 动作指令控制晶体管 TR5 的导通，进而驱动晶闸管式光耦合器 OI11，使 CN12、CN13 端子线得以接通，主电路中的 SCR* 器件得到开通指令。

SCR* 动作指令（和驱动电路是否能够正常工作）的前提，是 MCU 的 44 脚发送一个（保持住的）高电平直流信号，MOS 管 TR6 处于接通的常态，SCR* 和驱动电路才具备动作条件。

当过流、短路或过电压、超温度故障信号发生时，MCU 的 44 脚率先变为低电平，TR6 转变为关断状态，SCR* 指令通道和驱动电路的输入侧被先行"封锁"，主电路的 SCR* 和 IGBT（在 U+ ～ W- 脉冲信号停止之前）同时停止工作，这在一定程度上提升了对主电路器件的保护速度。

（2）IGBT 驱动电路

有时也简称驱动电路，是特指驱动 IGBT 逆变功率模块的末级电路，其前级电路包含 MCU 芯片和数字接口电路。

驱动 IC 芯片峰值电流的输出能力一般为 0.5 ～ 1A（A3120 能达到 2A），允许直接驱动 50A 以内的 IGBT 功率模块（A3120 可直接驱动 100A 以内的功率模块）。对于大于 50A 的功率模块，须外加功率放大级来驱动。注意此处的功率放大，并非指音响设备的线性功率放大，此处的功率对管是工作于开关状态的，因而它们放大倍数的"配对"要求，已经不是太严格了。

如图中 TR7、TR8 对管，一般采用双极型晶体管对管，少数机型也有采用 MOS 对管的，代换时，两项首要参数必须考虑：

① 集电结反向耐压值取 40 ～ 80V；

② 额定集电极电流取 3 ～ 9A。

驱动电路的供电电源来自开关变压器的次级绕组输出，经整流、滤波处理，再经电阻和稳压二极管分为 15V 左右的正的供电电源（用于 IGBT 的开通控制）和 -8V 左右的电源电压（用于 IGBT 的关断控制）。因而电源电压的正常与否，不在于 15V+（-8V）的总电压值是否正常，关键在于正、负电压值是否正常。

以 OI12 芯片及外围电路为例，简述其工作过程：

① 停机 / 待机状态　无论 TR6 是处于导通状态还是截止状态，U+ 端子的输入电压都为低电平，IO12 的 2、3 脚电压为 0V，输入侧发光二极管熄灭；OI12 内部输出级下管导通，功率对管 TR12 导通，此时 GU、EU 端子电压约为负供电电压值。

② U+ 脉冲生效时　U+ 脉冲可等效为方波脉冲（虽然脉冲占空比在变化中），此时当 TR6 导通时，驱动电路被"允许工作"，OI12 的 2、3 脚直流测试电压约为 0.7V。因而此 0.7V 电压是"U+ 脉冲到来"的标志。

IO12 内部输出级上、下管交替导通，控制功率对管 TR13、TR14 也亦步亦趋地交替开通与关断。

若将脉冲的变化速度"以慢镜头来看"，GU、EU 脉冲端子电压是 +15V 和 -8V 交替出现的，但万用表直流电压挡反映的是"平均值"，再折合信号电流在内部输出级、外部功率对管、栅极电阻上形成的电压降，GU、EU 实际测得的直流电压值约为 3V。注意：此处的 3V 脉冲电压是指在 +15V、-8V 供电条件下形成的电压，若供电电压有偏差，则测试结果即随之产生偏差。

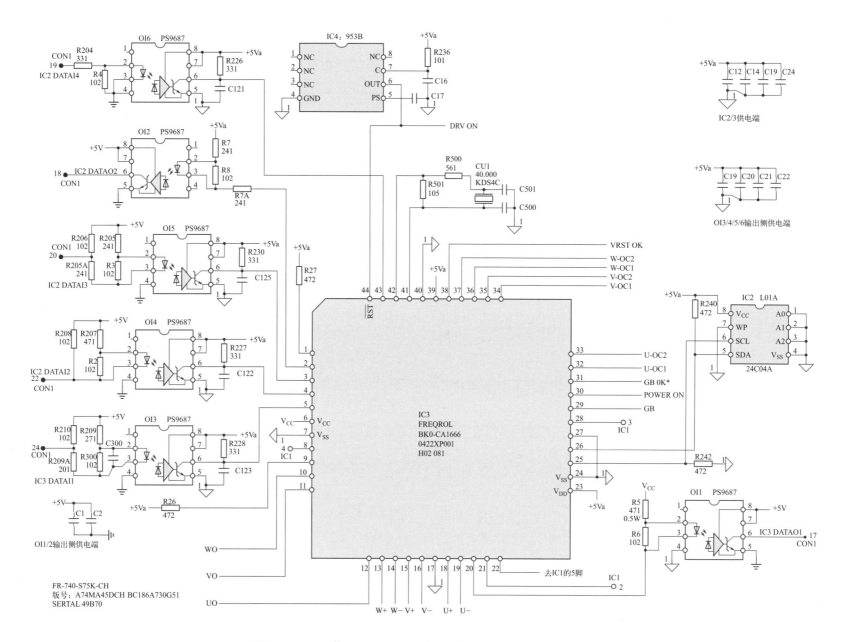

图 12-11　三菱 F700-75kW 变频器电源板 MCU 外围电路图

三菱F700-75kW变频器电源板MCU外围电路图解

对 MCU 外围电路的说明，请参见图 11-12 图解。

本地 MCU 与主板 MCU 的往来信息交换，由 OI1 ～ OI6 等 6 只高速光耦合器来实施。下面分别剖析这 6 只光耦合器的"身份和任务"。

（1）OI6

负责传送主板 MCU 的运行、停机指令，指令形式为 1、0 电平。CON1 的 19 脚为 5V 高电平，为运行指令，OI6 的输出侧变为 0V，本机 MCU 可以向驱动电路发送 U+ ～ W− 等 6 路脉冲信号；CON1 的 19 脚为 0V 低电平时，主板 MCU 发送停机指令（若运行中变为低电平，OI1 输出侧变为 5V，为过载故障停机指令）。

身份为主板 MCU 的"传令兵"，向本地 MCU 发送运行、停机指令，命令形式为直流开、关量的 0、1 电平。

（2）OI2

本地 MCU 和主板 MCU 返回的串行数据，信号形式为矩形波脉冲。上电后即开始工作。

本地 MCU 与主板 MCU 之间的"通信员"，信号去向：由本地传送给主板 MCU。

（3）OI5

主板 MCU 与本地 MCU 的"通信员"，信号去向：由主板 MCU 下达指令给本地 MCU。信号形式为串行数据，测试为矩形脉冲串。上电后即开始工作。

（4）OI4

主板 MCU 向本地 MCU 的开关量指令"传送员"，正常状态下（运行与停机状态）输出端 6 脚为 0V。变为 5V 高电平时，报 E7 代码（意

为 CPU 错误）。其任务为主板 MCU 的工作状态确认。

（5）OI3

主板 MCU 与本地 MCU 的"通信员"，信号去向：由主板 MCU 下达指令给本地 MCU。输入信号形式为串行数据（同步时钟信号？），但在 5、6 脚因电容积分作用，测得为 760kHz 的三角波。上电后即开始工作。

（6）OI1

本地 MCU 与主板 MCU 的"通信员"，信号去向：由本地 MCU 向主板 MCU "汇报故障情况"。信号形式为 0、1 开关量开关电平。输出端 5、6 脚之间停机状态为 0V，运行后变为 5V 高电平，故障时变为 0V，显示报警代码 EOC1。

其身份为模块故障"汇报员"，将故障情况汇报给主板 MCU。

对 MCU 其他外围电路的说明，请参见图 11-12 的图解。在此不再赘述。

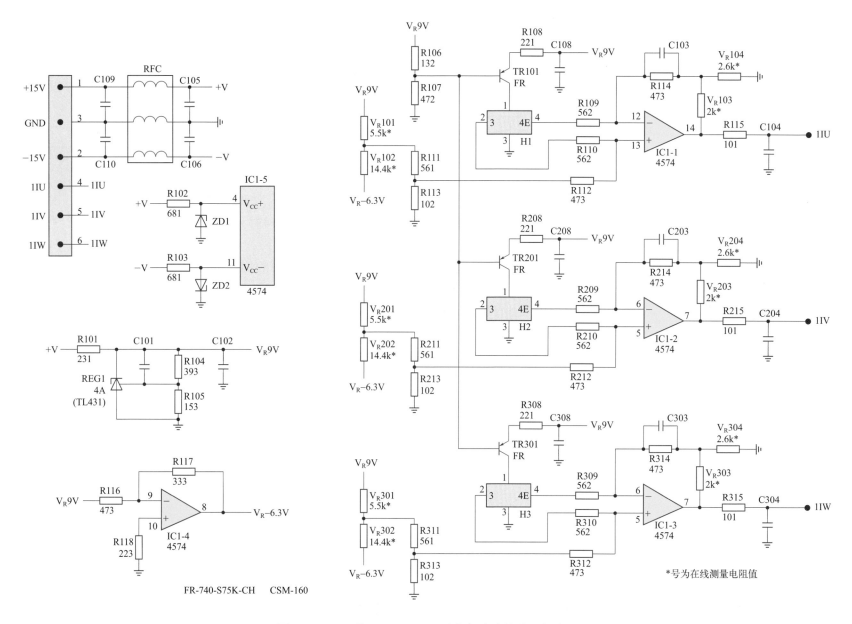

FR-740-S75K-CH   CSM-160

*号为在线测量电阻值

图 12-12　三菱 F700-75kW 变频器电流传感器电路图

三菱F700-75kW变频器电流传感器电路图解

本机电流检测电路复杂吗？

以 CON1 端子为分界点，可分为电流检测前级电路——电流传感器电路和后级电路——"0V 抬升"电路（位于 MCU 主板）。

（1）电流传感器电路

H1 为四线端霍尔元件，1、3 脚为恒流供电端，工作电流约为 6mA，2、4 脚为差分信号输出端，停机状态下，对地输出电压值约为 2V，信号差为 0V。IC1-1 与外围电路组成差分放大器电路，此时 IC1-1 的输出电压为 0V，即 V_R=OUT，可知电流传感器输出的 1IU 信号电压为 0V。

（2）后级反相求和电路

为实现对前级电路输入 0V 信号电压的"抬升"，IC16c 组成反相

求和电路，IC16d 组成 -3.3V 的 V_{R2} 基准电压发生器。

停机状态下，IC16c 实现了 0V 和 -3.3V 的反相求和运算（或可视之为 -3.3V 的 2 倍反相衰减器电路），从而得到 1.65V 的 2IU 信号电压送入 MCU 的 80 脚。

变频器带载运行后，输入交流变电压信号与 -3.3V 进行求和运算，当输入电压为 ±1V 时，IC16c 的输出端 7 脚形成了 1.15 ～ 2.15V 的电压输出。换言之，把 1.65V 看成"零信号值"，输出电压在零信号值上下浮动了 0.5V。

可见，无论对 V_{R2} 输入还是对信号输入，IC16c 都是一级 2 倍衰减器电路。

检修判断：

① 测 1IU 点为 0V，电流传感器的静态工作点是对的；

② 测 2IU 点为 1.65V，IC16d、IC16c 电路是好的。

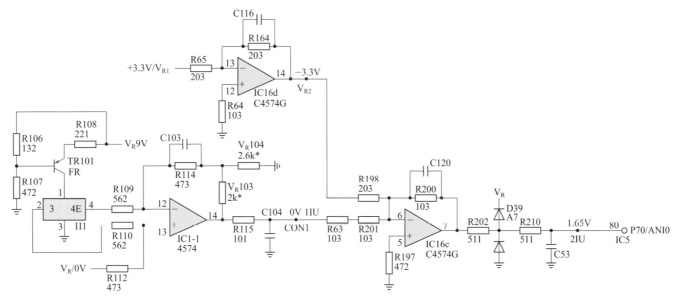

图 12-12-1　输出电流检测的模拟量信号处理电路

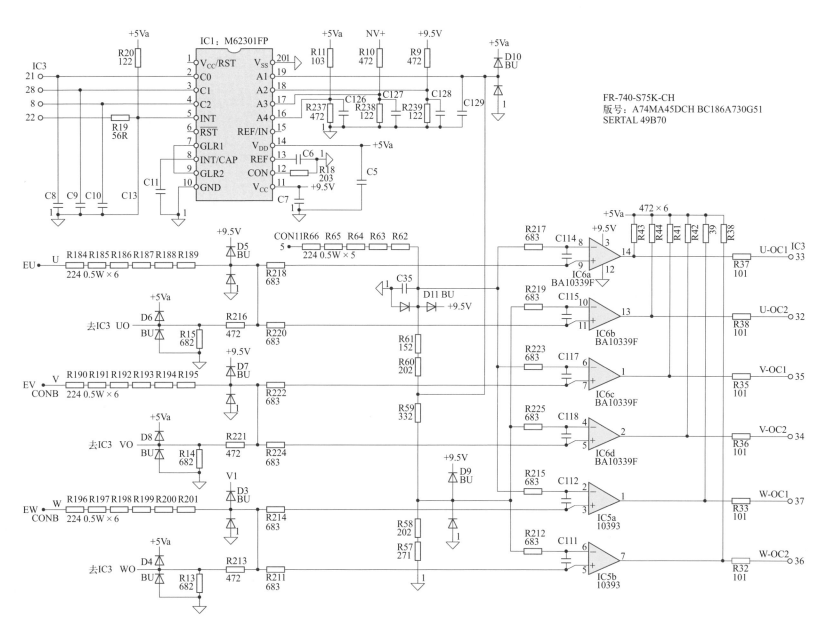

图 12-13　三菱 F700-75kW 变频器输出状态检测电路图

三菱 F700-75kW 变频器输出状态检测电路图解

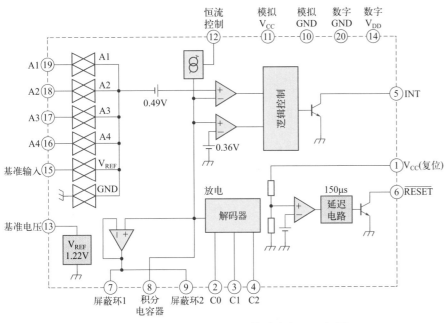

图 12-13-1　M62301FP 芯片内部原理框图

表 12-13-1　IC1 在线各脚电压值

引脚	电压	引脚	电压	引脚	电压	引脚	电压
1	0V	6	*	11	+9.5V	16	1.66V
2	*	7	9.4V	12	1.29V	17	3.49V
3	*	8	9.4V	13	1.24V	18	1.97V
4	0V	9	9.4V	14	+5V	19	2.66V
5	3.3V	10	0V	15	1.24V	20	0V

IC1（印字 M62301FP，20 引脚双列贴片封装，AD 转换器）的模拟量信号输入端 A1 ～ A4（19 ～ 16 脚）分别输入了直流母线电压检测信号和 3 路供电电源检测信号。

表 12-13-1 中标注 * 号者为不确定的电压。问题：即使是确定的直流电压值，就能说明 IC1 的工作状态是对的吗？

一直以来，笔者对依据芯片各脚测试电阻值甚至是各脚静态电压值做出工作状态判断的方法，保留着自己的看法。原因如下：

① 芯片外围电路略有不同或元件取值不同，则电阻值的测试结果便无法全部对应，由此失去参考依据；

② 一旦外围电路有差异，则测试电压值就失去了参考作用；

③ 某些元器件，如触发器类，A-D、D-A 转换器一类的 IC 芯片，其静态的引脚电阻值或电压值的"正常"，还真的就不能完全说明其动态就一定是对的。

如果检测数据是模棱两可的，不足采信的，检测就是不到位的，那么检修手段就存在"升级"的空间。

笔者采用的方法是：让电路动起来，让输入信号变化一下，看输出是否做出了正常的反应。如果有正常反应，说明电路的工作状态是对的，如果器件输出端不能做出正常反应，说明电路是故障的。

当输入模拟量电压变化时，C0 ～ C2 输出端的变化大致有以下可能：

① 输出频率固定，输出动作表现为脉冲占空比的变化，从直流电压和波形上均可观测；

② 输入电压变化，输出频率随之变化，为 V-F 工作模式，示波表可观测；

③ 或有其他形式，但一定会表现出变化量来，一定是可以观测的。

调节 DC500V 检修电源电压，使 IC1 的 19 脚输入电压变化，测 2、3、5 脚频率随输入电压的升高而"线性变低"，为明显的 V-F（反向）工作模式，判断 IC1 工作状态正常。

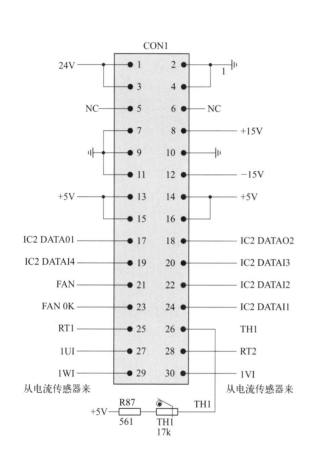

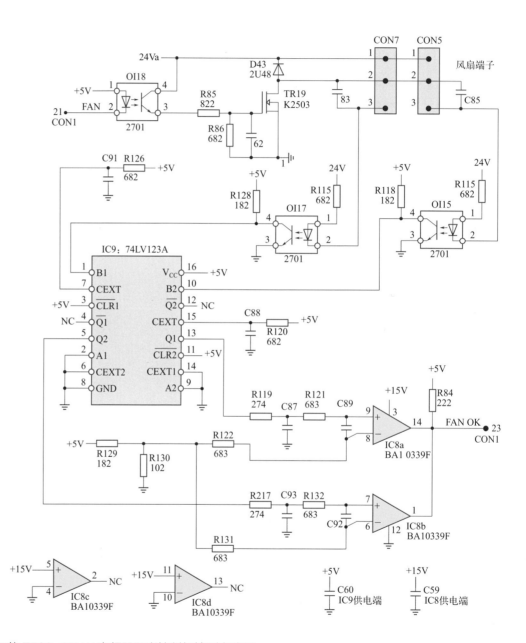

图 12-14　三菱 F700-75kW 变频器风扇控制与检测电路图

三菱 F700-75kW 变频器风扇控制与检测电路图解

关于风扇控制与检测电路原理的说明，请参见图 11-14 的图解。除了元件序号不一样，电路构成完全是一样的，这里不再复述。

关于 CON1 端子信号的来龙去脉，请读者结合 DSP 主板和电源 / 驱动板电路的各点标注，分析其去向和作用。此处不再赘述。

图 12-12 中关于 U、V、W 输出状态检测电路的工作原理，需结合主电路、驱动电路的检测电路本身，"整合"后做出分析。在故障检测中，牵扯模块故障报警和对驱动电路的故障检修过程中需要试机所必须采取的屏蔽方式，也要求对 U、V、W 输出状态电路原理要理解，"跑电路找点"要准确，才能达到故障修复要求。作为故障检修中的难点、要点，这里再将三部分电路合成图 12-14-1。

工作过程简述如下。

为便于分析，设 P、N 母线直流电压为 500V，P、N、U 电压采样电路的多只串联电阻以 Rz 来标示（z 表示串联总电阻的意思）。

当 IC3 的 18 脚变为高电平（VT1 开通指令）时，OI12 输入侧发光

二极管点亮，输入侧 6、8 脚内部 MOS 管导通，外部晶体管 TR13 导通，GU 相对于 EU 为正电压，VT1 开通。

此时由于 U=P，Rz4 与 Rz5 分压为 4.31V，该采样电压经 R218、R220 输入电压比较器 IC6a、IC6b 的同相输入端；IC6a、IC6b 的反相输入端为 P、N 采样电压，分别处理为 1V 送入 10 脚，处理为 4V 送入 8 脚。IC6a、IC6b 组成梯级电压比较器电路，故命名 IC6a 输出信号为 U-OC1（轻度过载），命名 IC6b 输出信号为 U-OC2（重度过载或短路）。

U+ 脉冲到来期间，只要 OI12、TR13、VT1、IC6 等电路都是好的，在 IC6 的输出端 13、14 脚，IC3 就要接收到和 18 脚发送的 U+ 脉冲一样的检测信号，即会做出判断：上述电路环节都在"正常工作中"。若 IC3 在 18 脚发送脉冲后，在 32、33 脚不能接收到"返回的 U+ 脉冲"，则产生 OC 报警信号而停机。

检修中，当功率模块脱离驱动电路时，对 U 相报警电路的屏蔽方法，是从 IC3 的 18 脚引一根导线，直接短接 IC6 的两个同相输入端，"告诉" IC3 所有电路工作正常，可以连续发送 U+ 脉冲了。

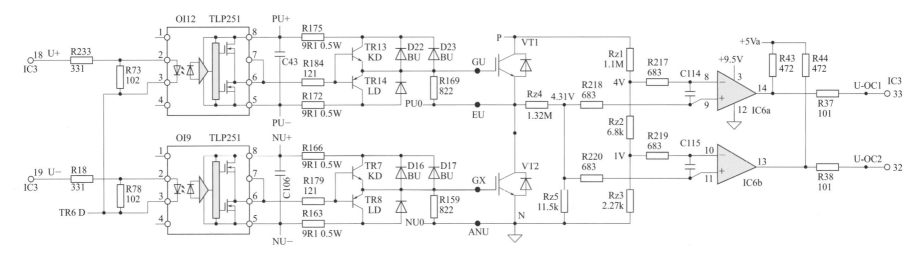

图 12-14-1 驱动电路、逆变电路、输出状态检测电路的"整合"电路

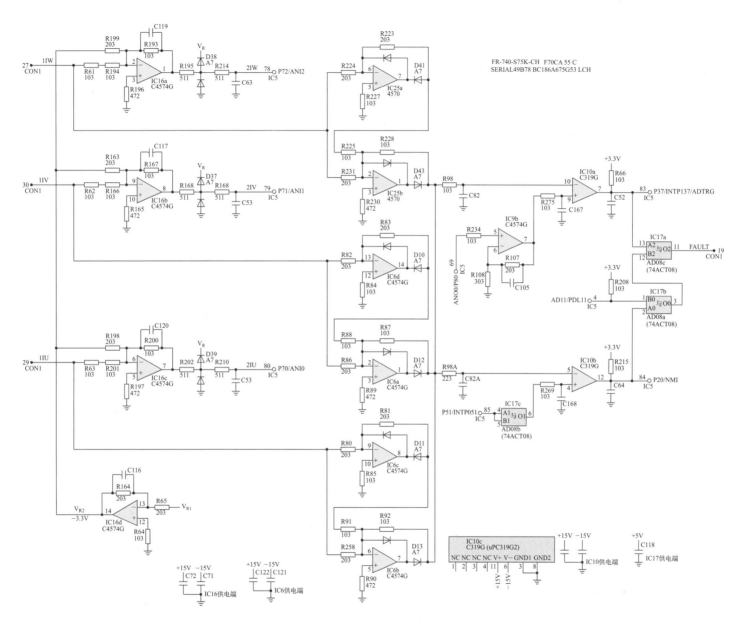

图 12-15　三菱 F700-75kW 变频器输出电流检测电路图

三菱 F700-75kW 变频器输出电流检测电路图解

（1）-3.3V 基准电压发生器电路

电流检测（后级）电路的任务，即是将电流传感器输入的以 0V 为零准的交变信号电压转变为 0V 以上的 0 ～ 3.3V 以内的信号电压，以适应 DSP 器件对输入信号电压范围的要求。

从 IC28 电压基准源电路（参见图 12-16）来的 V_{R1}/+3.3V 基准电压，经 IC16d 反相器处理得到 -3.3V 的 V_{R2} 基准，作为 IC16a、IC16b、IC16c 反相求和电路的基准输入（或可视为输入信号之一）。

（2）电流检测信号的模拟处理电路

从电流传感器来的 1IW、1IV、1IU 等 3 路电流检测信号作为 IC16a、IC16b、IC16c 反相求和电路的输入信号之二。

静态时，该电路实现了 0V+（-3.3V），对输入 -3.3V 而言，为 0.5 倍的衰减器电路，故在放大器输出端得到约为 1.65V 的静态电压，输入 DSP 的模拟量信号输入端。

在 V_{R2} 作用下，IC16a、IC16b、IC16c 等电路建立了 1.65V 的适宜工作点。

（3）电流检测的故障报警电路

由精密全波整流电路及电路比较器电路所组成。

从电流传感器来的 1IU、1IV、1IW 等 3 路电流检测信号同时送入由 IC25、IC6 等组成的精密全波整流电路，将运行中的信号电压整流为直流电压，与比较器 IC9、IC10（二者组成梯级比较器的电路结构）的同相基准电压相比较，在过流故障发生时，由 IC9、IC10 的输出端 7、12 脚将 0 电平的故障信号输入 DSP 的 83、84 脚，变频器进入停机报警的工作状态。

精密全波整流电路如图 12-15-1 所示，设每个信号周期内正、负半波的电压峰值幅度为 2V，则在正半周信号输入期间，IC25a 变身为

反相器电路，产生 -2V 的输出电压；在 IC25b 输入端形成了 -2V+2V 的信号加法输入，在 OUT 端则形成了 +2V+（-1V）的输出结果：+1V。

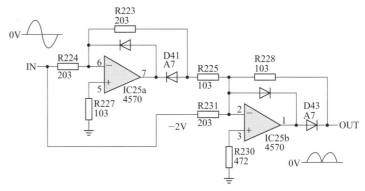

图 12-15-1　精密全波整流电路

在负半周信号输入期间，IC25a 变身为 0V 的电压跟随器，输出端为 0V；在 IC25b 输入侧实现了 0V+（-2V）的输入电压，在 OUT 端输出则得到了 0V+1V 的输出结果：+1V。

注意：IC25b 处理 IC25a 的输入信号，构成了反相器的电路模式；处理 IN 输入电压，则构成 0.5 倍衰减器电路模式。因而导致 -2V+2V ≠ 0V 的运算结果。

对于精密全波整流电路，又称绝对值输出电路，可以在 IN 端施加直流电压来验证其工作状态。如分别在 IN 端给出 +2V 和 -2V 输入电压，在 OUT 端测试结果都为 +1V，否则即为故障状态。

可知该电路实现了对交流输入电压的全波整流，并对输入电压实现了 0.5 倍的衰减处理。

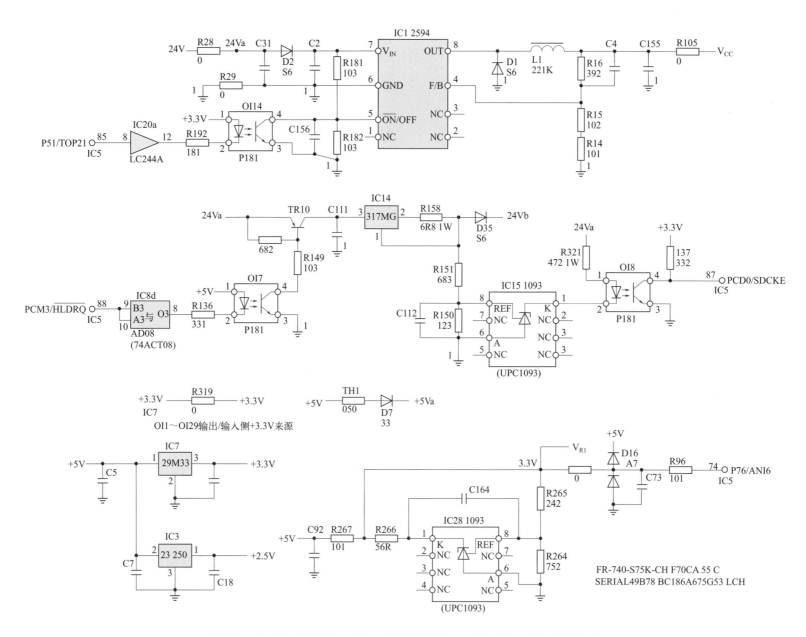

图 12-16　三菱 F700-75kW 变频器 MCU 主板及控制端子电源电路图

三菱F700-75kW变频器MCU主板及控制端子电源电路图解

（1）受控 V_{CC} 电源（约为 5.7V）

变频器的控制端子电路，因为操作人员有可能触及的原因，必须采用低压的、隔离的安全电源电压。启动、停机控制等开、关量信号电压所需的 24V 电源和 RS485 通信芯片的供电电源 V_{CC} 等。

IC1（印字 2594，型号 LM2594，8 引脚双列贴片封装，DC-DC 转换器）芯片的 6、7 脚为供电电源输入端，输入 24V 工作电源；5 脚为受控端，低电平状态中工作，高电平时停止输出；4 脚为输出采样信号端，从 R14 ～ R16 的电压采样电路的取值来看，本电路将输入 24V 转变为直流约 5.7V 输出；8 脚为输出端，内部电源调整管工作于开关状态。D1 为续流二极管，L1 为储能电感，C155 为滤波电容。

内部开关管和 D1 工作于交替模式，当内部开关管开通时，8 脚经 L1 向负载释放电能，L1 将电能转换为磁能；输出电压达到设定采样值后，内部开关管关断，L1 感生电压反向，内部磁能转换为电能，经负载电路和 D1 形成释放回路。当 L1、C155 常数足够大时，负载电路会得到连续的电源供应。

（2）24Vb 受控电源

变频器启、停操作端子所需的 24Vb 电源也为受控电源，工作条件为：IC8d 与门电路将 DSP 的 88 脚输出的 0 电平传输至 DSP 的光耦合器 OI7 的 2 脚，OI7 控制开关管 TR10 导通，恒流源 IC14 得到供电电源，输出最大电流为 $1.25V/6.8\Omega \approx 180mA$，输出电压经 D35 隔离后至控制端子电路。

2.5V 基准电压源 IC15 和光耦合器 OI8 组成 24Vb 电源状态检测电路：24Vb 电源状态正常时，OI8 具备导通条件，4 脚的 0V 低电平输入 DSP 的 87 脚。

当 OI8 的 4 脚为高电平 1 时，变频器报警 P24，处于故障保护状态。问题是此时短接 OI8 的 3、4 脚，使送入 DSP 的 87 脚的信号为低电平，

是无效的。这是因为：当 DSP 检测到 87 脚为高电平的故障状态时，88 脚即输出高电平，从而发送了一个 24Vb 的关断指令。只有上电期间检测 24Vb 状态正常，88 脚才能保持低电平的 24Vb 工作指令信号输出。

这就要求：

① 不仅 24Vb 的负载电路是正常的，工作电流远小于 180mA，不致因过载导致 IC15、OI8 的关断，使检测电路起控。

② IC15、OI8 检测电路本身的状态正常，也是一个关键因素。

③ IC8d、OI7、TR10、IC14 等环节都是好的，24Vb 工作指令才能正常传输，电路才能纳入正常工作的轨道。

④ 如果将工作条件再延伸一点的话，上电期间 DSP 的 88 脚也应具备输出"电源可以工作"指令的能力，24Vb 受控电源才得以正常工作并维持下去。

24Vb 受控电源的电路并不复杂，但电路的动作机理确实有点复杂，其中的因果逻辑关系，非上述 4 点要求，不能被完全揭示。

因而若出现：

① 24Vb 负载电路上电瞬间有过流现象，则产生 P24 故障报警。此时，在 DSP 的 88 脚发送工作指令之前，短接 OI8 的 3、4 脚是无效的。继续短接 TR10 的发射极和集电极，或短接 OI7 的 3、4 脚也是无效的（DSP 认为在 88 脚指令发送之前，24Vb 已有输出是不对的）。

② 若 IC8d、OI7、TR10、IC14 等环节存在故障状态，则采取屏蔽措施是无效的。

只有从根本上解决了过载现象，解决了 IC8d、OI7、TR10、IC14 等环节的故障状态，P24 报警才会得以真正的解决。

故障检修的关键是：P24 检测与报警，在上电期间有一个"时序检测"的行为，故"常态固定电平"的屏蔽措施是起不到作用的。这是笔者碰到 R136 开路故障的实例后总结出的检修思路。

此外，DSP 芯片所需的 +3.3V 工作电源，是 +5V 经三端稳压器取得的。由 IC28 产生的基准电压 VR1，同时也送入 DSP 的 74 脚，作为 VR1 检测之用。

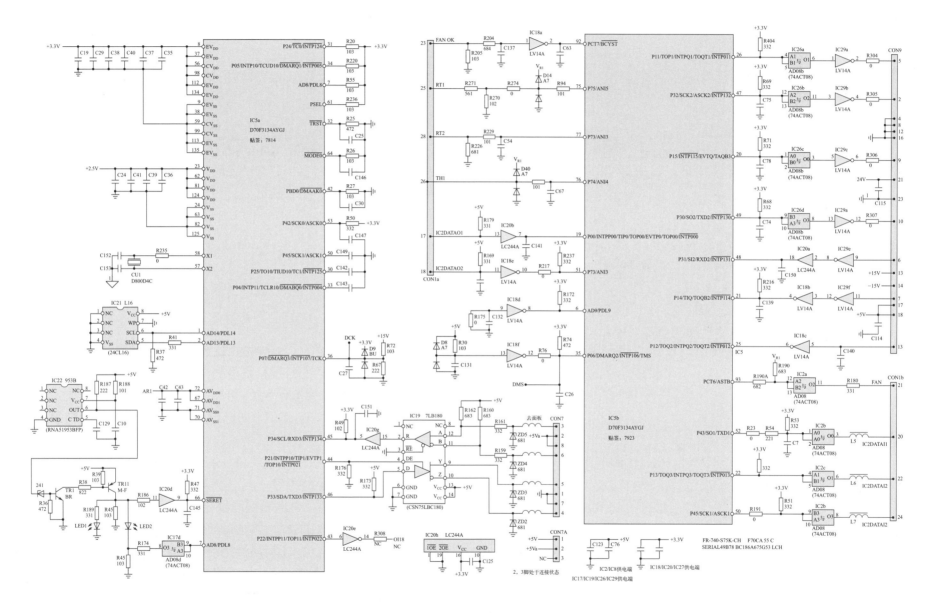

图 12-17　三菱 F700-75kW 变频器 MCU 主板 MCU 外围电路图

三菱F700-75kW变频器MCU主板MCU外围电路图解

（1）IC5 器件资料

IC5 为 DSP 芯片，印字 D70F3134AYGJ，型号为 UPD70F3134AYGJ，144 脚环列贴片封装。

DSP 是多供电引脚、多供电级别的大规模集成、智能化器件，工作电源采用 +3.3V 和 +2.5V（为降低运行功耗，部分电路采用低压供电）。

（2）系统时钟

由 57、58 脚内、外部电路组成，内为反相器电路，外接晶振和匹配电阻。

（3）存储器电路

IC21（印字 L16，型号为 FM24CL16，16kB 铁电存储器，8 引脚双列贴片封装）的 6 脚为由 DSP 的 1 脚输出同步时钟输入端；5 脚为串行数据读 / 写端，与 DSP 的 2 脚相连，1、2、3、4 脚都接地，是 24C×× 系列存储器的特征。

内部数据（产品操作说明书的内容）可用编程器读出或写入。

（4）系统复位电路

IC22、TR1、TR11、IC20d 等电路构成系统复位控制及系统状态指示电路。

IC22（印字 935B，型号 RNA51953BFP，8 引脚双列贴片封装，专用复位器件）芯片为专用复位控制器，兼有 DSP 工作电压监控功能。内部功能框图见图 12-17-1。

发光二极管 LED1 的正常状态为：上电瞬间亮一下，然后保持熄灭状态。持续点亮时，说明系统处于"强制复位"的异常状态，有 DSP 工作电源异常的故障发生。同时，IC17d 也将此异常信号馈入 DSP 的 7 脚，"告知"复位电路的工作状态。

（5）电源电压检测信号电路

+15V 电源电压检测输入 DSP 的 36 脚，+5V 电源电压检测信号经 IC18f 反相器处理，输入 DSP 的 35 脚。说进口变频器的电路复杂，有时候是特指其检测电路设立数量多，故障报警自然也多，对于检测电路的查找和测试也有难度。

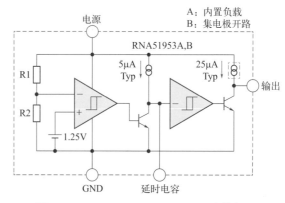

图 12-17-1　RNA51953BFP 功能框图

（6）与操作显示面板的通信电路

IC19（印字 7LB180，型号 CSN75LBC180）为双向差分总线通信模块。面板侧 MCU 输出的串行数据经 RS485 通信模块转换为差分脉冲，送入通信电缆；外来差分数据经电缆插座输入 IC19 的 11、12 脚，在内部转变成串行数据，由 2 脚输出，经同相驱动器 IC20g 输入 DSP 的 45 脚。

由 DSP 的 46 脚输出的串行数据，也经 IC19 内部处理，转变为差分数据由 9、10 脚输出，经 CON7 端子电缆送往操作显示面板。

IC19 为串行数据与差分信号的双向转换器。

明白了这些，故障测试就有了落脚点。

此外，IC5 与电源 / 驱动板 MCU 的信息往来电路（图 12-17 右下侧电路）中，IC5 各种检测信号的输入与各路指令的发送也是检查重点。

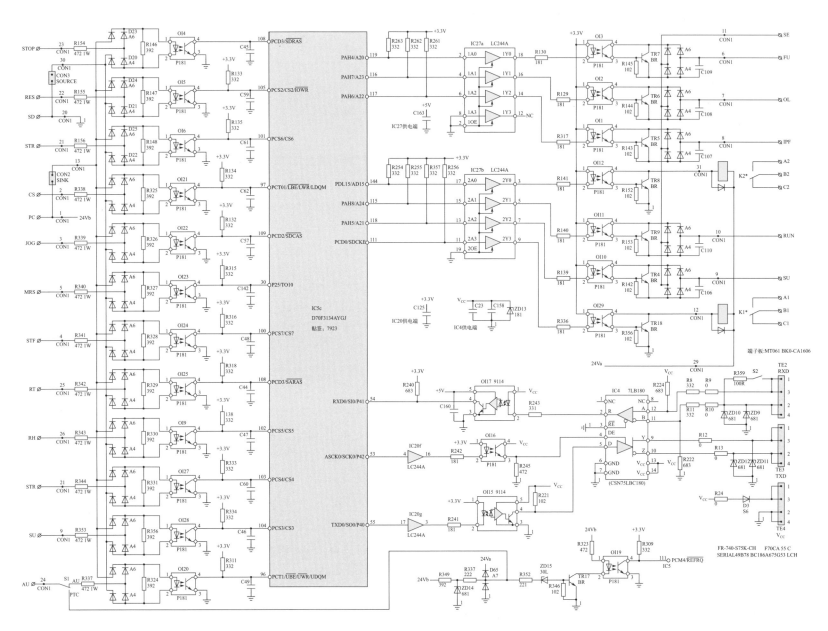

图 12-18　三菱 F700-75kW 变频器开关量控制端子电路图

三菱 F700-75kW 变频器开关量控制端子电路图解

IC5（印字 D70F3134AYGJ，型号 UPD70F3134AYGJ，环列贴片封装 144 脚，DSP 器件）引脚功能图见图 12-18-1。

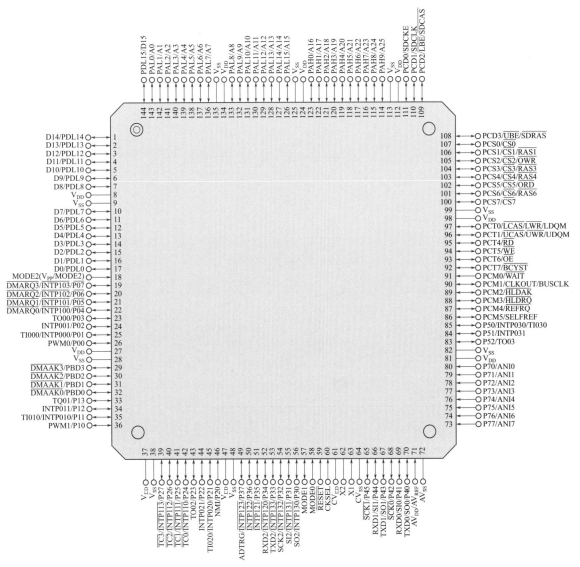

图 12-18-1　IC5（印字 D70F3134AYGJ，型号 UPD70F3134AYGJ，环列贴片封装 144 脚，DSP 器件）引脚功能图

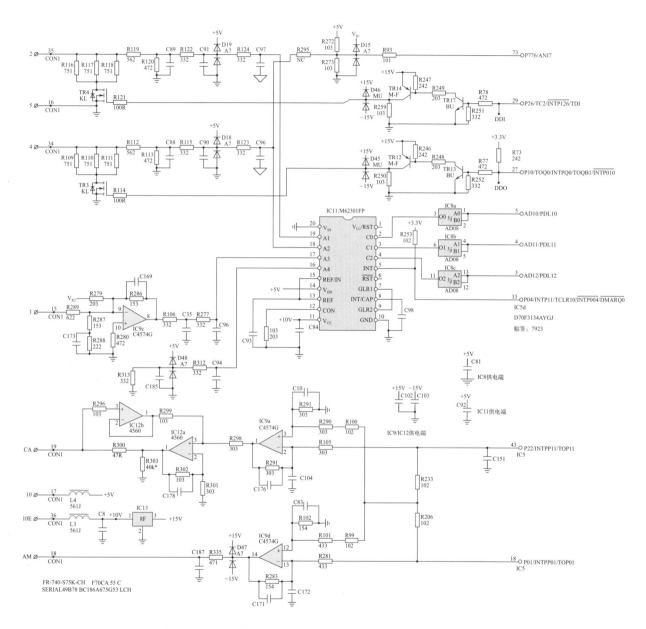

图 12-19　三菱 F700-75kW 变频器模拟量控制端子电路图

三菱 F700-75kW 变频器模拟量控制端子电路图解

（1）模拟量输入电路

以 2、5 端子输入信号电路为例，当 IC5 的 29 脚电压为 0V 低电平时，TR17、TR4、TR3 均处于关断状态，此时允许 2、5 端子输入 0～10V/5V 的调速电压指令信号。输入信号电压经 R119、R120 分压，二极管 D19 双向钳位后，输入至 AD 转换器 IC11 的 A1 输入端 19 脚，经内部 A-D 转换后再由 IC8 缓冲处理，将"调速指令"送入 DSP 的 3、4、5 脚。

当 IC5 的 29 脚电压为 +3.3V 低电平时，TR17、TR4、TR3 均处于导通状态，TR3 的导通，在 2、5 端子之间接入了负载电阻 R116、R117、R118，对输入电压信号实行了 I-U 转换，此时 2、5 端子允许输入 0/4～20mA 的电流信号输入。

输入信号的类型（输入信号是电压的还是电流的）切换，由 TR17、TR4、TR3 电路执行 DSP 指令来实现，换言之，由用户通过修改产品说明书中的相关控制参数，可以选取输入信号类型，这类控制端子通常又可以称为"可编程输入端子"，即由参数整定，实现改变硬件电路功能的目的。

（2）0/4～20mA 和 0～10V 模拟量输出端子电路

① 0～10V 模拟量输出端子电路　这类输出端子也可以用参数整定，决定输出内容，如输出信号代表输出频率或输出电流等。

IC9d 为 4.3 倍的差分放大器，当输入差分电压为 0～2.9V 时，输出至端子 AM 的信号电压为 0～10V。

② 0/4～20mA 模拟量输出端子电路　IC9a 和 IC12a 则组成了差分放大器和恒流源电路，将输入 0～2.9V 的电压信号转变为 0～20mA 的输出电流信号，由 CA、5 端子输出。

图 12-19-1 是"摘出"该部分电路，重新整理绘制的。

DSP 供电电压为 +3.3V，我们假设 DSP 的差分模拟量信号输出

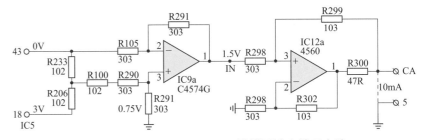

图 12-19-1　0/4～20mA 模拟量输出端子电路

端 18 脚和 43 脚的信号电压差为 3V，则由 IC9a 处理得到 1.5V 的输出，然后由 IC12a 处理，可在输出端得到流过负载电路的约为 0.5V/47Ω≈10mA 的输出电流。

要满足 0～20mA（IC9d 电路要满足 0～10V）的输出范围，似乎只有将图 12-19-1 中的电阻 R233 开路才能做到。

按照原电路结构分析，IC9a 仅有 0～-5V 的输出范围，IC12a 也仅有 0～10mA 的输出范围，似乎是无法完成 0～20mA 的电流信号输出任务的。

但是这一分析尚未得到实际验证，仅供读者参考。

237

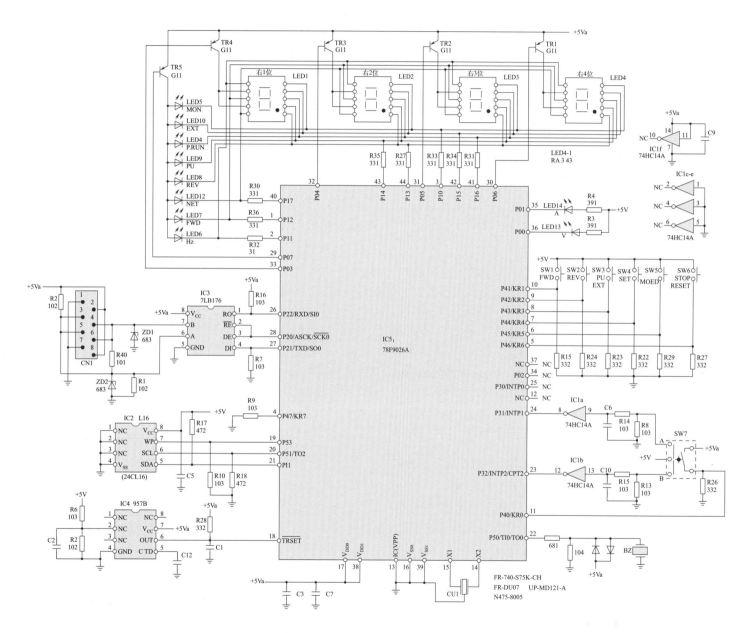

图 12-20　三菱 F700-75kW 变频器操作显示面板电路图

三菱 F700-75kW 变频器操作显示面板电路图解

测绘这张电路图的初衷，是因为遇到一台 FR740 变频器上电后操作显示面板报 E.CTE 故障，参数可调看，但无法使变频器启动运行。

上网搜索发现很多人遇到类似问题，摘录其中一篇帖子如下。

操作面板显示 E.CTE 代码，内容：操作面板用电源（PU 接口的 P5S）短路时，电源输出切断。此时操作面板（参数单元）的作用和 PU 接口进行 RS485 通信都变为不可能。RS485 端子用电源发生短路时，将切断电源输出。此时，不能通过 RS485 端子进行通信。若想复位，请使用端子 RES 输入或将电源切断再投入的方法。

检查要点：

① PU 接口连线是否短路；

② RS485 端子连线是否有错误。

处理：

① 检查 PU 接口、电缆；

② 确认 RS485 端子连线正确。

有几个问题不明白：

① RS485 端子是不是就是面板的 CPU 主板连接的端口？ PU 接口是不是排线连接到 CPU 板和电源板的接口？

② PU 的 P5S 是不是指的第 5 针？如果是，是由哪一点开始计数的？

③ 既然操作面板用电源或者 RS485 端子用电源已经短路，为什么面板还有显示呢？是否是指的其他电源检测出了问题？

④ 这种故障能修复吗？

发帖人分别换了操作面板和 MCU 板与电源间的连接电缆，都无效，说明是 CPU 板的问题。

笔者也动了解开这些问号的心思，于是将 FR740 操作面板的电路测绘下来，让我们从实际电路入手，试分析一下 E.CTE 故障的成因何在。

① 通信电缆的问题　排线电缆为 8 线端子，但实际上两两并联使用，仅为 4 线端子。+5V 供电占用了四个端子，两路 RS485 通信的差

分信号传输占用了另外四个端子。手册中的 P5S 显然不是指的第 5 根通信电缆线。

② 操作面板用电源的问题　操作面板用的电源仅 +5V 一路，兼作 MCU 供电和四位光电数码管的供电，倘若 +5V 电源短路，不但数码显示管不能显示，而且会造成开关电源停振故障，实际上整机电路不能工作。假若 +5V 电源断路，结果也是一样，E.CTE 故障代码也不能显示。手册中论述的操作面板用电源短路，似乎是不成立的。

③ 通信电缆断线的问题　我测绘的这款机型，连通信电缆也没有，操作面板与 CPU 主板是通过插座直接连接的。该插座同电话机的"水晶头"插座差不多，接触还是比较可靠的。在这种还能报故障代码的情况下，断线的可能性是微乎其微的，另外通信"线"也是两个端子并联的，同时接触不良的可能性更小。

电源的故障完全可以排除，电缆引起的故障可能性也较小。

综上所述，手册中给出的检修指导是不容易让人理解的，而 E.CTE 故障的原因，在今天——当整机电路图摆在面前时，大部分问号才算有了答案。

P5S 指的是 5V 电源电压，并非电缆线；并不是面板供电的 5V 丢了，而是 5V 电源的检测电路本身出现了故障，误报了电源异常。

本机电路，如果从"全电路"的视角来看，温度信号的多路检测、直流母线电压及 24V、15V、5V 等多路供电电压的检测，以及对检测信号的"时序化"处理，无图纸和分析不到位的情况下，电路检修的难度是大的。

报警面板电源异常，而故障并不在面板电源或面板电路上。

第 13 章

科比07F5B3A-YUC0-0.75kW 变频器整机电路原理图及图解

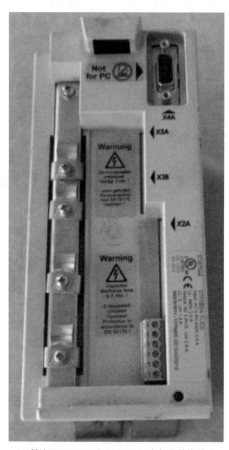

(a) 科比07F5B3A-YUC0-0.75kW变频器整体外观

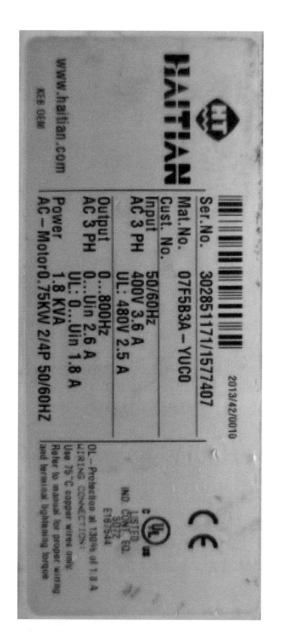

(b) 科比07F5B3A-YUC0-0.75kW变频器产品铭牌

图 13-1　科比 07F5B3A-YUC0-0.75kW 变频器测试机外观和产品铭牌图

(c) 电容板(对应图13-4中电容板电路图)

电容板实物图

(b) 电源/驱动板背面

(a) 电源/驱动板正面(对应图13-4～图13-6)

图 13-2　科比 07F5B3A-YUC0-0.75kW 电源/驱动板正/反面与储能

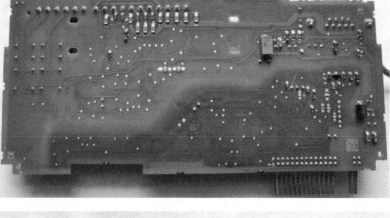

图 13-3　科比 07F5B3A-YUC0-0.75kW 变频器 MCU 主板正、反面实物图

（对应图 13-7～图 13-9 所示原理图电路）

241

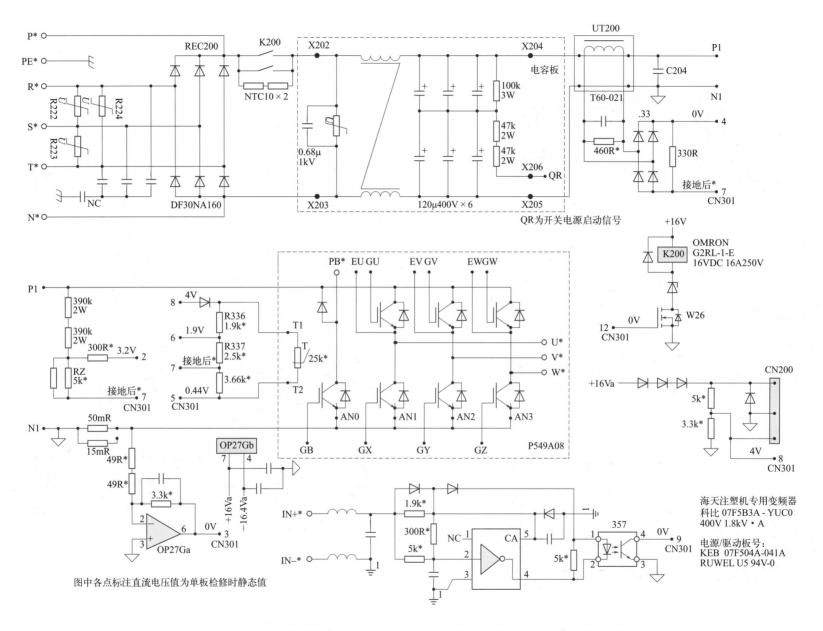

图 13-4　科比 07F5B3A-YUC0-0.75kW 变频器主电路及其他检测电路原理图

科比07F5B3A-YUC0-0.75kW变频器主电路及其他检测电路原理图解

变频器中的专用机可能是这样"生成"的：

① 制造厂家根据配套负载的机械特性和控制要求，专门做了性能上的适应性改进，或强化了某些性能（如增加了 PG 卡，能处理光电编程器或旋转编码器的反馈信号，更善于运行于闭环工作模式）。

② 为某一行业所采购，应用中发现该变频器的性能恰好与负载特性相适应，表现非常良好，导致了对同款产品更大量的采购，而生产人员也适应了对该款变频器产品的操作与调试，不想再换用其他机型。

德国产科比变频器，在注塑行业的大量应用，应当也不外乎以上两种情况之一吧。

（1）电容均压和开关电源启动电路

主电路中的储能电容安装于电容板［图 13-2（c）］，电容两端并联的均压电阻身兼两种身份：既是储能电容的均压电阻，又是开关电源的启动电阻，从 X206 引出的是开关电源的启动电流。

（2）工作继电器 K200 控制电路

储能电容充满电后，工作继电器 K200 得电动作，其常开触点接通。K200 的控制信号由 MCU 主板而来，由 CN301 的 12 脚送达 CMOS 管（印字为 W26）的 G 极，K200 因而得电动作。

（3）直流母线漏电 / 波动成分检测电路

直流母线上又套装了零序电流（又称剩余电流）互感器 UT200，当 P1 流出的电流不等于 N1 流回的电流时，UT200 产生输出，经整流后由 CN301 的 4、7 脚送入 MCU 主板。端子 CN301 的 7 脚连接 MCU 主板后再接地，脱开 MCU 主板后处于空置状态。

（4）散热风扇电源电路

因为散热风扇的额定工作电源为 12V，故 +16Va 电源电压经三只串联二极管降压，供给散热风扇的电源插座 CN200，可知其工作模式为上电即运转。

风扇工作电源经电阻串联分压电路取得检测信号，由端子 CN301 的 8 脚送入 MCU 主板。

（5）直流母线电压检测（前级）电路

送入 CN301 的 2、5、6、7、8 脚，是 P1、N1 端直流母线电压经电阻串联分压处理得到的检测信号。此检测电路和直流母线漏电检测电路的处理方式一样，与 MCU 主板正常连接后才形成分压回路。

（6）直流母线电流检测电路

采用高精度单运放器件，印字 / 型号为 OP27Gb，将 $50m\Omega$ 电流采样电阻两端表征着直流母线电流大小的电压降放大，由输出端 6 脚输出，再经 CN301 的 3 脚送入 MCU 主板。

（7）控制信号输入电路

将图 13-4 右下侧电路突兀地画在主电路图上，是因为该电路输入端本来就和主电路的端子在一起，而非像开关量、模拟量控制端子电路一样，位于 MCU 主板的位置。此为常规控制信号之外的一路输入信号。输入信号经印字 CA 的反相驱动门电路，再驱动光耦合器进行隔离传输（可以确定这是一路开关量信号），由端子 CN301 的 9 脚送入 MCU 主板。

需说明的是：

① 该款产品电路中的元器件，大部分未标注序号，图中对部分元器件的标注，暂且只能以元件本体上的印字 / 型号来标注，以利于读图和分析。如反相驱动门器件，只能标以 GA；光耦合器标以 357。

② 图中的电阻元件，若无印字或印字不清者，其标注数值不是拆下进行测量的，而是由数字万用表在线测量进行标注的。因而与实际标称值可能差异巨大！

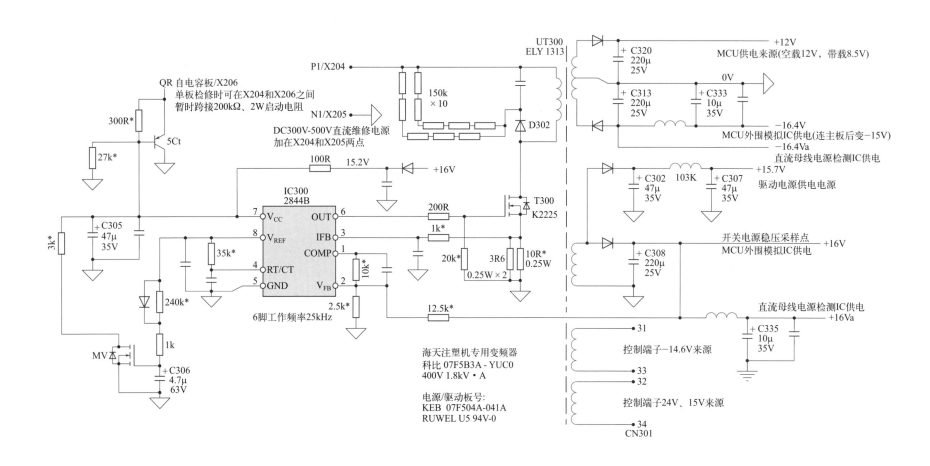

图 13-5　科比 07F5B3A-YUC0-0.75kW 变频器开关电源原理图

科比07F5B3A-YUC0-0.75kW变频器开关电源原理图解

本机的开关电源电路采用专用 PWM 电源芯片，印字 / 型号为 2844B，是常用的电源芯片。其工作原理及外围电路，读者朋友们大多耳熟能详，本来没什么可讲，但芯片 7 脚的启动与供电电源回路和启动电路工作模式实在是不同于一般电源电路，下面就工作原理及可能发生的故障现象作一个简要的分析。

为了行文方便，将相关元件进行了重新标注，如图 13-5-1 所示。

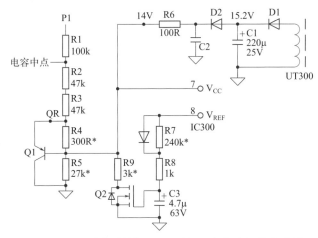

图 13-5-1　电源芯片 IC300 的 7 脚启动与供电电路

工作过程简述：

（1）Q1 的作用与相关环节

上电瞬间，由均压 / 启动电阻 R1 ～ R4 来的启动电压 / 电流送至 IC300 的供电端 7 脚。有人可能会说：Q1 在启动过程中会导通，而一旦 Q1 导通，启动电压 / 电流消失，将导致启动中断或失败。设 Q1 发射结的导通电压为 0.4V，大概 P1、N1 端电压因储能电容充电上升

至 500V 时，Q1 才开始导通（此时由启动回路提供的启动电流约为 1.5mA，满足芯片启动所需工作条件）。

在 Q1 开通之前，开关电源已经起振工作，然后由 D1、D2、C1、C2、R6 来的供电电压建立，此时启动电路的"历史使命"已经终结，这时候 Q1 才从容开通，Q1、R1 ～ R5 电路的"启动意义"已经消亡，而"均压功能"的框架形成，R1 ～ R5 担任主电路储能电容的均压任务也正式开始。

如果 R4 的实际标称值为 600Ω，可知，当 Q1 开通后，R1=R2+R3+R4，合格的均压电路已然形成。

（2）Q2 作用与相关环节

电路处于启动期间（7 脚电压未达 16V 之前），8 脚尚无 5V 输出，此时 Q1、Q2 均处于截止状态。

当开关电源起振成功后，由 D1、C1 提供的供电已经送达 7 脚，此时 Q1 先行导通，启动电阻转变身份，成为均压电阻；Q2 延时导通，为 14V 工作电源提供一路流经 R9 的负载电流（R9、R5 从而形成并联关系），从而降低 14V 电源电压的波动性，增加稳定性。R9 在开关电源起振成功后才会投入。

与此相关的检修思路（电路起振困难或不起振时）：

① Q1 或 Q2 漏电会导致起振电压 / 电流偏小，不能起振。

② C1 不良时起振困难。

③ 查无异常，可尝试减小 R6 值，或增大 C3 值。

④ C3 漏电或击穿时，可能并不表现为故障。

⑤ Q1、Q2 有开路故障时，可能也并不表现为故障。

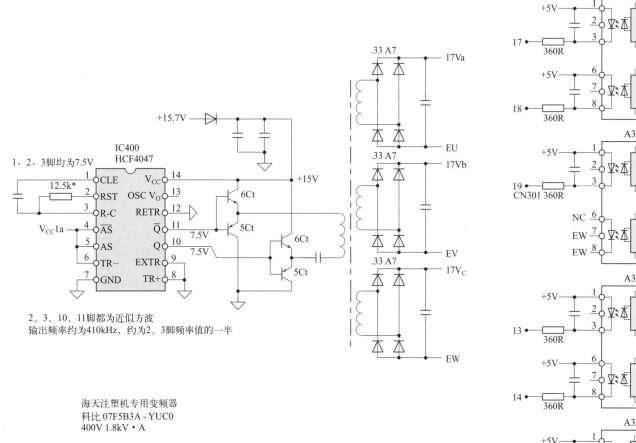

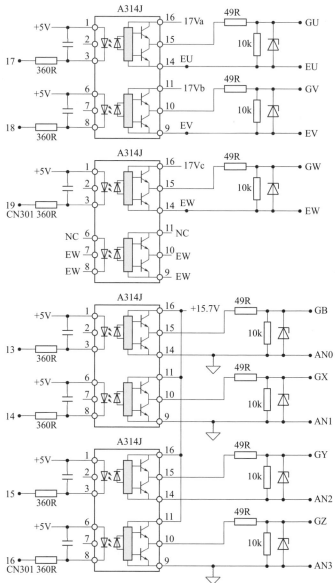

1、2、3脚均为7.5V

2、3、10、11脚都为近似方波
输出频率约为410kHz，约为2、3脚频率值的一半

海天注塑机专用变频器
科比 07F5B3A - YUC0
400V 1.8kV·A

电源/驱动板号：
KEB 07F504A-041A
RUWEL U5 94V-0

图 13-6　科比 07F5B3A-YUC0-0.75kW 变频器驱动电路原理图

科比 07F5B3A-YUC0-0.75kW 变频器驱动电路原理图解

由开关电源输出的 +15.7V 电源电压，经 IC400（印字 HCF4047，型号全称为 74HCF4047，无稳态多谐振荡器、单稳态触发器）及四只双极性晶体管构成"第二套"开关电源电路，经开关 / 隔离变压器取出 3 路电源，即 17Va、17Vb、17Vc，作为 U、V、W 上臂 IGBT 的驱动电路的工作电源，+15.7V 同时也作为 U、V、W 下臂 IGBT 的驱动电路的工作电源。

"第二套"开关电源电路，有采用反相器组成的振荡电路，实现电源逆变功能；有采用 NE555 时基电路组成的开关电源；也有采用电压比较器取得振荡信号的。本机电路采用数字芯片 HCF4047（表 13-6-1）产生脉冲信号，构成双端逆变的电路结构。

表 13-6-1　HCF4047 芯片的输入、功能及振荡周期

输入						功能	振荡周期或脉冲宽度
AST	$\overline{AST}$	TR+	$\overline{TR-}$	RET	CR		
H	X	L	H	L	L	非稳态多谐振荡	Q，$\overline{Q}$ 端：$T = 4.4RC$
X	L	L	H	L	L	振荡禁止	Qosc 端：$T = 2.2RC$
H	L	L	H	L	L		
L	H	↑	L	L	L	上升沿触发单稳态下降沿触发单稳态重触发单稳态触发器复位	Q，$\overline{Q}$ 端：$T_w = 2.48RC$
L	H	H	↓	L	L		
L	H	↑	L	↑	L		
X	X	X	X	X	H		

HCF4047 引脚功能：

① 7、14 脚为供电端，供电电源电压为 3 ～ 15V。

② 10、11 脚为互补脉冲输出端，二者脉冲极性为反相状态。10、11 脚输出频率为 3 脚时钟频率的 1/2。

③ 1、2、3 脚的内部电路和外部 R、C 定时元件构成振荡器，形成频率基准。

④ 4、5 脚为非稳态多谐振荡器的使能端，4 脚为低电平有效，5 脚为高电平有效。

⑤ 6、8 脚为单稳态触发器的触发信号输入，6 脚为下降沿触发，8 脚为上升沿触发。

⑥ 9 脚为外部复位信号输入，高电平有效，本电路接地取消此功能。

⑦ 12 脚重复触发输入端，本电路该脚接地取消此功能。

⑧ 13 脚为振荡波形输出端，其频率是 10、11 脚输出脉冲的 2 倍。本电路空置未用。

7 路驱动脉冲信号（包含直流制动、刹车控制信号）的传输电路由 4 片 A314J（型号全称为 HCPL-314J）芯片及外围元件构成（空置一路），本电路供电电源为 15V 左右的单电源供电，故停机状态 GU、EU 等脉冲端子电压为 0V，运行状态直流电压约为 7.5V。通常驱动脉冲从测试结果看可等效为占空比 50% 的矩形波信号，但实际上属于 PWM 波，占空比在变化中。

驱动芯片输入侧为发光二极管，串入限流电阻为 360Ω，工作电流约为 10mA。此限流电阻的阻值一般取 750 ～ 330Ω，即光耦合器的输入工作电流为 5 ～ 10mA。故障检修中此电阻坏掉，此电阻的换用值，检修人员应该心中有数。

关于栅极电阻的取值，对于 0.75 ～ 5.5kW 小功率机器机型，取值范围一般为 100 ～ 30Ω。

脉冲端子 GU、EU 上并联的稳压二极管（中、大功率机型有采用 TVS 器件的）一般为 0.5 ～ 2W 稳压二极管，击穿电压值为 18V 左右。这是因为 IGBT 的开通电压为 +10 ～ +18V，典型为 +15V 左右，关断电压为 0V（或 -5 ～ -12V，典型为 -8V 左右），极限控制电压为 ±20V。既要满足正常开通条件，又要避免 IGBT 进入非安全工作区，因而稳压二极管的经典取值，当然以 18V 左右为宜。

通常，当 IGBT 功率管或功率模块损坏时，所导致的高电压大电流冲击，往往使脉冲端子的相关联元件，如栅极电阻、并联稳压二极管等，也产生连带性损坏，全部损坏掉的可能性也是有的（如 7 只稳压二极管全数击穿，从印字标注不好确定其击穿电压值）。如何实施损坏元件的代换进行修复，换用什么参数的稳压二极管，检修者也是应该心中有数的。

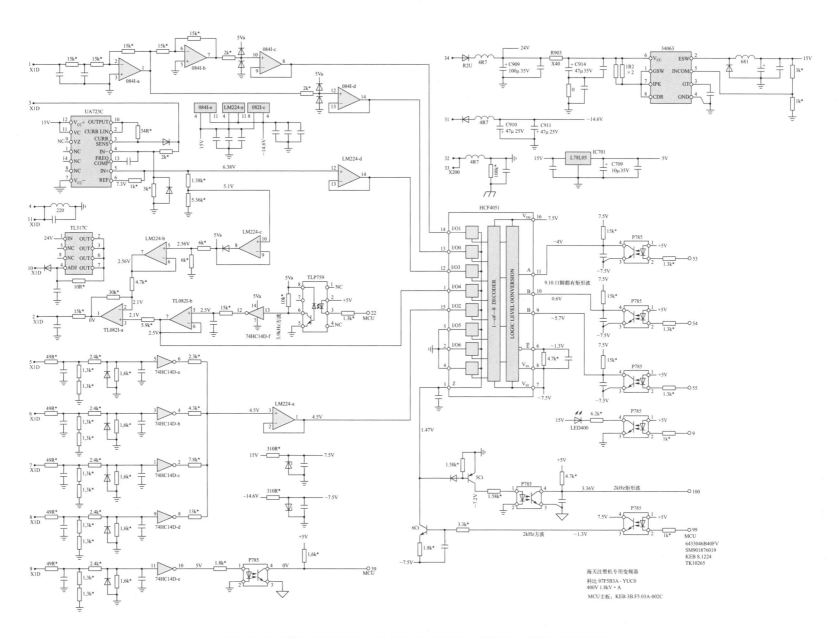

图 13-7　科比 07F5B3A-YUC0-0.75kW 变频器控制端子电路原理图

科比07F5B3A-YUC0-0.75kW变频器控制端子电路原理图解

控制端子所需的"供电系统"：

① 运放芯片工作所需的供电来源。

模拟量信号输入电路的运放芯片所需要的 +15V 供电电源是由 X200 端子的 34、33 脚输入的，开关变压器次级绕组输出的交流电压整流后，经电容 C909 滤波取得的 24V，再经 DC-DC 转换器（印字 34063，型号为 MC34063）处理，得到 +15V 的工作电压。

运放芯片所需负供电，则是由 X200 端子的 31、32 脚输入的开关变压器次级绕组输出的交流电压，整流后，经电容 C910、C911 滤波得到的 −14.6V 电源。

② +15V 再经 IC701（印字 L78L05，5V 三端固定稳压器）处理得到 +5V 电源，作为 74HC14D 反相器电路的工作电源。

③ +15V、−14.6V 电源电压，再经限流电阻和稳压二极管电路处理得到 +7.5V、−7.5V 的稳压电压，作为光耦合器输入或输出侧的供电电源（见图 13-7 右侧光耦合器电路和图 13-8 左上侧光耦合器电路）。

④ +15V 经稳压电源芯片 UA723C 处理得到 10V 调速电压，由 X1D 端子的 3 脚输出。UA723C 还输出：a. 6.8V 的基准电压 1，经 LM224 电路跟随器处理后，送入 8 选 1 模拟开关电路；b. 5.1V 的基准电压 2，经 LM224 内、外部两级电压跟随器处理得到 2.56V 的基准电压 3，作为 PWM 信号电压，从 X1D 的端子 2 脚输出。

⑤ 24V 在三端可调稳压器 TL317C 限流、二极管单向隔离后，从 X1D 端子的 10 脚输出，为数字（开关量）信号输入端子的工作电源。

⑥ 开关电源输出的 +8.5V 电源，经 8 脚稳压器芯片处理为 +5V 工作电源（见图 13-8 右上侧电路）。光耦合器输入侧和输出侧具有独立的相隔离的电压 / 电流回路，在光耦合器与 MCU 产生直接连接的一侧采用 +5V 供电电源。

对一个故障电路的检测重点或检测内容的第一项，即是对其工作电源的检测。本级电路的供电特点有"树形特点"，24V、+15V 等电源电压各有分支，甚至是数次产生并联或串联式分支。故障检修当中需要注意。

因控制端子电路与主板 MCU 供电电源"不共地"的原因，控制端子电路与 MCU 的信息往来，最终都是由光耦合器来完成的。本级电路的特点，不仅是采用 4 引脚光耦合器来传输开关量信号，而且采用高频载波与直流电压叠加来形成 PWM 脉冲的技术措施，利用普通光耦合器完成了对模拟量信号的传输。

① 模拟量输出电路　MCU 的 22 脚输出频率为 3.9kHz 的方波脉冲，其由反相器倒相，R、C 积分后成为三角波后，再经电路 TL082I-b 组成的电压跟随器处理，输入 TL082I-a 的同相输入端 3 脚，与反相输入端的基准电压相"调制"，在输入端 1 脚得到 PWM 波（占空比的大小和基准电压的高低有关系，当基准电压固定时，和 MCU 的 22 脚脉冲占空比相关联），经 R、C 滤波处理成为直流电压信号，由 X1D 的 2 脚输出。该信号电压代表着变频器输出频率、输出电流或其他运行参数的大小。

② 模拟量输入电路　控制端子 X1D 的 1 脚为模拟电压输入，一般功能为变频器的输出频率调整。当变频器处于闭环速度控制模式时，该端子也可以设置为速度反馈信号输入等。输入信号电压一路经 084I-a 反相衰减器，再经 084I-d 电压跟随器处理，输入 8 选 1 模拟开关芯片的 13 脚；一路经 084I-a 反相衰减器，再经 084I-c 电压跟随器处理，输入 8 选 1 模拟开关芯片的 14 脚。

③ 8 选 1 模拟开关输出端信号的 A-D 转换　8 选 1 模拟开关的 3 脚输出的模拟电压，经 MCU 的 99 脚光耦合器传送的矩形波调制，再由光耦合器向 MCU 馈送 PWM 脉冲（占空比大小正比于 3 脚电压），电路实现了 A-D 转换功能。

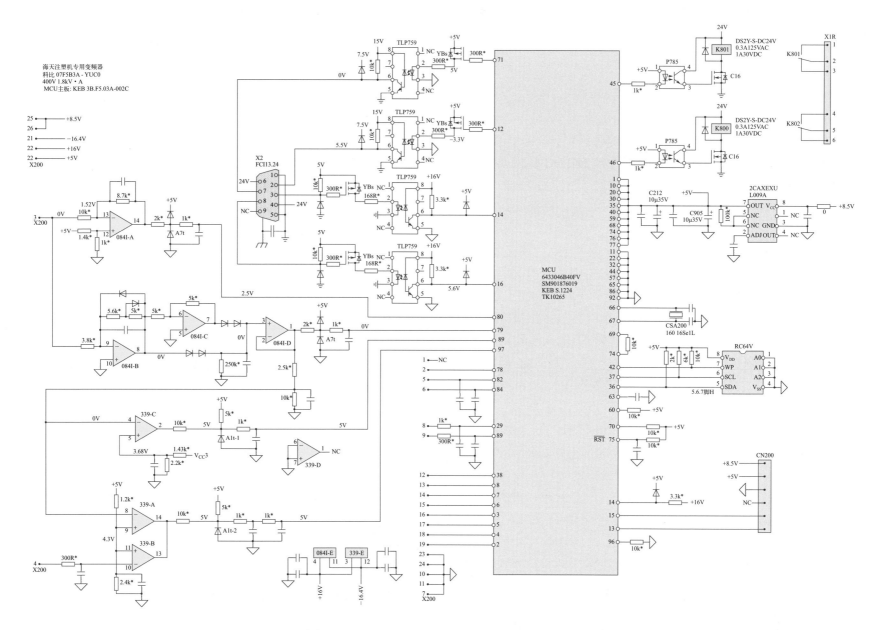

图 13-8　科比 07F5B3A-YUC0-0.75kW 变频器 MCU 主板电路原理图

科比 07F5B3A-YUC0-0.75kW 变频器 MCU 主板电路原理图解

本机电路的数字（开关量）输入端子电路见图 13-7 左下侧电路。输出端子控制电路见图 13-8 右上侧电路，是两路继电器触点信号输出电路。

MCU 的外挂存储器，印字 RC64V（原型号应该为 24C64A，从器件引脚功能上判断得出）。该器件在变频器上电初始瞬间和运行参数调整期间为"上班时间"，其他时间段为"轮休时间"，在工作时能测到时钟端和数据端的串行数据脉冲。当其内部数据坏掉时，会出现系统运行"卡住"、面板显示异常等故障，或者产生相关的故障报警等。

MCU 的 66、67 脚为系统时钟信号生成脚，MCU 的 75 脚貌似为系统复位端（MCU 不能查到资料，引脚功能的判断有一定的"猜测"）。MCU 芯片采用由 8 脚稳压芯片提供的 +5V 电源。以上是 MCU 的基本工作条件。

MCU 器件的左上侧为双向通信电路。经过 X2 的 9 脚串口端子与上位机（或操作显示面板）产生联系，信息的往来由 4 只高速光耦合器来执行。MCU 单板检测时，MCU 的 12 脚与 71 脚是数据输出端，可在 MCU 的 12 脚和后续电路光耦合器的 6 脚测到由输出数据形成的矩形脉冲信号，该信号的出现说明了 MCU 的工作条件已经具备，并且已经投入正常的工作中。因而该信号的有无，一定程度上可认为是 MCU 的"工作标志"。

各种故障检测电路：

（1）直流母线电流检测后级电路

X200 的 3 脚输入的是直流母线电流检测前级电路（电源 / 驱动板）来的检测信号，一路经 084I-A 差分电路处理后（由同相输入端的基准电压输入，实现了"0V 抬升"）输入 MCU 的 80 脚，这是一路含有"交变成分的直流电压信号"；一路经 084I-B、084I-C 全波整流后，由

084I-D 电压跟随器处理后，送入 MCU 的 79 脚，这是一路模拟量的直流电压信号。

同时 084I-D 输出信号电压，还经分压送入电压比较器 339-A、339B 构成的梯级电压比较器，得到开关量的过载和短路两路报警信号，送入 MCU 的 89 脚和 97 脚。

（2）直流母线漏电 / 接地电流检测电路

由电源 / 驱动板前级电路来的直流母线漏电 / 接地电流检测信号，经端子 X200 的 4 脚送入比较器 339-B，得到直流母线漏电 / 接地故障报警信号并送入 MCU 的 97 脚。

这里，339-C 和 339-B 的输出端呈现并联关系，即无论过载电流还是接地电流达到一定程度后，MCU 的 97 脚都会产生动作信号输入。如果 89 脚同时产生了故障动作信号，MCU 则判断为直流母线过流故障，否则判断为接地故障。

其他故障检测电路的来龙去脉，可参阅图 13-9 所示科比 07F5B3A-YUC0-0.75kW 检测信号汇总电路图的图解。

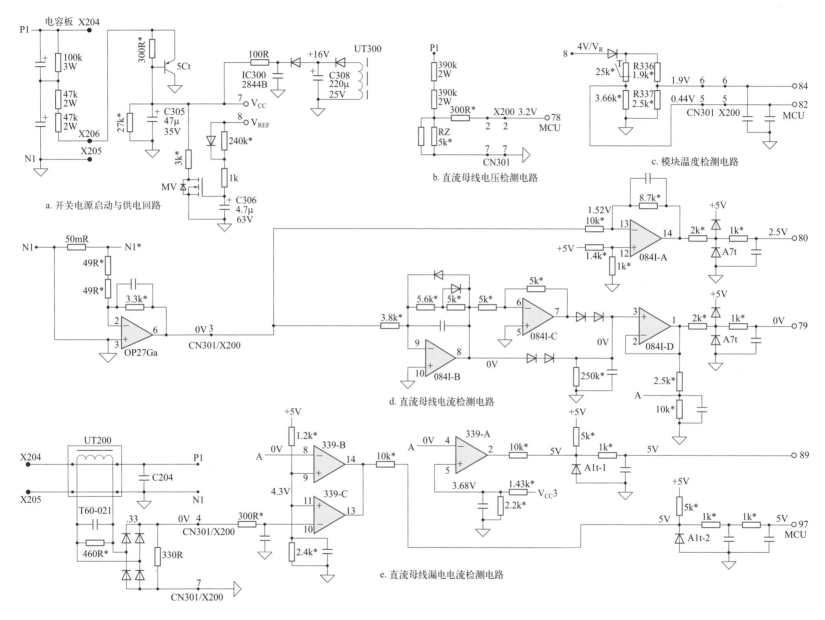

图 13-9 科比 07F5B3A-YUC0-0.75kW 检测信号汇总电路图

科比07F5B3A-YUC0-0.75kW检测信号汇总电路图解

特意对图 13-4 ～图 13-8 中的检测信号处理电路进行汇总处理的意义是：

① 某些信号检测回路（如温度检测、直流母线电压检测等），须将电源 / 驱动板正常连接时才形成完整的回路，否则电路即处于"中断或悬空"状态，而无从分析。

② 检修工作中的检修工作量大多在电源 / 驱动板的独立检修上，各种检测电路的前置 / 前级电路均处于该电路板上，如果不从图 13-9 所示电路的完整性上进行分析与检测，则有可能会导致电路原理分析上的"无解"。

③ 对"信号链"处理的这种"连板即完整，脱开即悬空"的模式，虽不常见但是存在，本机电路能提供一个较好的参考性。

（1）开关电源启动与供电回路

前文已经分析过，从略。

（2）直流母线电压检测电路

正常连接状态下（或单板检修时，暂将 CN301 的 7 脚接地后），直流母线电压为 DC500V 时，送入 MCU 芯片 78 脚的检测电压值约为 3.2V。

（3）模块温度检测电路

电路实际上为桥式检测环，取得差分形式的温度检测信号，送入 MCU 的 84、82 脚，如果仅从图 13-4 中主电路部分的温度检测电路看，实在不好确证是何种电路形式，其信号电压值更无从确定。

这在一定程度上加大了顺电路和故障检修的难度，缺点是势必提升了检修费用。

（4）直流母线电流检测电路

第一级 OP27Ga 可视为差分放大（0V 与输入信号电压之差）或反相放大器（同相输入端接地，输入为正，输出为负）电路。

第二级 084I-A 也可视为差分放大（电路处理的是同相端基准与反相端输入信号之差）电路，或反相放大器（输出为与基准电压成反相关系的电压信号，输入为负，输出为正，满足 MCU 对信号电压的要求）。该级电路的任务是将第一级输出的 0V 抬升为 MCU"所喜爱"的 2.5V。

由第一级来的模拟量检测信号，经 084I-B、084I-C 的全波整流电路取得 0V 以上的信号电压（不要负的电压），由 084I-D 电压跟随后送入 MCU 的 79 脚。此信号可用于是否产生过载故障的判断。

该信号经分压后从 A 点输出，与设定基准相比较，经 339-A 进行 A-D 转换，得到 +5V 正常、0V 异常（过载或短路）的开关量电平信号，送入 MCU 的 89 脚。

（5）直流母线漏电 / 波动成分电流检测电路

当流经 P、N 直流母线的电流不等，或是波动成分增大时，零序电流互感器 UT200 产生输出电流信号，整流后由 339-C 电压比较器取得开关量报警信号并送入 MCU 的 97 脚。

由 A 点输出的直流母线电流检测信号和直流母线漏电 / 波动成分检测信号同时输入 339-A 和 339-B，在故障发生时，将动作信号送入 MCU 的 89 脚和 97 脚。

图 13-9 所示汇总电路结合图 13-10 所示的端子信号去向图，可以达到快速划分故障区域，落实故障电路或故障点的目的。

科比07F5B3A-YUC0-0.75kW变频器主板排线端子信号去向图解

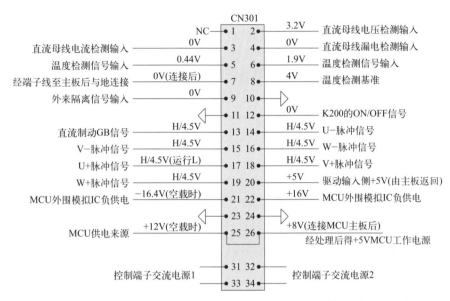

③ 由开关变压器绕组直接输出的交流电压，经端子31、33送入MCU主板，经整流滤波处理，得到 −14.6 V 的供电电压，再经电阻、稳压二极管的稳压电路处理得到 −7.5V 的基准电压，送入 HCF4051（8 选 1 模拟开关）作为基准电压 1。

④ 由开关变压器绕组直接输出的交流电压，经端子32、34送入MCU主板，经整流滤波处理，得到 24V 的供电电压，先由三端可调稳压器 TL310C 进行限流处理后由 XTD 端子 10 脚输出，作为数字信号输入电路的工作电源；再经 34063 芯片实施 DC-DC 转换，得到 15V 电源，该电源除用作 UA723C 的工作供电外，再经电阻、稳压二极管的稳压电路处理得到 +7.5V 的基准电压，送入 HCF4051（8 选 1 模拟开关）作为基准电压 2。

CN301 端子内容的第二部分：往返信号。

① CN301 端子的 25、26 脚的 8V 电源电压去往 MCU 主板后，由三端稳压器处理成 +5V 供电，作为 MCU 芯片的工作电压，同时此 +5V 经 CN301 端子的 20 脚返回至电源 / 驱动板，作为驱动电路输入侧的供电电源，以在脉冲信号作用下形成输入侧发光二极管的电流通路。

+5V 的有无和异常，不但决定着 MCU 芯片的工作状态，也决定着驱动电路能否投入正常的工作。

没有连接 MCU 主板，驱动电路的输入侧电路即被"掐断"。

② CN301 端子的 7 脚是连接 MCU 主板后才接地的控制脚，当连接 MCU 主板后，直流母线电压、直流母线电流、温度检测等检测电路才有了共地的接地回路。该脚是由 MCU 主板向电源驱动板返回的"信号地"。

如果没有正常连接 MCU 主板，各路检测信号即是离散的，无效的，不能构成回路的。

③ 因而 2、7 脚的正常连接，才能构成直流母线电压检测的完整信号输入电路。

④ 因而 4、7 脚的正常连接，才能形成直流母线电压波动和直流

图 13-10　科比 07F5B3A-YUC0-0.75kW 变频器主板排线端子信号去向图

MCU 主板和电源 / 驱动板之间的通信（排线）端子是供电电源和各种信号的"集合地"，也是信号检测关键点，通过对相关端子的测量，可快速判断和区分故障是在电源 / 驱动板上还是在 MCU 主板上。

CN301 的端子内容的第一部分：供电电源。

① 由开关电源输出、去往 MCU 主板的 +12V 是不连接 MCU 主板时的空载电压，连接 MCU 主板后降为 +8V。在 MCU 主板上经三端稳压器处理，得到 +5V 的 MCU 芯片供电和数字电路芯片、存储器芯片等器件的供电。

② 由开关电源输出的 +16V、−16.4V 为 MCU 芯片外围、检测电路后级、控制端子模拟量信号处理等电路的电源，也是运放电路所需的正、负工作电源。

母线漏电检测的完整信号输入电路。

　　⑤ 因而 5 ～ 8 脚的正常连接，才能形成模块温度检测的完整信号输入电路。

　　⑥ CN301 的 13 脚为 GB 脉冲信号输出，去往驱动电路。

　　⑦ CN301 的 14 ～ 19 脚是 U+ ～ W- 的 6 路脉冲信号，去往驱动电路。

　　⑧ 工作继电器 K200 的动作信号由 MCU 芯片输出，去往电源 / 驱动板的 K200 控制电路。

　　CN301 端子各脚蕴含的"信息量"巨大，而且大多是与故障检测相关的"有价值"的信息，特点是集中于一处，便于检测。

参考文献

[1] 咸庆信. 工业电路板维修入门: 运放和比较器原理新解与故障诊断 [M]. 北京: 化学工业出版社, 2022.

[2] 咸庆信. 变频器故障检修 260 例 [M]. 北京: 化学工业出版社, 2021.

后记

在我六十年的人生光阴里, 有大半——三十几年的时间, 在修板 (板: 电子电路板的简称), 在画板。画板是为了更好地修板。电子设备 (以变频器电路为例) 中的电源与驱动电路、高电压大电流的主电路, 故障率是较高的, 这类板画得也较多。到了我有意识地测绘 MCU/DSP 主板电路的时候, 画板的"时间费用"巨大, 其实这多少是一件非功利性的行为了。二十世纪末, 画板是为了个人在维修中的参考。而跨世纪之后, 画板的初衷, 便不仅是考虑自己用, 也想到资料的流通和共享, 画板的自觉性已经发生——不单单是个人的事情了。

笔者系列著述的出现, 写作的理由最早可能只是源于三个字: 不甘心。不甘心工业控制层面甚至是社会层面上, 广泛流通的变频器、伺服驱动器等, 电路资料就少得可怜, 甚至是接近于零的局面; 不甘心浩如烟海的电子电路书籍中, 竟然就没有一本与变频器电路图集相关的书; 不甘心互联网环境下, 一个 IC 芯片的资料, 一份产品说明书要付费后才能下载; 不甘心……

于是, 笔者在 2021 年的年末开启了"咸庆信老师讲解电子电路"系列丛书的写作之旅。本系列丛书的写作, 更像是自己三十余年来从事电子电路的理论学习与故障检修的总结。《运放和比较器原理新解与故障诊断》是第一本 (已经出版), 《开关电源电路原理新解与故障诊断》一书是第二本 (也出版了), 《光耦合器电路原理新解与故障诊断》《电子元器件的新型测试方法》《数字电路原理新解与故障诊断》等书在明、后年会陆续推出。此外, 还有一本《电子电路旁通》, 是我对电子电路的原理与故障诊断尚未通透之前, 要勉力写完的一本"归山之作"吧。

本套丛书力求做到原创, 有用! 个性化, 深入浅出, 方便阅读。书中的电路图资料均为作者在多年工作中测绘而得, 希望能够对读者有所启发和帮助!

咸庆信